高等学校应用型人才培养电子信息类系列教材

现代通信原理教程

（第二版）

主　编　黄文准　杨亚东
副主编　王祖良　马小青　张　婷　姜　杰

课程资源

西安电子科技大学出版社

内 容 简 介

  本书系统地介绍了通信系统的基本原理、性能和基本分析方法，并基于 Matlab/Simulink 和 SystemView 两种仿真平台提供了丰富的仿真实训项目，便于学生加深对通信理论的理解。学生参照本书所介绍的仿真方法，通过自己动手拓展通信系统相关模块级和系统级的仿真实验，可以锻炼其设计、分析通信系统的能力。全书共 8 章，主要介绍了通信的基础知识、信道、模拟调制系统、数字信号的基带传输、基本的数字调制系统、模拟信号的数字传输、同步原理、信道编码与差错控制等内容。各章均提供了一定的实战训练项目及习题，书末附录部分还提供了 6 个课程实验，便于学生深入学习与理解相关知识点及各种通信系统。

  本书以 Matlab/Simulink 和 SystemView 两种软件为仿真平台，以通信系统的整体框架为依托，基本概念准确，工程实践性强，理论分析深入浅出。

  本书可作为电子信息工程、通信工程、物联网工程及网络工程等相关专业应用型本科的教材，也可供通信工程技术人员参考。

图书在版编目(CIP)数据

现代通信原理教程/黄文准，杨亚东主编. —2 版. —西安：
西安电子科技大学出版社，2022.7(2022.9 重印)
ISBN 978 - 7 - 5606 - 6409 - 5

Ⅰ. ①现…　Ⅱ. ①黄…　②杨…　Ⅲ. ①通信原理—教材　Ⅳ. ①TN911

中国版本图书馆 CIP 数据核字(2022)第 108074 号

策　　划　李惠萍
责任编辑　李惠萍
出版发行　西安电子科技大学出版社(西安市太白南路 2 号)
电　　话　(029)88202421　88201467　　邮　　编　710071
网　　址　www. xduph. com　　　　　　电子邮箱　xdupfxb001@163.com
经　　销　新华书店
印刷单位　陕西日报社
版　　次　2022 年 7 月第 2 版　2022 年 9 月第 2 次印刷
开　　本　787 毫米×1092 毫米　1/16　印张　19.5
字　　数　462 千字
印　　数　101～2100 册
定　　价　44.00 元
ISBN 978 - 7 - 5606 - 6409 - 5/TN
XDUP　6711002 - 2

＊＊＊如有印装问题可调换＊＊＊

前　　言

　　"通信原理"是电子信息大类本科专业的一门重要的专业基础课，是通信工程、电子信息工程、物联网工程等本科专业的必修课，起着上承一般通信基础理论、独立功能模块，下启通信实践应用、系统整体分析设计的重要作用，对培养信息通信技术（Information Communication Technology，ICT）领域学生的通信理论分析与设计能力有着不可替代的作用。

　　《国家中长期教育改革和发展规划纲要（2010—2020 年）》提出"引导高校合理定位，克服同质化倾向，形成各自的办学理念和风格，在不同层次、不同领域办出特色，争创一流"。2014 年年初，国务院总理李克强主持召开国务院常务工作会议，部署加快发展现代职业教育，要求建立学分积累和转换制度，打通从中职、专科、本科到研究生的上升通道，引导一批普通本科高校向应用技术型（简称应用型）高校转型。应用型本科与传统本科之间存在明显的差异，应用型本科人才的培养目标应该是——适当拓宽专业面和知识面，培养学生的创新精神和实际工作能力，即培养具有一定的基础知识理论、具有较高的综合素质、具有较强的实践能力和适应性、具备解决工程实际问题能力的现场工程师。然而，由于现代通信原理是一门理论性较强的课程，具有严密的逻辑性，当前教材大多侧重于数学推导和理论分析，对通信系统设计思路、仿真、实际操作以及项目化教学等涉及不够。

　　本书作为通信原理课程的教材，定位于应用型本科教学，通过适当简化理论上的数学推导、增加丰富的仿真实训项目，使得学生能够在一定程度上摆脱过于强调严谨理论的数学推导带来的困扰，加深对通信理论的理解。学生参照本书所介绍的仿真方法，通过自己动手拓展相关通信系统的模块级和系统级的仿真实验，可以锻炼其分析设计现代通信系统的能力。考虑到目前 Matlab/Simulink 和 SystemView（2005 年被 Agilent 公司收购后改名为 SystemVue）被业界广泛应用于通信系统的仿真，本书将两种工具混合使用，以满足对仿真工具有不同偏好的学生参照使用。本次修订改正了上一版中的疏漏与小错误，增加了 6个课程实验，便于学生深入学习理解相关知识点和各种通信系统。

　　本书参考学时（包括课内实验）为 64 学时，共分为 8 章。第 1 章为绪论，简述通信的发展、通信系统分类、通信系统的性能指标以及基本概念；第 2 章为信道，介绍信道的定义、分类，以及各种信道的传输特性，利用 SystemView 对信道进行了仿真；第 3 章为模拟调制系统，讲解调幅、调频和调相模拟通信调制和解调，最后给出 AM 调制解调的 SystemView仿真，其他模拟调制解调系统的仿真可参考 AM 制式进行；第 4 章为数字信号的基带传输，介绍了数字信号基带传输理论，给出了数字基带传输的 SystemView 仿真；第 5 章为基本的数字调制系统，介绍常用的 ASK、FSK 和 PSK 调制解调技术；第 6 章为模拟信号的数字传输，介绍抽样、量化、PCM 编译码知识，分别用 Matlab 和 SystemView 两种工具给出了

PCM 编解码仿真；第 7 章为同步原理，介绍了载波同步、位同步、群同步等知识，分别用 Matlab 和 SystemView 两种工具给出了载波同步仿真实例；第 8 章为信道编码与差错控制，介绍了信道编码和纠错编码的基本知识。第 8 章的知识相对独立，对于有条件开设编码技术课程的专业，本章可以不讲解。

本书由西京学院黄文准、杨亚东担任主编，西京学院王祖良、张婷、姜杰以及西安欧亚学院马小青担任副主编。黄文准负责第 1 章、第 5 章的编写以及全书的结构设计、统稿、修改和定稿工作，杨亚东负责第 2 章、第 8 章的编写以及修改和定稿工作，王祖良负责第 3 章、第 4 章的编写工作，张婷负责第 6 章、第 7 章的编写工作，马小青、姜杰参与了第 3、4、7、8 章的编写工作。

本书在编写过程中得到了西安电子科技大学出版社李惠萍老师的关心与指导，西京学院、西安外事学院、西安欧亚学院院系领导给予了大力支持，西京学院通信原理课程组各位老师全心配合编写工作并提出了宝贵的意见，在这里一并表示衷心的感谢。由于编者水平有限，书中难免有不足之处，恳请各位读者不吝指正。

本书作者为任课教师提供了免费的电子教学课件及仿真源文件，需要的教师可向作者索取，或在出版社网站下载。作者的 E-mail 是 huangwenzhun@xijing.edu.cn，欢迎交流。

编　者
2022 年 6 月

目　　录

第1章 绪 论

通信(Communication)就是信息的传递,是指由一地向另一地进行信息的传输与交换,其目的是传输信息。通信是人与人之间通过某种媒体进行的信息的交流与传递,从广义上说,无论采用何种方法,使用何种媒质,只要将信息从一地传送到另一地,均可称为通信。在当今高度信息化的社会,信息和通信已经成为现代社会的"命脉"。信息作为一种资源,随着社会的发展,人们对传递信息的要求也越来越高,只有通过广泛的传播与交流,信息才能产生利用价值,促进社会成员之间的合作。

本书基于 Matlab/Simulink 和 SystemView 两种软件仿真平台,以通信系统的整体架构为依托,重点讨论信息的传输、交换的基本原理,并侧重于数字通信技术。为了使读者在学习各章内容之前,对通信及其系统有一个初步的认识,本章将主要介绍有关通信的基础知识,包括通信的发展、基本概念、通信系统的分类与通信方式、信息及其度量,最后介绍通信系统的主要性能指标。

1.1 通 信 的 发 展

通信的目的就是传递消息中所包含的信息。消息是物质或者精神状态的一种反映,在不同时期具有不同的表现形式。例如,语音、音乐、文字、数字和图片等都是消息,人们接收消息,关心的是消息中所包含的内容,即信息。通信就是完成信息的时空转移,即把消息从一方传输到另一方。基于这种认识,"通信"就是"信息传输",或者是"消息传输"。

通信的方式很多,如古代的烽火台、击鼓、驿站快马接力、信鸽、旗语等,现代的电话、电报、电子邮件(E-mail)、手机等。古代的通信对远距离来说,最快也要几天的时间,而现代通信以电信号方式传输,如电报、电话、短信、E-mail、微信等,实现了即时通信。美国联邦通信法对通信的定义是:通信包括电信和广播电视。世贸组织(WTO)、国际电联(ITU)和中国的电信管理条例对电信的定义是:电信包括公共电信和广播电视,这些都是消息传输方式和信息交流的手段。

1837 年,莫尔斯发明的有线电报机开创了利用电信号传输信息的新时代;1857 年,横跨大西洋海底的电报电缆完成;1875 年,贝尔发明了史上第一部电话;1895 年,俄国人波波夫和意大利人马可尼同时成功研制了无线电接收机;1918 年,调幅无线电广播问世;……伴随着人类文明、社会的进步和科学技术的不断发展,电信技术也以一日千里的速度飞速发展着。电信技术的不断进步导致人们对通信的质量提出了越来越高的要求,这种要求反过来又促进了电信技术的发展和日益完善。当今社会,在自然科学领域涉及"通信"这一术语时,一般指的是"电通信"。广义来讲,光通信也属于电通信,因为光也是一种电磁波。本书中讨论的通信均指电通信。

在电通信系统中，消息的传输是通过电信号来实现的。例如，莫尔斯电报是利用金属线连接的发报机和收报机，用点、划和空格的形式传送信息。由于电通信方式具有高速度、准确、可靠且不受时间、地点和距离限制的优点，因此一百多年来得到了迅速的发展，被人们广泛地使用在日常生活中。今天，我们都可感受到电通信的重大发展成就，这就是包括话音、数据和视频传输在内的个人通信业务的出现和应用。目前，我国所有的市县都开通了程控交换机，其电话网规模已超过美国成为世界第一电话大国；光缆干线形成八纵八横网状格局，覆盖了全国省会以上城市和几百个地市；新的长途传输网全部采用 SDH 技术，这在世界通信领域中实现了第一个真正的统一标准。移动通信技术发展迅猛，我国一些城市正在广泛使用第五代移动通信。通信技术的发展，扩展了业务范围，提高了信息传输速率。在未来几年里，通信技术将向数字化、综合化、智能化、宽带化、个人化和标准化的方向发展。

1.2 通信系统的组成

1.2.1 通信系统的一般模型

通信的目的就是传输信息。通信系统的作用就是将信息从信息源发送到一个或者多个目的地。对于通信来说，首先要把消息转换为电信号，然后经过发送设备，将信号送入信道，在接收端利用接收设备对接收信号进行相应的处理后，将其传送给受信者（或称为信宿），再转换为原来的消息。图 1-1 所示为通信系统的一般模型。

图 1-1 通信系统的一般模型

下面简单介绍图 1-1 中各个部分的功能。

1. 信息源

信息源（简称信源）的作用就是把各种消息转换为原始电信号。如电话系统中的电话机即可看成信源。信源输出的信号称为基带信号。所谓基带信号，是指没有经过调制（进行频谱搬移和变换）的原始电信号，其特点是信号频谱从零频附近开始，具有低通形式。根据原始电信号的特征，基带信号可分为数字基带信号和模拟基带信号，相应地，信源也分为数字信源和模拟信源。模拟信源输出连续的模拟信号，如话筒（声音→音频信号）、摄像机（图像→视频信号）；而数字信源则输出离散的数字信号，如电传机、计算机等各种数字终端。并且，模拟信源送出的模拟信号经过数字化处理以后也可以转换为数字信号。

2. 发送设备

发送设备的作用就是产生适合在信道中传输的信号，也就是说，使发送信号的特性和信道的特性相匹配，减小损耗且具有抗干扰的能力，同时具有足够大的功率以满足远距离传输的需要。因此，发送设备涵盖的内容很多，包括变换、放大、编码、调制等过程。

3. 信道

信道又被称为通道或频道，是信号在通信系统中传输的通道。信道由信号从发射端传输到接收端所经过的传输媒质构成。在无线信道中，信道可以是自由空间；在有线信道中，信道可以是明线、电缆和光纤。有线信道和无线信道均有多种物理媒质。信道既是传输信号的通道，同时也对信号产生多种干扰和噪声。广义的信道定义除了包括传输媒质，还包括传输信号的相关设备。信道固有的特性及其引入的干扰和噪声直接关系到通信的质量。

图 1-1 中的噪声源表示信道中的噪声及分散在通信系统其他各处的噪声。噪声，从广义上讲是指通信系统中有用信号以外的有害干扰信号的总称，习惯上把周期性的、规律的有害信号称为干扰，而把其他有害的信号称为噪声。

4. 接收设备

在接收端，接收设备的功能与发送设备相反，即接收设备的功能是进行解调、译码、解码等。它的任务是从带有干扰的接收信号中恢复出相应的原始电信号。此外，它还应尽量地减小在传输过程中噪声与干扰所带来的影响。

5. 受信者

受信者简称信宿或接收终端，它可将复原的原始电信号转换成相应的消息，如电话机将对方传来的电信号还原成声音。

图 1-1 概括地描述了一个通信系统的组成，反映了通信系统的共性。根据我们研究的对象和所关注的问题不同，图 1-1 各方框中的内容和作用就有所不同。今后的讨论就是围绕着通信系统的一般模型展开的。

1.2.2 模拟通信系统的模型

如前所述，通信传输的消息是多种多样的，可以是文字、图像、话音、数据等等。消息的种类很多，可以分为两大类：一类是连续消息；另一类是离散消息。连续消息的这个连续是指消息状态是连续变化或不可数的，如连续变化的话音、图像等；而离散消息的离散指的是消息状态是可数的或离散的，如符号、数据等。

模拟通信系统是利用模拟信号来传输信息的通信系统。图 1-2 为模拟通信系统的一般模型，它主要包含两种重要的变换。第一种变换是，在发送端把连续消息变换为原始电信号，在接收端完成相反的变换，这种变换由信源和信宿来完成。这里所说的原始电信号通常称为基带信号，基带的含义是指信号的频谱从零赫兹附近开始，如话音信号的频率范围为 300~3400 Hz，图像信号的频率范围为 0~6 MHz。有些信道可以直接传输基带信号，而以自由空间为信道的无线电传输却无法直接传输这些信号。因此，模拟通信系统中通常需要进行第二种变换：把基带信号变换为适合在信道中传输的信号，并在接收端进行反变换。完成这种变换和反变换的通常是调制器和解调器。经过调制以后的信号称为已调信号，它具有两个特性：一是携带有信息；二是适合在信道中传输。由于已调信号的频谱通常具有带通形式，因此已调信号又称为带通信号，也称为频带信号。

应该指出，除了上面两种变换，实际的通信系统中可能还有滤波、放大、天线辐射等过

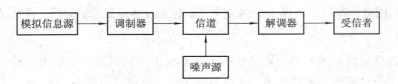

图 1-2　模拟通信系统的一般模型

程。由于上述两种变换起主要作用，其他过程不会使信号发生质的变化，它们只是对信号进行放大或改善信号特性等，在通信系统中一般认为是理想的环境，所以不需要考虑其他过程。因此，模拟通信系统主要研究的是调制解调原理以及噪声对信号传输的影响，这些将在后面章节中介绍。

1.2.3　数字通信系统的模型

数字通信系统是利用数字信号来传输信息的通信系统，图 1-3 为点对点数字通信系统的一般模型。数字通信涉及的技术问题很多，主要有信源编码与译码、信道编码与译码、加密与解密、数字调制与解调以及同步等。

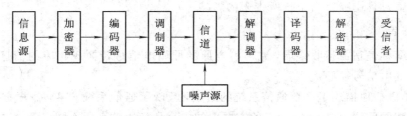

图 1-3　点对点数字通信系统的一般模型

1. 信源编码与译码

信源编码有两个基本功能：一是提高信息传输的有效性，即通过某种数据压缩技术设法减小码元数目和降低码元速率。码元速率决定传输所占用的带宽，而传输带宽反映了通信的有效性。二是完成模/数（A/D）转换，即当信息源输出的是模拟信号时，信源编码器将其转换为数字信号，以实现模拟信号的数字化传输。信源译码是信源编码的逆过程。

2. 信道编码与译码

数字信号在传输中往往由于各种原因，使得在传送的数据流中产生误码。例如，在图像通信中，误码会使接收端产生图像跳跃、不连续及出现马赛克等现象，影响通信质量。通过信道编码这一环节，对数码流进行相应的处理，对传输的信息码元按一定的规则加入保护成分（监督码元），组成所谓的"抗干扰编码"。接收端的信道译码器按照相应的逆规则进行解码，从中发现错误或纠正错误，使系统具有一定的纠错能力和抗干扰能力，可极大地避免码流传送中误码的发生。

3. 加密与解密

在需要实现保密通信的场合，为了保证所传输信息的安全性，人为地将被传输的数字序列扰乱，即加上密码，这种处理过程叫加密。在接收端利用与发送端相同的密码对收到的数字序列进行解密，恢复原来的信息。

4. 数字调制与解调

数字调制解调技术(digital modulation and demodulation technology)是使所传输的数字信号的特性与信道特性相匹配的一种数字信号处理技术,它将各种数字基带信号转换成适于信道传输的数字调制信号(已调信号或频带信号)。调制就是用基带信号去控制载波信号的某个或几个参量的变化,将信息荷载在其上形成已调信号。基本的数字调制方式有振幅键控(ASK)、频移键控(FSK)、绝对相移键控(PSK)和相对(差分)相移键控(DPSK)。在接收端可以采用相干解调或非相干解调还原数字基带信号。数字调制是本书的重点内容之一,将在后面章节中讨论。

5. 同步

同步是数字通信系统中一个重要的实际问题。在数字通信系统中,同步具有相当重要的地位。通信系统能否有效地、可靠地工作,很大程度上依赖于有无良好的同步系统。通信系统中的同步又可分为载波同步、位同步、帧(群)同步、网同步等几大类。

需要说明的是,图 1-3 是点对点数字通信系统的一般模型,实际的通信系统不一定包括图中所有的模块,例如数字基带传输系统中不需要调制和解调;有的模块,由于分散在各处,图 1-3 中也没有画出来,例如同步。

此外,模拟信号经过数字编码后可以在数字通信系统中传输,数字电话系统就是以数字方式传输模拟话音信号的例子。当然,数字信号也可以通过传统的模拟电话网来传输,但需要使用调制解调器(Modem)。

1.3　通信系统的分类及通信方式

1.3.1　通信系统的分类

1. 按通信业务和用途分类

根据通信业务和用途分类,可将通信系统分为常规通信、控制通信等。常规通信又分为话务通信和非话务通信。话务通信业务主要是以电话服务为主,程控数字电话交换网络的主要目标就是为普通用户提供电话通信服务。非话务通信主要是分组数据业务、计算机通信、传真、视频通信等。在过去一段时期内,由于电话通信网最为发达,因而其他通信方式需要借助于公共电话网进行传输,但是随着计算机互联网的迅速发展,这一状况已经发生了显著的变化。控制通信主要包括遥测、遥控等,如卫星测控、导弹测控、遥控指令通信等都属于控制通信的范围。

2. 按调制方式分类

根据是否采用调制,可以将通信系统分为基带传输和频带传输。基带传输是将未经调制的信号直接传送,如音频市内电话(用户线上传输的信号)、以太网中传输的信号等。频带传输是将要传送的信息进行调制后再传送,调制的目的是使载波携带要发送的信息,对于正弦载波调制,可以用要发送的信息去控制或改变载波的幅度、频率或相位。接收端通过解调就可以恢复出信息。在通信系统中,调制的目的主要有以下几个方面:

(1)便于信息的传输。调制过程可将信号频谱搬移到需要的频率范围,便于与信道传输特性相匹配。如无线传输时，必须将信号调制到相应的射频上才能进行无线电通信。

（2）改变信号的带宽。调制信号的频谱通常被搬移到某个载频附近的频带内，其有效带宽相对于载频是窄带信号，在此频带内引入的噪声就减小了，从而提高了系统的抗干扰性能。

（3）改善系统的性能。由信息论可知，有可能通过增加带宽的方式来换取接收信噪比的提高，从而提高通信系统的可靠性。各种调制方式正是为了达到这些目的而发展起来的。

常见的调制方式及其用途如表 1-1 所示。应当指出，在实际系统中，有时采用不同调制方式进行多级调制。如在调频立体声广播中，话音信号首先采用抑制载波的双边带调制（Double Side Band with Suppressed Carrier，DSB-SC），然后再进行调频，即采用了多级调制的方法。

表 1-1 常见的调制方式及其用途

调 制 方 式			用 途 举 例
连续波调制	线性调制	常规双边带调幅	广播
		双边带调幅 DSB	立体声广播
		单边带调幅 SSB	载波通信、无线电台、数据传输
		残留边带调幅 VSB	电视广播、数据传输、传真
	非线性调制	频率调制 FM	微波中继、卫星通信、广播
		相位调制 PM	中间调制方式
	数字调制	振幅键控 ASK	数据传输
		频移键控 FSK	数据传输
		相移键控 PSK、DPSK、QPSK	数据传输、数字微波、空间通信
		其他高效数字调制 QAM、MSK	数字微波、空间通信
脉冲调制	脉冲模拟调制	脉冲幅度调制 PAM	中间调制方式、遥测
		脉宽调制 PDM(PWM)	中间调制方式
		脉位调制 PPM	遥测、光纤传输
	脉冲数字调制	脉码调制 PCM	市话、卫星、空间通信
		增量调制 DM(ΔM)	军用、民用数字电话
		差分脉码调制 DPCM	电视电话、图像编码
		其他话音编码调制 ADPCM	中速数字电话

3. 按信号特征分类

按照信道中所传输的信号是模拟信号还是数字信号，可以相应地把通信系统分成两类，即模拟通信系统和数字通信系统。数字通信系统在最近几十年获得了快速发展，数字通信系统也是目前商用和军用通信系统的主流。

4. 按传送信号的复用和多址方式分类

复用是指多路信号利用同一个信道进行独立传输。传送多路信号目前有四种复用方式，即频分复用（Frequency Division Multiplexing，FDM）、时分复用（Time Division

Multiplexing，TDM)、码分复用(Code Division Multiplexing，CDM)和波分复用(Wave Division Multiplexing，WDM)。

频分复用(FDM)是采用频谱搬移的办法使不同信号分别占据不同的频带进行传输,时分复用(TDM)是使不同信号分别占据不同的时间间隙进行传输,码分复用(CDM)则是采用一组正交的脉冲序列分别携带不同的信号。波分复用(WDM)使用在光纤通信中,可以在一条光纤内同时传输多个波长的光信号,成倍提高光纤的传输容量。

多址是指在多用户通信系统中区分多个用户的方式。如在移动通信系统中,同时为多个移动用户提供通信服务,需要采取某种方式区分各个通信用户。多址方式主要有频分多址(Frequency Division Multiple Access，FDMA)、时分多址(Time Division Multiple Access，TDMA)和码分多址(Code Division Multiple Access，CDMA)三种方式。移动通信系统是各种多址技术应用的一个十分典型的例子。第一代移动通信系统,如 TACS (Total Access Communications System)、AMPS (Advanced Mobile Phone System)都是 FDMA 的模拟通信系统,即同一基站下的无线通话用户分别占据不同的频带传输信息。第二代(2nd Generation，2G)移动通信系统则多是 TDMA 的数字通信系统,GSM 是由欧洲电信标准组织(ETSI)制定的一个数字移动通信标准,它的空中接口采用 TDMA 技术。2G 移动通信标准中唯一采用 CDMA 技术的是 IS‐95 CDMA 通信系统。而第三代(3rd Generation，3G)移动通信系统的三种主流通信标准 W‐CDMA、CDMA 2000 和 TD‐SCDMA 则全部是基于 CDMA 的通信系统。

5. 按传输媒质分类

按传输媒质进行分类,通信系统可以分为有线通信(包括光纤通信)和无线通信两大类。有线信道包括架空明线、双绞线、同轴电缆、光缆等。使用架空明线传输媒介的通信系统主要有早期的载波电话系统,使用双绞线传输的通信系统有电话系统、计算机局域网等,同轴电缆在微波通信、程控交换等系统中以及设备内部和天线馈线中使用。无线通信依靠电磁波在空间传播达到传递消息的目的,如短波电离层传播、微波视距传输等。

6. 按工作波段分类

按照通信设备的工作频率或波长的不同,可以将通信系统分为长波通信、中波通信、短波通信、微波通信等。表 1‐2 列出了通信使用的频段、常用的传输媒质及主要用途。

表 1‐2　频段划分及其典型应用

频率范围/Hz	名　称	典 型 应 用
3～30	极低频(ELF)	远程导航、水下通信
30～300	超低频(SLF)	水下通信
300～3000	特低频(ULF)	远程通信
3 k～30 k	甚低频(VLF)	远程导航、水下通信、声呐
30 k～300 k	低频(LF)	导航、水下通信、无线电信标
300 k～3000 k	中频(MF)	广播、海事通信、测向、遇险求救

频率范围/Hz	名　称	典 型 应 用
3 M～30 M	高频(HF)	远程广播、电话、电报、传真、搜寻救生、船岸通信、业余无线电、飞机与船只间通信
30 M～300 M	甚高频(VHF)	电视、调频广播、空中交通管制、出租汽车通信
0.3 G～3 G	特高频(UHF)	电视、蜂窝网、导航、卫星通信、GPS、监视雷达、无线电高度计、微波链路、无线电探空仪
3 G～30 G	超高频(SHF)	卫星通信、无线电高度计、微波链路、机载雷达
30 G～300 G	极高频(EHF)	雷达着陆系统、卫星通信、移动通信、铁路通信业务
300 G～3 T	亚毫米(0.1～1 mm)	未划分、实验用
43 T～430 T	红外(7～0.7 μm)	光通信系统
430 T～750 T	可见光(0.7～0.4 μm)	光通信系统
750 T～3000 T	紫外线(0.4～0.1 μm)	光通信系统

注：1 kHz＝10^3 Hz，1 MHz＝10^6 Hz，1 GHz＝10^9 Hz，1 THz＝10^{12} Hz，1 mm＝10^{-3} m，1 μm＝10^{-6} m

工作波长和频率的换算关系式为

$$\lambda = \frac{c}{f} = \frac{3 \times 10^8}{f} \qquad (1-1)$$

式中，λ 为工作波长，f 为工作频率(Hz)，c 为光速(m/s)。

1.3.2　通信方式

通信方式是指通信的工作方式或信号传输方式。按照通信中信号传递的方向与时间关系，通信方式可分为单工通信、半双工通信和全双工通信三种，如图 1-4 所示。

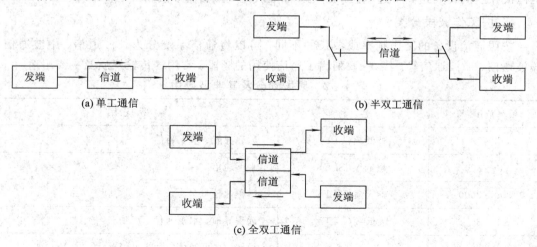

(a) 单工通信　　(b) 半双工通信　　(c) 全双工通信

图 1-4　通信方式

(1) 单工通信(Simplex Communication)，是指信号只能单方向传输的工作方式，如图 1-4(a)所示。通信的双方只有一方可以进行发送，另一方只能进行接收。广播、遥控、遥测、无线寻呼就是单工通信。

（2）半双工通信（Half Duplex Communication），是指信号可以沿两个方向传送，但同一时刻一个信道只允许单方向传送，因此又被称为双向交替通信，如图 1-4（b）所示。例如，无线对讲机就是一种半双工设备，在同一时间内只允许一方讲话。

（3）全双工通信（Full Duplex Communication），是指同时发生在两个方向上的一种信号传输方式，如图 1-4（c）所示。电话机就是一种全双工设备，其通话双方可以同时进行对话。计算机之间的高速数据通信也是这种方式。

1.4　信息及其度量

1.4.1　消息、信号与信息的概念

通信的根本目的在于传输消息中所包含的信息。消息是物质或者精神状态的一种反映，话音、文字、图片数据等都是消息，消息不一定有用，其中有用的部分称为信息。通信原理中的信号通常是指电信号。在电通信系统中，消息要传递，要依靠电信号。不同形式的消息，可包含相同的信息。例如，用话音和文字发送的新闻，所包含的信息内容可以相同。正如运输货物的多少采用"货运量"来衡量一样，传输信息的多少可以采用"信息量"去衡量。现在的问题是如何度量消息中的信息量？

消息是多种多样的，因此度量消息中所含信息量的方法必须能够用来度量任意消息，而与消息的种类无关，同时，这种度量方法也应该与消息的重要程度无关。

1.4.2　信息量的定义

在通信中，对于接收者来说，某些消息中所含的信息量比另一些消息更多。例如，"某架飞机坠毁"比"今天晴天"这条消息要包含更多的信息量。这是因为，前一条消息所表达的事件几乎不可能发生；而后一条消息所表达的事件很可能发生。这表明，对于接收者来说，只有消息中不确定的内容才构成信息，而且，信息量的多少与接收者收到消息时感到的惊讶程度有关。消息所表达的事件越不可能发生，越不可预测，越容易使人感到诧异，其中的信息量就越大。

根据概率论的知识，我们知道事件的不确定程度可以用其出现的概率来描述。因此，消息中所包含的信息量与消息发生的概率有关。消息出现的概率越小，则消息中包含的信息量就越大。假设 $P(x)$ 表示消息发生的概率，I 表示消息中所含的信息量，则根据上面的认知，I 与 $P(x)$ 之间的关系应当反映如下规律：

（1）消息中所含的信息量是该消息出现的概率的函数，即

$$I = I[P(x)] \tag{1-2}$$

（2）$P(x)$ 越小，I 越大；$P(x)$ 越大，I 越小。当 $P(x)=1$ 时，$I=0$；$P(x)=0$ 时，$I=\infty$。

（3）若干个互相独立的事件构成的消息，所含信息量等于各独立事件信息量之和，也就是说，信息量具有相加性，即

$$I[P(x_1)P(x_2)\cdots] = I[P(x_1)] + I[P(x_2)] + \cdots \tag{1-3}$$

可以看出，若 I 与 $P(x)$ 之间的关系式为

$$I=\log_a \frac{1}{P(x)}=-\log_a P(x) \qquad (1-4)$$

则可满足上述三项要求。所以我们定义式(1-4)为消息 x 所含的信息量。

信息量的单位和式(1-4)中对数的底 a 有关。如果 $a=2$，则信息量的单位为比特(bit)，可简记为 b；如果 $a=e$，则信息量的单位为奈特(nat)；如果 $a=10$，则信息量的单位为哈特莱(Hartley)。通常广泛使用的单位为比特，这时有

$$I=\log_2 \frac{1}{P(x)}=-\log_2 P(x) \qquad (1-5)$$

(注：这里为强调对数的底为 2，将以 2 为底的对数仍写为 $\log_2$，通常应写为 lb)

下面我们讨论等概率出现的离散消息的度量。先看一个简单的例子。

例 1.1　设一个二进制离散信源，以相等的概率发送数字"0"或"1"，则信源输出的信息含量为

$$I(0)=I(1)=\log_2 \frac{1}{1/2}=\log_2 2=1(b) \qquad (1-6)$$

由此可见，传送等概率的二进制波形之一的信息量为 1 b。在工程应用中，习惯把一个二进制码元称作 1 b。同理，传送等概率的四进制波形之一($P=1/4$)的信息量为 2 b，这时每个四进制波形需要用两个二进制脉冲表示；传送等概率的八进制波形之一($P=1/8$)的信息量为 3 b，这时需要至少三个二进制脉冲。

综上所述，对于离散信源，M 个波形等概率($P=1/M$)发送，且每一个波形的出现是独立的，即信源是无记忆的，则传送 M 进制波形之一的信息量为

$$I=\log_2 \frac{1}{P}=\log_2 \frac{1}{1/M}=\log_2 M(b) \qquad (1-7)$$

式中，P 为每一个波形出现的概率，M 为传送的波形数。

若 M 是 2 的整数幂次，比如 $M=2^k (k=1, 2, 3, \cdots)$，则式(1-7)可改写为

$$I=\log_2 2^k=k(b)$$

式中，k 是二进制脉冲数目，也就是说，传送每一个 $M(M=2^k)$ 进制波形的信息量就等于用二进制脉冲表示该波形所需的脉冲数目 k。

1.4.3　平均信息量(熵)的概念

现在再来考察非等概率情况。设离散信源是一个由 M 个符号组成的集合，其中每个符号 $x_i (i=1, 2, 3, \cdots, M)$ 按一定的概率 $P(x_i)$ 独立出现，即

$$\begin{bmatrix} x_1 & x_2 & \cdots & x_M \\ P(x_1) & P(x_2) & \cdots & P(x_M) \end{bmatrix}, \text{且有} \sum_{i=1}^{M} P(x_i)=1 \qquad (1-8)$$

则 $x_1, x_2, \cdots, x_M$ 所包含的信息量分别为

$$-\log_2 P(x_1), \ -\log_2 P(x_2), \ \cdots, \ -\log_2 P(x_M) \qquad (1-9)$$

于是，每个符号所含信息量的统计平均值，即平均信息量为

$$H = P(x_1)[-\log_2 P(x_1)]+P(x_2)[-\log_2 P(x_2)]+\cdots+P(x_M)[-\log_2 P(x_M)]$$

$$=-\sum_{i=1}^{M} P(x_i) \log_2 P(x_i) \quad (b/\text{符号}) \qquad (1-10)$$

由于 H 同热力学中的熵形式相似,故通常称之为信息源的熵,其单位为 b/符号。显然,当 $P(x_i)=1/M$(每个符号等概率独立出现)时,式(1-10)即成为式(1-7),此时信源的熵有最大值。

例 1.2 一离散信源由 0、1、2、3 四种符号组成,它们出现的概率分别为 3/8、1/4、1/4、1/8,且每种符号的出现都是独立的。试求某消息 20102013021300120321010032101002310 20020103120321001200210 的信息量。

解 此消息中,"0"出现 23 次,"1"出现 14 次,"2"出现 13 次,"3"出现 7 次,共有 57 个符号,故该消息的信息量

$$I = 23\log_2 \frac{8}{3} + 14\log_2 4 + 13\log_2 4 + 7\log_2 8 = 108(\text{b})$$

每个符号的算术平均信息量为

$$\bar{I} = \frac{I}{\text{符号数}} = \frac{108}{57} = 1.89 \ (\text{b/符号})$$

若用熵的概念来计算,由式(1-10)得

$$H = -\frac{3}{8}\log_2 \frac{3}{8} - \frac{1}{4}\log_2 \frac{1}{4} - \frac{1}{4}\log_2 \frac{1}{4} - \frac{1}{8}\log_2 \frac{1}{8} = 1.906 \ (\text{b/符号})$$

则该消息的信息量为

$$I = 57 \times 1.906 = 108.64 \ (\text{b})$$

以上两种结果略有差别的原因在于,它们的平均处理方法不同。前一种按算术平均的方法,结果可能存在误差。这种误差将随着消息序列中符号数的增加而减小。而且,当消息序列较长时,用熵的概念计算更为方便。

上面学习了离散消息的度量。关于连续消息的信息量可以用概率密度函数来描述。可以证明,连续消息的平均信息量为

$$H(x) = -\int_{-\infty}^{\infty} f(x) \log_a f(x) \mathrm{d}x \tag{1-11}$$

式中,$f(x)$ 为连续消息出现的概率密度。

1.5 数字通信系统的主要性能指标

在设计及评价一个通信系统时,必然涉及通信系统的性能指标问题。通信系统的性能指标包括信息传输的有效性、可靠性、适应性、经济性、标准性及可维护性等。因为通信的任务是传递信息,从信息传输角度来讲,在各项实际要求中起主导、决定作用的主要是通信系统传输信息的有效性和可靠性。有效性是指在给定信道和时间内所传的信息内容的多少,或者说是传输的"速度"问题;可靠性是指接收信息的准确程度,也就是传输的"质量"问题。这两个问题相互矛盾而又相对统一,通常还可以进行互换。

1.5.1 传输速率、码元速率和信息速率

有效性是通信系统传输信息的数量上的表征,是指给定信道和时间内传输信息的多少。数字通信系统中的有效性通常用码元速率 R_B、信息速率 R_b 和频带利用率衡量,其中,码元速率和信息速率是传输速率的两种表现方法,二者既有区别,又相互联系。

1. 码元速率 R_B

码元速率也称为传码率、符号传输速率等，它被定义为每秒传输码元的数目，单位为波特（Baud），简记为 B。

虽然数字信号有二进制和多进制的区分，但码元速率与信号的进制无关，只与一个码元占有时间 T_b 有关，即

$$R_B = \frac{1}{T_b} \quad (B) \tag{1-12}$$

2. 信息速率 R_b

信息速率又称传信率，它被定义为每秒传输的信息量，单位是比特/秒（bit/s），简记为（b/s）。当码元符号等概出现时，信息速率与码元速率的关系为

$$R_b = R_B \log_2 M \quad (b/s) \tag{1-13}$$

或

$$R_B = \frac{R_b}{\log_2 M} \quad (B) \tag{1-14}$$

式中，M 为进制数。

例如，一个数字通信系统每秒传输 600 个二进制码元，则它的信息速率为 $R_b = 600$ b/s。可见在二进制信号传输时，码元速率等于信息速率。若它每秒传输 600 个八进制码元，则其信息速率为 $R_b = 600\log_2 8 = 1800$ b/s。

3. 频带利用率 η

在比较不同数字通信系统的效率时，仅仅看它们的信息传输速率是不够的。因为即使是两个系统的信息传输速率相同，它们所占用的频带宽度也可能不同，从而效率也不同。对于相同的信道频带，每秒传输的信息量越多，其传输效率越高。所以用来衡量数字通信系统传输效率的（有效性）指标应当是单位频带内的传输速率，即

$$\eta_B = \frac{R_B}{B} \quad (B/Hz) \tag{1-15}$$

或

$$\eta_b = \frac{R_b}{B} \quad (b/(s \cdot Hz)) \tag{1-16}$$

1.5.2 误码率和误信率

可靠性是通信系统传输信息质量的表征，指的是接收信息的准确程度。衡量数字通信系统可靠性的重要指标是错误率，具体有误码率 P_e 和误信率 P_b 两种表示方式。

1. 误码率 P_e

误码率是指错误接收的码元数在传输总码元数中所占的比例，更确切地说，误码率是码元在传输系统中被传错的概率，即

$$P_e = \frac{错误码元数}{传输总码元数} \tag{1-17}$$

例如，经长时间统计，平均传输 1000 个码元中错 1 个码元，则误码率 $P_e = 10^{-3}$。

2. 误信率 P_b

误信率又称为误比特率，是指错误接收的比特数在传输总比特数中所占的比例，即

$$P_b = \frac{错误比特数}{传输总比特数} \qquad (1-18)$$

错误率的大小由通路的系统特性和信道质量决定。传输不同的信号对错误率的要求也不同。例如，数字微波通信要求 $P_e \leqslant 10^{-6}$，数据通信要求 $P_e \leqslant 10^{-8}$。当信道不能满足错误率要求时，必须加纠错编码措施。

最后需要指出的是：可靠性和有效性指标一般是互相矛盾的，可通过降低有效性的方法来提高系统的可靠性，反之也可通过降低系统可靠性的设计来提高系统的有效性。

1.6　模拟通信系统的主要性能指标

模拟通信系统的有效性可用有效传输频带带宽 B 来度量，同样的消息采用不同的调制方式，则需要不同的频带宽度。可靠性通常用接收端最终输出的信噪比(S/N)来度量。

1.6.1　频带利用率

当信道容许传输带宽一定，而进行多路频分复用时，每路信号所需的有效带宽越窄，信道内复用的路数就越多。

显然，信道复用率的程度越高，信号传输的有效性就越好。信号的有效传输带宽与系统采用的调制方法有关。同样的信号用不同的方法调制所得到的有效传输带宽是不一样的。

1.6.2　信噪比

模拟通信系统的可靠性指标用整个通信系统的输出信噪比来衡量。信噪比是指接收端信号的平均功率和噪声的平均功率之比。不同调制方式在同样信道条件下所得到的最终解调后的信噪比是不同的。在相同信道等条件下，系统的输出端的信噪比越大，则系统抗干扰的能力越强。

显然，信噪比越高，通信质量就越好。输出信噪比一方面与信道内噪声的大小和信号的功率有关，同时又和调制方式有很大的关系。例如，宽带调频系统的有效性不如调幅系统，但是调频系统的可靠性往往比调幅系统好。

1.6.3　均方误差

均方误差是衡量发送的模拟信号与接收端复制的模拟信号之间误差程度的指标。均方误差越小，说明复制的信号越逼真。

在实际的模拟通信中，均方误差是由两方面原因造成的：第一，由于信号在传输时叠加上噪声，我们称这部分为由加性干扰产生的误差；第二，由于信道传输特性不理想产生的误差，我们称这部分为乘性干扰产生的误差。

在以后的讨论中，主要研究加性干扰的影响，认为在模拟通信中均方误差的大小最终将完全取决于接收端输出的信号平均功率与噪声平均功率之比(即信噪比)。如果在相同的

条件下，某个系统的输出信噪比最高，则称该系统通信质量最好，或称该系统抗信道噪声（或干扰）的能力最强。

1.7 通信系统仿真工具简介

1.7.1 通信系统仿真工具概述

通信系统是用于完成信息传输过程的技术系统的总称。随着通信技术发展的日新月异，通信系统日趋复杂。因此，通信系统的设计需要先进行模拟仿真，以提升系统的可用性。软件仿真首先对通信系统进行数学建模，然后通过软件来模拟系统行为、波形或信号通过系统的过程，并对系统的性能指标进行仿真测试和统计分析。使用软件仿真一方面是验证理论分析和解析结果正确性的重要手段，另一方面，由于通信系统和通信环境的复杂性导致传统的解析分析方法不可行。

通常情况下，通信系统仿真使用的工具有 SystemView、信号处理工作系统（Signal Processing WorkSystem，SPW）、先进设计系统（Advanced Design System）和 Matlab 等。其中，SystemView 软件由 ELANIX 公司出品，是一个用于现代工程与科学系统设计及仿真的动态系统分析平台。从滤波器设计、信号处理、完整通信系统的设计与仿真，直到一般的系统数学模型建立等各个领域，SystemView 在友好而且功能齐全的窗口环境下，为用户提供了一个精密的嵌入式分析工具。2005 年，Elanix 公司被美国安捷伦（Agilent）公司收购，把软件名字改为 SystemVue，由原先的 SystemView 1.0、SystemView 4.5、SystemView 5.0、SystemView 6.0，再到后来的 SystemView 2005、SystemVue 2007、SystemVue 2008。其功能也逐步完善，从开始具有基本的仿真功能到后来增加了 DSP 库，第二代、第三代移动通信库，以及蓝牙库的完善，实例仿真的范围得到很大程度的拓展。

信号处理工作系统（Signal Processing WorkSystem，SPW）是美国 Cadence 公司提供的信号处理工作系统，是一种能对数字信号处理及通信系统算法进行开发、仿真、调试并进行性能估计的强有力的软件包。SPW 软件包提供了先进的计算机辅助工程设计工具及完整的 DSP 模块库。用这些工具能建立任何类型的 DSP 系统并产生设计的硬件描述。

SPW 软件包主要由一系列交互运行的集成工具组成，典型的有方框图编辑器 BDE（Block Diagram Editor）、仿真管理器 SPS（Simulation Program Builder）与 SIM（Simulation Manager）及信号计算器 SigCalc（Signal Calculator）等。方框图编辑器内有电子、通信、多媒体等模块库，设计者可根据需要选取模块、连接并设置其参数。仿真管理器能对设计系统模型进行编译、仿真，并提示修正设计错误。信号计算器是一种处理数字信号的工具，可创建、显示、处理和分析各种信号波形，并进行仿真结果的眼图、星座图、FFT 图等显示、分析。另外，SPW 软件还有滤波器设计 FDS（Filter Design System）和有限状态机 FSM（FiniteState Machine）等集成工具。

利用 SPW 可以很方便地进行通信系统的仿真。因为 SPW 采用系统模块直观地描述系统典型环节，其模块库中提供了丰富的通信模块，包括信号源模块组（Signal Sources）、编/译码模块组（Encoder/Decoder）、信道模块组（Channels）、调制/解调器模块组（Modulators/Demodulators）、滤波器模块组（Filter）、均衡器模块组（Equalizer）、输出池模块组（Signal

Sink)，以及数学运算模块组（Math）等。尽管如此，对于一些特殊算法或特定功能的子程序，SPW 提供的模块并不一定满足要求。但 SPW 具有灵活的创建自定义模块的功能，允许用户通过自己编码来定义模块。创建用户自定义模块的方法有多种，一种比较简便的方法是使用 Block Wizard。因为它在模块产生的每一步都给用户提供了一个便于操作的图形化界面。模块建模可以使用 C 语言、Matlab 软件或 VHDL 语言等。

先进设计系统（Advanced Design System，ADS）是安捷伦（Agilent）科技有限公司为适应竞争形势及高效地进行产品研发生产而设计开发的一款 EDA 软件。该软件因强大的功能、丰富的模板支持和高效准确的仿真能力（尤其在射频微波领域）而得到了广大 IC 设计工作者的支持，并迅速成为工业设计领域 EDA 软件的佼佼者。

通过从频域和时域电路仿真到电磁场仿真的全套仿真技术，ADS 让设计师全面表征和优化设计。单一的集成设计环境提供系统和电路仿真器，以及电路图捕获、布局和验证能力 ——因此不需要在设计中停下来更换设计工具。

ADS 软件是一款强大的电子设计自动化软件系统，它为蜂窝和便携电话、寻呼机、无线网络以及雷达和卫星通信系统等产品的设计师提供了完全的设计集成。其电子设计自动化功能十分强大，包含时域电路仿真（SPICE-like Simulation）、频域电路仿真（Harmonic Balance、Linear Analysis）、三维电磁仿真（EM Simulation）、通信系统仿真（Communication System Simulation）、数字信号处理仿真设计（DSP）。ADS 是高频设计的工业领袖，它支持射频和系统设计工程师开发所有类型的射频设计，从简单到复杂，从离散的射频/微波模块到用于通信和航天/国防的集成 MMIC（单片微波集成电路），是当今国内各大学和研究所使用最多的微波/射频电路和通信系统仿真软件。

此外，Agilent 公司和多家半导体厂商合作建立 ADS Design Kit 及 Model File 供设计人员使用。使用者可以利用 Design Kit 及软件仿真功能进行通信系统的设计、规划与评估以及 MMIC/RFIC、模拟与数字电路设计。除上述仿真设计功能外，ADS 软件也提供辅助设计功能，如 Design Guide 是以范例及指令方式示范电路或系统的设计流程，而 Simulation Wizard 是以步骤式界面进行电路设计与分析。ADS 还能提供与其他 EDA 软件，如 SPICE、Mentor Graphics 的 ModelSim、Cadence 的 NC-Verilog、Mathworks 的 Matlab 等协作仿真（Co-Simulation），加上丰富的元件应用模型 Library 及测量/验证仪器间的连接功能，可增加电路与系统设计的方便性、精确性，并可提高设计速度。

Matlab 是美国 MathWorks 公司出品的商业数学软件，用于算法开发、数据可视化、数据分析以及数值计算的高级技术计算语言和交互式环境，主要包括 Matlab 和 Simulink 两大部分，主要面对科学计算、可视化以及交互式程序设计的高科技计算环境。它将数值分析、矩阵计算、科学数据可视化以及非线性动态系统的建模和仿真等诸多强大功能集成在一个易于使用的视窗环境中，为科学研究、工程设计以及必须进行有效数值计算的众多科学领域提供了一种全面的解决方案，并在很大程度上摆脱了传统非交互式程序设计语言（如 C 语言、Fortran 语言）的编辑模式，代表了当今国际科学计算软件的先进水平。

Matlab 可以进行矩阵运算、绘制函数和数据、实现算法、创建用户界面、连接其他编程语言的程序等，主要应用于工程计算、控制设计、信号处理与通信、图像处理、信号检测、金融建模设计与分析等领域。其特点如下：

（1）高效的数值计算及符号计算功能，能使用户从繁杂的数学运算分析中解脱出来；

（2）具有完备的图形处理功能，可实现计算结果和编程的可视化；

（3）具有友好的用户界面及接近数学表达式的自然化语言，使学者易于学习和掌握；

（4）具有功能丰富的应用工具箱（如信号处理工具箱、通信工具箱等），为用户提供了大量方便实用的处理工具。

这里对 SystemView 软件进行了简单的介绍，其他软件如 SPW、ADS、Matlab 等可以结合学校具体情况作为自学内容。

1.7.2 SystemView 软件简介

SystemView 是一个信号级的系统仿真软件，主要用于电路与通信系统的设计和仿真，它是一个强有力的动态系统分析工具，能满足从数字信号处理、滤波器设计直到复杂的通信系统等不同层次的设计和仿真要求。借助于熟悉的 Windows 窗口环境，以模块化和交互式的界面，为用户提供一个嵌入式的分析引擎。

SystemView 由系统设计窗口和分析窗口组成。系统设计窗口包括标题栏、菜单栏、工具条、滚动条、提示栏、图符库和设计工作区等。所有系统的设计、搭建等基本操作都是在设计窗口内完成的。分析窗口包括标题栏、菜单栏、工具条、活动图形窗口和提示信息栏等。其中，活动图形窗口显示输出的各种图形，如波形等；提示信息栏显示分析窗口的状态信息、坐标信息和指示分析的进度。SystemView 主要有以下特点。

（1）能仿真大量的应用系统。

SystemView 能在 DSP、通信和控制系统应用中构造复杂的模拟、数字、混合和多速率系统；具有大量可选择的库，允许用户有选择地增加通信、逻辑、DSP 和射频/模拟功能模块；特别适合于无线电话、调制解调器以及卫星通信系统等的设计；可进行各种系统时域/频域分析和频谱分析；可对射频/模拟电路进行理论分析和失真分析。

（2）快速方便的动态系统设计与仿真。

使用熟悉的 Windows 界面和功能键（单击、双击鼠标的左右键），SystemView 可以快速建立和修改系统，并在对话框内快速访问和调整参数，实时修改和实时显示。只需要仅用鼠标点击图符，即可创建连续线性系统、DSP 滤波器，可以输入/输出基于真实系统模型的仿真数据。SystemView 图标库包括几百种信号源、接收端、操作符和功能块，提供从通信、信号处理、自动控制直到构造通用数学模型等应用。信号源和接收端图标允许在SystemView 内部生成和分析信号，并提供可外部处理的各种文件格式和输入/输出数据接口。

（3）提供基于组织结构图方式的设计。

通过利用 SystemView 中的图符和 MetaSystem（子系统）对象的无限制分层结构功能，SystemView 能很容易地建立复杂的系统。首先可以定义一些简单的功能组，再通过对这些简单功能组的连接进而实现一个大系统。这样，单一的图符就可以代表一个复杂系统。

（4）多速率系统和并行系统。

SystemView 允许合并多种数据采样率输入的系统，以简化 FIR 滤波器的执行。这种特性尤其适合于同时具有低频和高频部分通信系统的设计与仿真，有利于提高整个系统的仿真速度，而在局部又不会降低仿真的精度，同时还可降低对计算机硬件配置的要求。

（5）完备的滤波器和线性系统设计。

SystemView 包含一个功能强大的、很容易使用的图形模板设计模拟/数字以及离散和连续时间系统的环境，还包含大量的 FIR/IIR 滤波类型和 FFT 类型，并提供易于用 DSP 实现滤波器或线性系统的参数。

（6）先进的信号分析和数据块处理。

SystemView 提供的分析窗口是一个能够提供系统波形详细检查的交互式可视环境。分析窗口还提供了一个能对仿真生成数据进行先进的块处理操作的接收计算器，通过接收计算器可以获得输出的各种数据和频域参数，并对其进行分析、处理、比较或进一步的组合运算。例如，信号的频谱图就可以很方便地在此窗口中观察到。SystemView 还提供了一个真实而灵活的窗口用以检查系统波形，内部数据的图形放大、缩小、滚动、谱分析、标尺以及滤波等全部都是通过敲击鼠标器实现的。

（7）可扩展性。

SystemView 允许用户插入自己用 C/C++ 编写的用户代码库，插入的用户库自动集成到 SystemView 中，如同系统内建的库一样使用。

（8）完善的自我诊断功能。

SystemView 能自动执行系统连接检查，通知用户连接出错并通过显示指出出错的图符，这个特点对用户系统的诊断是十分有效的。

总之，SystemView 提供了一种强大的基于个人计算机的动态通信系统仿真工具，即使在不具备先进仪器的条件下，同样也能完成复杂的通信系统设计与仿真。

习　　题

1-1　通信系统的一般模型是什么？模拟通信系统模型和数字通信系统模型有何不同？

1-2　何为数字信号？何为模拟信号？两者之间根本的区别是什么？

1-3　消息、信号与信息之间的区别及其关系是什么？

1-4　信息量和熵的含义是什么？

1-5　数字通信系统的特点是什么？

1-6　已知字母 a 出现的概率为 0.105，b 出现的概率为 0.002，试求 a 和 b 的信息量。

1-7　某信源符号集由字母 A、B、C、D、E 组成，假设每一个符号独立出现，出现概率分别为 1/4、1/8、1/8、3/16、5/16。试求该信息源符号的平均信息量。

1-8　假设某信源符号集由字母 A、B、C、D 组成，其中前三个符号出现的概率分别为 1/4、1/8、1/8、且每一个符号是独立出现的，试求该信息源符号的平均信息量。

1-9　一个由字母 A、B、C、D 组成的字对于传输的每一个字母用二进制脉冲编码，00 代替 A，01 代替 B，10 代替 C，11 代替 D，每个脉冲宽度为 5 ms。

（1）若不同的字母是等可能出现的，试计算传输的平均信息速率；

（2）若每个字母出现的可能性分别为

$$P_A = \frac{1}{5}, \ P_B = \frac{1}{4}, \ P_C = \frac{1}{4}, \ P_D = \frac{3}{10}$$

试计算传输的平均信息速率。

1-10　设一个信息源的输出由 128 个不同的符号组成，其中 16 个符号出现的概率为 1/32，其余 112 个符号出现的概率为 1/224。信息源每秒发出 1000 个符号，且每个符号彼此独立。试计算该信息源的平均信息速率。

1-11 设一数字系统传送二进制码元的速率为 2400B,试求该系统的信息速率;若该系统改为传送十六进制信号码元,码元速率不变,设各码元独立等概率出现,则这时的系统信息速率为多少?

1-12 若题 1-7 中信息源以 1000 B 速率传送信息,试计算:

(1) 传送 1 h 的信息量;

(2) 传送 1 h 可能达到的最大信息量。

1-13 如果二进制独立等概率信号的码元宽度为 0.5 ms,求 R_B 和 R_b;若改为四进制信号,码元宽度不变,求传码率 R_B 和独立等概率时的 R_b。

1-14 已知某四进制数字传输系统的传信率为 2400 b/s,接收端在 0.5 h 内共收到 216 个错误码元,试计算该系统的误码率 P_e。

第 2 章　信　　道

回忆通信系统的一般模型可知，信道位于发送设备和接收设备之间，它是传输信息的媒介或通道。信道有输入和输出，因此信道也可以看作一种变换，它把输入变换为输出。由于干扰和噪声的存在，这种变换往往具有随机性，可以通过分析输入输出信号间的统计依赖关系研究信道。信道的好坏直接影响着通信的质量。本章从通信的观点研究信道，首先讨论信道的分类、模型、信道噪声和传输特性，最后讨论信道的极限传输能力，即信道容量的基本概念。

2.1　信道的定义

信道(channel)是以传输媒质为基础的信号通道，是通信系统的重要组成部分，它与发送设备和接收设备一起组成通信系统。通信的本质就是通过信道传输信息，实现不同地点或者不同时间的信息交流。信道的任务就是传输信息或者存储信息。可见离开了信道，通信将无法进行；信道的好坏将直接影响通信的质量。研究信道的目的是为了了解各种信道的特点，并进而在通信系统中正确地选择信道，合理地设计发送和接收设备，使通信系统的性能达到最佳。

2.1.1　狭义信道

狭义信道仅指通信系统的传输媒质。按照具体传输媒质的不同类型，信道可分为有线信道和无线信道两种。有线信道通过电导线或光纤传输信号，其传输媒质包括架空明线、对称电缆、同轴电缆、光缆及波导等一类能够看得见、摸得着的媒介。有线信道是现代通信网中最常用的信道之一，如对称电缆(又称电话电缆)广泛应用于(市内)近程传输。无线信道通过电磁波(包括红外线和激光)传播信号，其传输媒质比较多，包括地波传播、短波电离层反射、超短波或微波视距中继、人造卫星中继、对流层散射及移动无线电信道等。可以这样认为，凡不属于有线信道的媒质均为无线信道的媒质。

无线信道是对无线通信中发送端和接收端之间通路的一种形象比喻。对于无线电波和光波而言，它从发送端传送到接收端，其间并没有一个有形的连接，它的传播路径也可能不止一条，但是为了形象地描述发送端与接收端之间的工作，想象两者之间有一条看不见的通路衔接着，把这条衔接通路称为无线信道。

无线信道的传输特性一般没有有线信道的传输特性稳定、可靠，但无线信道具有方便、灵活、传输成本低、通信者可移动等优点。

2.1.2　广义信道

在通信系统的研究中，为了简化系统模型和突出重点，常常根据所研究的问题，把信道的范围适当扩大，这就引出了广义信道的概念。广义信道除了包括传输媒质外，还包括通信系统中其他有关的转换器(例如，天线、馈线、调制器/解调器、编码器/解码器等)，我们把这种范围扩大了的信道称为广义信道。在讨论通信的一般原理时，通常采用广义信道。

根据所研究问题的需要，可以定义多种广义信道。在通信原理中，常见的广义信道有调制信道和编码信道两种。调制信道是从研究调制与解调的基本问题出发而构成的，它的范围是从调制器的输出端到解调器的输入端。从调制和解调的角度来看，我们只关心调制器输出的信号形式和解调器输入信号与噪声的最终特性，并不关心信号的中间变化过程。因此，定义调制信道对于研究调制与解调问题是方便和恰当的。

在数字通信系统中，如果仅着眼于编码和译码问题，则可得到另一种广义信道，即编码信道。因为从编码和译码的角度看，编码器的输出是某一数字序列，而译码器的输入同样也是一种数字序列，它们可能是不同的数字序列。因此，从编码器输出端到译码器输入端的所有转换器及传输媒质可用一个完成数字序列变换的方框加以概括，此方框称为编码信道。调制信道和编码信道都属于广义信道，其示意图如图 2-1 所示。

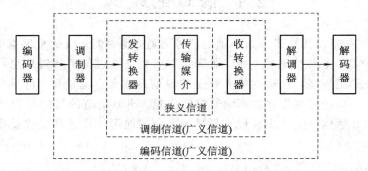

图 2-1　调制信道与编码信道示意图

当然，狭义信道是广义信道的核心，通信效果的好坏在很大程度上取决于狭义信道的特性。因此在研究信道的一般特性时，传输媒质仍然是讨论的重点。

2.2　信道的模型

从系统的观点研究信道，可以把信道看成一个"黑盒子"，讨论时不关心信道的具体结构和组成，而只关心信道的输入和输出。信道的数学模型用来表征实际物理信道的特性，它对通信系统的分析和设计是十分方便的。本节介绍调制信道和编码信道这两种广义信道的数学模型。

2.2.1　调制信道的模型

调制信道是为了研究调制和解调问题而建立的一种广义信道，它所关心的是调制信道的输入信号形式和已调信号通过调制信道后的最终结果，而对于调制信道内部的变换过程并不关心。因此，调制信道可以用具有一定输入和输出关系的系统方框来表示。通过对调制信道大量的考查和研究发现，调制信道具有以下共性：

（1）有一对（或多对）输入端和一对（或多对）输出端；

（2）绝大多数的信道都是线性的，即满足叠加原理；

（3）信号通过信道具有一定的延迟时间；

（4）信道对信号有损耗（固定损耗或时变损耗）；

（5）即使没有信号输入，在信道的输出端仍有一定的功率输出（噪声）。

由此可见，可用一个二对端（或多对端）的时变线性网络来表示调制信道。这个网络就称为调制信道模型，如图 2-2 所示。图 2-2(a)表示二对端时变线性网络，图 2-2(b)表示多对端时变线性网络。

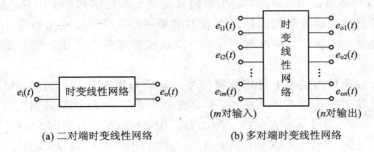

(a) 二对端时变线性网络　　　　　　(b) 多对端时变线性网络

图 2-2　调制信道模型

对于二对端的信道模型，其输入与输出之间的关系式可表示为

$$e_o(t) = f[e_i(t)] + n(t) \qquad\qquad (2-1)$$

式中：$e_i(t)$ 为调制信道输入的已调信号；$e_o(t)$ 为调制信道的输出信号；$n(t)$ 为信道噪声（或称信道干扰）；$f[\cdot]$ 表示某种时变线性变换，$f[e_i(t)]$ 为已调信号通过信道所发生的时变线性变换。这里，$n(t)$ 与 $e_i(t)$ 无依赖关系，或者说，$n(t)$ 独立于 $e_i(t)$，常称 $n(t)$ 为加性干扰（噪声）。

$f[e_i(t)]$ 表示调制信道实际所发生的时变线性变换，为了进一步理解信道对信号的影响，不妨假定 $f[e_i(t)]$ 可简写成 $k(t) \cdot e_i(t)$ 的形式。其中，$k(t)$ 依赖于网络的特性，$k(t) \cdot e_i(t)$ 反映网络对 $e_i(t)$ 的时变线性作用。$k(t)$ 的存在对 $e_i(t)$ 来说是一种干扰，常称为乘性干扰。

于是，式(2-1)可改写成

$$e_o(t) = k(t) \cdot e_i(t) + n(t) \qquad\qquad (2-2)$$

通过以上分析可知，调制信道对信号的影响可以归结为两点：一是乘性干扰 $k(t)$，二是加性干扰 $n(t)$。如果我们了解了 $k(t)$ 和 $n(t)$ 的特性，则信道对信号的具体影响也就清楚了。不同特性的信道，仅反映为其信道模型具有不同的 $k(t)$ 和 $n(t)$。

实际中，乘性干扰 $k(t)$ 一般是一个复杂函数，它可能包括各种线性畸变和非线性畸变。同时由于信道的延迟特性和损耗特性随时间做随机变化，故 $k(t)$ 往往只能用随机过程加以描述。经大量观察表明，有些信道的 $k(t)$ 基本不随时间变化，也就是说，信道对信号的影响是固定的或变化极为缓慢。而另一些信道则不然，它们的 $k(t)$ 是随机快变化的。因此，在分析研究乘性干扰时，在相对的意义上可以把信道分成两大类：一类称为恒参信道（恒定参量信道），其 $k(t)$ 可看成不随时间变化或基本不变化，常等效为一个线性时不变网络进行分析；另一类称为随参信道（随机参量信道），其 $k(t)$ 随时间随机变化。有线信道绝大部分属于恒参信道，无线信道大部分属于随参信道。

2.2.2 编码信道的模型

编码信道是包括调制信道以及调制器和解调器的信道，它与调制信道有明显的不同，调制信道对信号的影响是通过 $k(t)$ 和 $n(t)$ 使已调信号发生模拟变化，而编码信道对信号的影响则是一种数字序列的变换，即把一种数字序列变成另一种数字序列。由于调制信道的输入和输出都是模拟信号，故有时把调制信道看成一种模拟信道，而编码信道的输入和输出都是数字序列，故有时把编码信道称为数字信道。

编码信道包含调制信道，因而，它当然同样受调制信道的影响。但是，从编/译码的角度看，这个影响已经反映在解调器的最终输出结果中，使编码器输出的数字序列以某种概率发生差错。显然，调制信道特性越不理想，以及加性噪声越严重，则发生错误的概率就越大。

由此可知，编码信道的模型可用数字信号的转移概率来描述。例如，对于二进制数字传输系统，编码信道的输入符号 $X \in \{0, 1\}$，输出符号 $Y \in \{0, 1\}$，其信道转移概率可记为

$$P(Y=0/X=1)=P(0/1), \quad P(Y=1/X=0)=P(1/0)$$
$$P(Y=1/X=1)=P(1/1), \quad P(Y=0/X=0)=P(0/0)$$

其中，$P(0/0)$ 和 $P(1/1)$ 表示正确转移的概率，$P(0/1)$ 和 $P(1/0)$ 表示错误转移的概率。根据概率的性质可知：

$$P(0/0)=1-P(1/0), \quad P(1/1)=1-P(0/1)$$

按照当前码元符号的转移概率是否与其前后码元符号相关，编码信道可以细分为无记忆编码信道和有记忆编码信道两种。无记忆编码信道码元的转移概率与其他码元的取值无关，即每个码元发生的错误是相互独立的，而有记忆编码信道码元的转移概率与前后码元的取值有关。无记忆二进制编码信道的模型如图 2-3 所示。

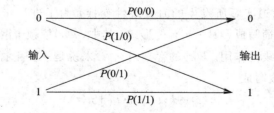

图 2-3 无记忆二进制编码信道模型

无记忆二进制编码信道模型可以用转移概率矩阵 $\boldsymbol{P}$ 表示为

$$\boldsymbol{P}=\begin{bmatrix} P(0/0) & P(1/0) \\ P(0/1) & P(1/1) \end{bmatrix} \tag{2-3}$$

假设发送端发送"1"的概率为 $P(1)$，发送"0"的概率为 $P(0)$，则无记忆二进制编码信道的误码率为

$$P_e=P(1)P(0/1)+P(0)P(1/0) \tag{2-4}$$

显然，错误转移的概率越大，误码率越大。在无记忆二进制编码信道模型中，如果 $P(1/0)=P(0/1)=p$，则 $P(0/0)=P(1/1)=1-p$，也就是说信道错误的概率为 p，正确传

输的概率为 $1-p$，则对应的编码信道称为二进制对称信道，简称 BSC(Binary Symmetric Channel)信道。信道错误概率为 p 的 BSC 信道的转移概率矩阵 $\boldsymbol{P}$ 为

$$\boldsymbol{P}=\begin{bmatrix} 1-p & p \\ p & 1-p \end{bmatrix} \tag{2-5}$$

由无记忆二进制编码信道模型容易推出无记忆多进制编码信道的一般模型。此时，信道的输入符号 $\boldsymbol{X}\in\{x_1, x_2, \cdots, x_n\}$，输出符号 $\boldsymbol{Y}\in\{y_1, y_2, \cdots, y_m\}$，信道转移概率矩阵用 $\boldsymbol{P}=[P(y_j/x_i)]=[p_{ij}]$ 表示，即

$$\boldsymbol{P}=\begin{bmatrix} p_{11} & p_{12} & \cdots & p_{1m} \\ p_{21} & p_{22} & \cdots & p_{2m} \\ \vdots & \vdots & & \vdots \\ p_{n1} & p_{n2} & \cdots & p_{nm} \end{bmatrix} \tag{2-6}$$

显然，输入为 x_i 时，所有可能输出值 y_j 的概率之和必定为 1，即

$$\sum_{j=1}^{m} p(y_j \mid x_i) = 1 \tag{2-7}$$

也就是说，转移概率矩阵中每一行元素之和为 1。

无记忆多进制编码信道的一般模型如图 2-4 所示。

无记忆多进制编码信道也称为离散无记忆信道，简称 DMC(Discrete Memoryless Channel)信道。显然，无记忆二进制编码信道是 DMC 信道的一个特例，此时，$n=m=2$，$X\in\{0, 1\}$，$Y\in\{0, 1\}$。

信道转移概率完全由编码信道的特性决定，一个具体的编码信道都有其相应确定的转移概率，转移概率一般需要对实际编码信道进行大量的统计分析才能得到。

对于有记忆编码信道，由于信道中码元发生错误的事件是非独立事件，因此其信道转移概率的表达式很复杂，其信道模型也比无记忆编码信道模型要复杂得多，这里不再讨论。

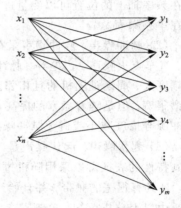

图 2-4　无记忆多进制编码信道模型

2.3　信道的加性噪声

在上节中已经指出，调制信道对信号的影响可以归结为乘性干扰和加性干扰两种，其中加性干扰(即加性噪声)以相加的方式叠加在接收信号上，是影响通信质量的重要因素。本节讨论信道中的加性噪声。

加性噪声(简称噪声)是信道中不需要的电信号的统称，它叠加在信号之上，对信号传输产生影响。噪声会使模拟信号产生失真，使数字信号发生错码，并且限制信息的传输速率。加性噪声与信号相互独立，并且始终存在，实际中只能采取措施减小加性噪声的影响，而不能彻底消除加性噪声。因此，加性噪声不可避免地会对通信造成危害。

2.3.1　加性噪声的来源与分类

噪声的种类很多，也有多种分类方式，若根据噪声的来源进行分类，一般可以分为以下三类：

（1）人为噪声。人为噪声是指人类活动所产生的对通信造成干扰的各种噪声，包括工业噪声和无线电噪声。例如，开关接触噪声、工业的点火辐射、荧光灯干扰和邻近电台信号干扰等。

（2）自然噪声。自然噪声是指自然界存在的各种电磁波源所产生的噪声。如雷电、磁暴、太阳黑子、银河系噪声、宇宙射线等。

（3）内部噪声。内部噪声是指通信设备本身产生的各种噪声，它来源于通信设备的各种电子器件、传输线、天线等。例如，导体中自由电子的热运动（热噪声）、电源哼声等。

从研究噪声对信号传输影响的角度来看，按照噪声的性质进行分类更为有利。按此分类，可将噪声分为单频噪声、脉冲噪声和起伏噪声三类。

（1）单频噪声。单频噪声是一种连续波干扰，主要是指无线电干扰（如外台信号），它可视为一个已调正弦波，其幅度、频率和相位是事先不能预测的。这种噪声占有极窄的频带，它在频率轴上的位置可以测量进而采取措施加以防止。因此，并不是所有的通信系统中都存在单频噪声。

（2）脉冲噪声。脉冲噪声是在时间上无规则的突发脉冲波形，包括工业干扰中的电火花、汽车点火噪声、雷电等。脉冲噪声的特点是以突发脉冲形式出现、干扰持续时间短、脉冲幅度大、周期是随机的且相邻突发脉冲之间有较长的安静时间。由于脉冲很窄，所以其频谱很宽。但是随着频率的提高，频谱强度逐渐减弱。可以通过选择合适的工作频率、远离脉冲源等措施减小或避免脉冲噪声的干扰。

（3）起伏噪声。起伏噪声是一种连续波随机噪声，包括热噪声、散弹噪声和宇宙噪声。对其特性的表征可以采用随机过程的分析方法。起伏噪声的特点是其波形随时间无规律变化，且具有很宽的频带，并且始终存在。

由以上分析可知，单频噪声并不是在所有的通信信道中都存在，且容易防止；脉冲噪声由于具有较长的安静期，故对模拟语音通信影响不大，但在数字通信系统，一旦出现突发脉冲，由于它的幅度大，会导致一连串的误码，对通信造成严重的危害。不过，在数字通信中，通常可以采用纠错编码技术来减轻这种危害。

综上所述，起伏噪声是信道所固有的一种连续噪声，它始终存在，且不能避免。因此，一般来说，起伏噪声是影响通信系统性能的主要因素。在讨论噪声对于通信系统的影响时，主要考虑起伏噪声。

2.3.2　起伏噪声及其统计特点

以热噪声、散弹噪声和宇宙噪声为代表的起伏噪声，无论在时域还是频域内都是普遍存在和不可避免的，起伏噪声是影响通信质量的主要因素之一，是研究噪声的主要对象。

热噪声是电阻类导体中自由电子的布朗运动引起的噪声。具体地讲就是在电阻类导体的两端，即使没有外加电压，也会或多或少地出现变化的微小电压，这是由于电阻中自由电子做不规则的热运动所产生的起伏噪声所引起的。理论分析和实测表明，电阻热噪声的

功率谱密度在 $0 \sim 10^{13}\,\mathrm{Hz}$ 频率范围内均匀分布。

散弹噪声是由真空电子管或半导体器件中电子发射的不均匀性引起的噪声。电子管中的散弹噪声是由阴极表面发射电子的不均匀性引起的，在半导体二极管和三极管中的散弹噪声则是由载流子扩散的不均匀性与电子空穴对产生和复合的随机性引起的。这种不均匀性和随机性导致器件中的总电流发生起伏波动而形成噪声。

宇宙噪声是指天体辐射波对接收机形成的噪声。它在整个空间的分布是不均匀的，最强的来自银河系的中部，其强度与季节、频率等因素有关。实测表明，在 $20 \sim 300\,\mathrm{MHz}$ 的频率范围内，它的强度与频率的三次方成反比。因此，当工作频率低于 $300\,\mathrm{MHz}$ 时就要考虑到它的影响。

研究表明，无论是热噪声、散弹噪声，还是宇宙噪声，其噪声电压（电流）均符合中心极限定理的条件，可以断定其分布服从高斯分布，因此起伏噪声是高斯噪声。同时，在一般的工作频率范围内，起伏噪声具有平坦的功率谱密度。如果噪声在整个频率范围内具有平坦的功率谱密度，则称其为白噪声。因此上述三类起伏噪声常常被近似地表述为高斯白噪声。

通信系统模型中的"噪声源"是分散在通信系统各处的加性噪声（主要是起伏噪声）的集中表示，它概括了信道内所有的热噪声、散弹噪声和宇宙噪声。由于起伏噪声可以表述为高斯白噪声，在以后讨论通信系统性能受噪声的影响时，我们主要分析的就是高斯白噪声的影响。

2.3.3　高斯噪声的模型及性质

1. 高斯噪声的定义

从数学分析的角度看，通信系统中的随机噪声可以用随机过程来描述，通常记为 $n(t)$。所谓高斯噪声，就是噪声的任意 n 维（$n=1, 2, \cdots$）概率分布符合高斯分布（正态分布）的随机噪声，也就是说，高斯噪声就是高斯随机过程，高斯随机过程也称为正态随机过程。高斯随机过程的 n 维概率密度函数表示式为

$$f_n(x_1, x_2, \cdots, x_n; t_1, t_2, \cdots, t_n)$$

$$= \frac{1}{(2\pi)^{n/2}\sigma_1\sigma_2\cdots\sigma_n\,|\boldsymbol{B}|^{1/2}}\exp\left[\frac{-1}{2\,|\boldsymbol{B}|}\sum_{j=1}^{n}\sum_{k=1}^{n}|\boldsymbol{B}|_{jk}\left(\frac{x_j - a_j}{\sigma_j}\right)\left(\frac{x_k - a_k}{\sigma_k}\right)\right] \tag{2-8}$$

式中，$a_k = E[n(t_k)]$，表示随机过程 $n(t)$ 在 t_k 时刻对应随机变量 $n(t_k)$ 的数学期望（均值）；$\sigma_k^2 = E[n(t_k) - a_k]^2$，表示随机过程 $n(t)$ 在 t_k 时刻对应随机变量 $n(t_k)$ 的方差；$|\boldsymbol{B}|$ 为 $n(t)$ 的归一化协方差矩阵的行列式，即

$$|\boldsymbol{B}| = \begin{vmatrix} 1 & b_{12} & \cdots & b_{1n} \\ b_{21} & 1 & \cdots & b_{2n} \\ \vdots & \vdots & & \vdots \\ b_{n1} & b_{n2} & \cdots & 1 \end{vmatrix}$$

$|\boldsymbol{B}|_{jk}$ 为行列式 $|\boldsymbol{B}|$ 中元素 b_{jk} 的代数余因子，其中，b_{jk} 是归一化协方差函数（也称为相关系数），即

$$b_{jk} = \frac{E\{[n(t_j) - a_j][n(t_k) - a_k]\}}{\sigma_j\sigma_k} = \frac{B(t_j, t_k)}{\sigma_j\sigma_k} \tag{2-9}$$

式(2-9)中，$B(t_j, t_k)$ 为随机过程 $n(t)$ 在 t_j 和 t_k 时刻的协方差函数，即

$$B(t_j, t_k) = E\{[n(t_j) - a_j][n(t_k) - a_k]\} = E[n(t_j)n(t_k)] - a_j a_k \qquad (2-10)$$

若随机噪声 $n(t)$ 是平稳的，则其均值和方差为常数，此时自相关函数只与时间间隔有关，即

$$E[n(t)] = a \qquad (2-11)$$

$$D[n(t)] = E\{n(t) - E[n(t)]\}^2 = E[n^2(t)] - \{E[n(t)]\}^2$$

$$= E[n^2(t)] - a^2 = \sigma^2 \qquad (2-12)$$

$$R_n(t, t+\tau) = E[n(t)n(t+\tau)] = R_n(\tau) \qquad (2-13)$$

式中，常量 a 和 σ^2 分别为平稳噪声 $n(t)$ 的均值和方差。

如果噪声的均值 $a=0$，则由式(2-12)可得，噪声的平均功率 P_{av} 为

$$P_{av} = E[n^2(t)] = \sigma^2 + a^2 = \sigma^2 \qquad (2-14)$$

上式说明：如果噪声均值为零，则平稳噪声的平均功率等于噪声的方差。这一结论很容易理解，因为对平稳随机过程来说，均值 a 是噪声的直流分量，a^2 为直流功率，方差 σ^2 是交流平均功率，噪声的平均功率等于直流功率与交流平均功率之和，如果噪声的均值 $a=0$，则直流功率为零，显然噪声的平均功率就等于交流平均功率(方差 σ^2)。

2. 高斯过程的重要性质

根据高斯随机过程的定义式可知，高斯随机过程具有以下重要性质：

(1) 由高斯过程的定义式可以看出，高斯过程的 n 维分布只依赖各个随机变量的均值、方差和归一化协方差。因此，对于高斯过程，只需要研究它的数字特征就可以了。

(2) 广义平稳的高斯过程也是严平稳的。因为，若高斯过程是广义平稳的，即其均值和方差与时间无关，协方差函数只与时间间隔有关，而与时间起点无关，则它的 n 维分布也与时间起点无关，故它也是严平稳的。所以，高斯过程若是广义平稳的，则也是严平稳的。

(3) 如果高斯过程在不同时刻的取值是不相关的，即对于所有 $j \neq k$，有 $B(t_j, t_k) = 0$，此时有，$b_{jk} = 0$。故随机过程的归一化协方差矩阵的行列式 $|B|$ 为单位阵，则其 n 维概率密度函数可以简化为

$$f_n(x_1, x_2, \cdots, x_n; t_1, t_2, \cdots, t_n) = \prod_{k=1}^{n} \frac{1}{\sqrt{2\pi}\sigma_k} \exp\left[-\frac{(x_k - a_k)^2}{2\sigma_k^2}\right]$$

$$= f(x_1, t_1) \cdot f(x_2, t_2) \cdots \cdot f(x_n, t_n) \qquad (2-15)$$

上式表明，如果高斯过程在不同时刻的取值是不相关的，那么它们也是统计独立的。

(4) 高斯过程经过线性变换后仍是高斯过程。也可以说，若线性系统的输入为高斯过程，则其输出也是高斯过程。

高斯噪声也是高斯随机过程，因此高斯噪声也具有上述性质。

3. 高斯过程的一维统计特性

1) 高斯随机变量的概率密度函数

高斯过程在任一时刻上的取值是一个高斯分布的随机变量，也称高斯随机变量，记为 X，其概率密度函数为

$$f(x) = \frac{1}{\sqrt{2\pi}\sigma} \exp\left[-\frac{(x-a)^2}{2\sigma^2}\right] \qquad (2-16)$$

式(2-16)就是高斯过程的一维概率密度函数，常量 a 和 σ^2 分别为该高斯随机变量的均值

和方差；$\exp(x)$ 是以 e 为底的指数函数。均值为 a、方差为 σ^2 的高斯随机变量 X 记为 $X\sim N(a,\sigma^2)$。其概率密度函数如图 2-5 所示。

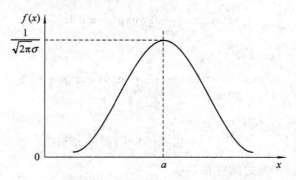

图 2-5　高斯过程的一维概率密度函数

高斯随机变量 X 的概率密度函数具有以下特性：

(1) $f(x)$ 对称于直线 $x=a$，即 $f(a+x)=f(a-x)$；

(2) $f(x)$ 在 $(-\infty,a)$ 内单调上升，在 (a,∞) 内单调下降，且在点 a 处达到极大值 $\dfrac{1}{\sqrt{2\pi}\sigma}$，当 $x\to\pm\infty$ 时，$f(x)\to 0$；

(3) $\displaystyle\int_{-\infty}^{\infty}f(x)\mathrm{d}x=1$，且 $\displaystyle\int_{-\infty}^{0}f(x)\mathrm{d}x=\int_{0}^{\infty}f(x)\mathrm{d}x=\dfrac{1}{2}$；

(4) 均值 a 表示分布中心，σ 称为标准偏差，表示集中程度，$f(x)$ 随着 σ 的减小而变高和变窄；

(5) 当 $a=0$，$\sigma=1$ 时，则

$$f(x)=\frac{1}{\sqrt{2\pi}}\exp\left(-\frac{x^2}{2}\right) \tag{2-17}$$

称这种高斯分布为标准高斯分布，记为 $X\sim N(0,1)$。

2) 高斯随机变量的分布函数

当要求高斯随机变量 X 小于等于任意取值 x 的概率 $P(X\leqslant x)$ 时，需要用到分布函数的概念。高斯随机变量 X 的分布函数为

$$F(x)=P(X\leqslant x)=\int_{-\infty}^{x}\frac{1}{\sqrt{2\pi}\sigma}\exp\left[-\frac{(z-a)^2}{2\sigma^2}\right]\mathrm{d}z$$

$$=\frac{1}{\sqrt{2\pi}}\int_{-\infty}^{x}\exp\left[-\frac{(z-a)^2}{2\sigma^2}\right]\mathrm{d}\left(\frac{z-a}{\sigma}\right)=\Phi\left(\frac{x-a}{\sigma}\right) \tag{2-18}$$

式中，$\Phi(x)$ 为概率积分函数，其定义为

$$\Phi(x)=\frac{1}{\sqrt{2\pi}}\int_{-\infty}^{x}\exp\left(-\frac{z^2}{2}\right)\mathrm{d}z \tag{2-19}$$

这个积分的值无法用闭合形式(解析形式)计算，通常利用其他特殊函数，用查表的方法求出。

3) 误差函数与 Q 函数

误差函数 $\mathrm{erf}(x)$ 和(互)补误差函数 $\mathrm{erfc}(x)$ 分别定义为

$$\mathrm{erf}(x) = \frac{2}{\sqrt{\pi}} \int_0^x \exp(-z^2)\mathrm{d}z \qquad (2-20)$$

$$\mathrm{erfc}(x) = \frac{2}{\sqrt{\pi}} \int_x^\infty \exp(-z^2)\mathrm{d}z \qquad (2-21)$$

二者存在以下关系：

$$\mathrm{erfc}(x) + \mathrm{erf}(x) = \frac{2}{\sqrt{\pi}} \int_0^\infty \exp(-z^2)\mathrm{d}z = 1 \qquad (2-22)$$

Q 函数定义为

$$Q(x) = \frac{1}{\sqrt{2\pi}} \int_x^\infty \exp\left(-\frac{z^2}{2}\right)\mathrm{d}z \qquad (2-23)$$

Q 函数与互补误差函数之间存在关系

$$Q(x) = \frac{1}{2}\mathrm{erfc}\left(\frac{\sqrt{2}}{2}x\right) \qquad (2-24)$$

容易证明，分布函数和概率积分函数与误差函数、互补误差函数和 Q 函数之间存在以下关系：

$$F(x) = \begin{cases} \dfrac{1}{2} + \dfrac{1}{2}\mathrm{erf}\left(\dfrac{x-a}{\sqrt{2}\sigma}\right) & x \geqslant a \\[2mm] 1 - \dfrac{1}{2}\mathrm{erfc}\left(\dfrac{x-a}{\sqrt{2}\sigma}\right) & x \leqslant a \end{cases} \qquad (2-25)$$

$$\begin{cases} \mathrm{erf}(x) = 2\Phi(\sqrt{2}x) - 1 & x \geqslant a \\ \mathrm{erfc}(x) = 2 - 2\Phi(\sqrt{2}x) & x \leqslant a \end{cases} \qquad (2-26)$$

$$Q(x) + \Phi(x) = 1 \qquad (2-27)$$

上述关系可以通过图 2-6 表示。其中，图 2-6(a) 表示 Q 函数与概率积分函数 $\Phi(x)$ 的相互关系，图 2-6(b) 表示误差函数、互补误差函数和概率积分函数 $\Phi(x)$ 的相互关系。

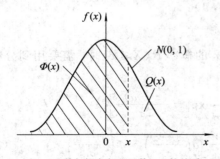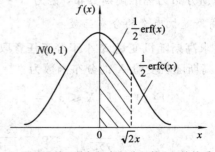

(a) Q函数与概率积分函数$\Phi(x)$的关系   (b) 两种误差函数与概率积分函数$\Phi(x)$的关系

图 2-6 概率积分函数与 Q 函数和误差函数的关系示意图

在后面讨论通信系统的抗噪性能时，常利用以上关系式表示和计算高斯随机变量的分布函数和概率积分函数。

例 2.1 均值为 0，自相关函数为 $R_X(\tau) = 2\exp(-|\tau|)$ 的高斯过程 $X(t)$，通过一个系统后输出为 $Y(t) = a + bX(t)$（a、b 为常数），试求：

（1）高斯过程 $X(t)$ 的一维概率密度函数；

（2）随机过程 $Y(t)$ 的一维概率密度函数；

（3）随机过程 $Y(t)$ 的平均功率。

解 （1）由于高斯过程 $X(t)$ 的均值为 0，自相关函数为 $R_X(\tau)=4\exp(-|\tau|)$，所以它是宽平稳随机过程，其方差 $\sigma_X^2=D[X(t)]=E[X^2(t)]=R_X(0)=4$。

高斯过程 $X(t)$ 的一维概率密度函数为

$$f(x)=\frac{1}{2\sqrt{2\pi}}\exp\left(-\frac{x^2}{8}\right)$$

（2）因为 $X(t)$ 是高斯过程，高斯过程经过线性变换后仍是高斯过程，所以 $Y(t)$ 也是高斯过程。$Y(t)$ 的均值为

$$E[Y(t)]=E[a+bX(t)]=bE[X(t)]+a=a$$

方差为

$$\sigma_Y^2=D[Y(t)]=D[a+bX(t)]=b^2D[X(t)]=4b^2$$

$Y(t)$ 的一维概率密度函数为

$$f(y)=\frac{1}{2\sqrt{2\pi}b}\exp\left[-\frac{(y-a)^2}{8b^2}\right]$$

（3）$Y(t)$ 的平均功率为

$$P_Y=E[Y^2(t)]=D[Y(t)]+E[Y(t)]^2=4b^2+a^2$$

例 2.2 有一高斯随机过程 $X(t)$，其均值为 0，相关函数为 $R_X(\tau)=\frac{1}{9}\exp(-2|\tau|)$，试求在时刻 t_1，随机变量 $X(t_1)$ 取值大于 0.5 的概率。

解 依题意有高斯随机过程 $X(t)$ 的均值 $a=0$，随机变量 $X(t_1)$ 的方差为

$$\sigma_X^2=D[X(t)]=R_X(0)-E^2[X(t)]=\frac{1}{9},\ \sigma_X=\frac{1}{3}$$

随机变量 $X(t_1)$ 取值大于 0.5 的概率为

$$P[X(t_1)>0.5]=1-P[X(t_1)\leqslant0.5]=1-\left[\frac{1}{2}+\frac{1}{2}\mathrm{erf}\left(\frac{0.5-a}{\sqrt{2}\sigma_X}\right)\right]$$

$$\approx\frac{1}{2}-\frac{1}{2}\mathrm{erf}(1.061)\approx\frac{1}{2}-\frac{1}{2}\times0.8665=0.0667$$

2.3.4 白噪声与高斯白噪声

1. 白噪声

白噪声是一种理想的平稳宽带随机过程，其功率谱密度在整个频率域都是均匀分布的，即

$$P_n(f)=\frac{n_0}{2}\qquad -\infty<f<\infty \tag{2-28}$$

式中，n_0 为正常数，功率谱密度的单位为瓦/赫兹（W/Hz）。

白噪声之所以称为"白"噪声，是因为其功率谱密度为常数，包含从负无穷大到正无穷大的所有频谱分量，这类似于光学中包含全部可见光谱的白色光，因此被称为白色噪声。相对应地，称任意非白色噪声（包括带限噪声和带内功率谱分布不均匀的噪声）为有色噪声。这类似于光学中只包括可见光部分光谱成分的有色光。

由于平稳随机过程的自相关函数和功率谱密度是一对傅里叶变换，由式(2-28)可以求得白噪声的自相关函数为

$$R_n(\tau) = F^{-1}[P_n(f)] = \frac{n_0}{2}\delta(\tau) \qquad (2-29)$$

式中，$F^{-1}[\cdot]$表示傅里叶反变换。

可见，白噪声的自相关函数在$\tau=0$处为冲激函数，而$\tau\neq0$时自相关函数为零，这说明白噪声在任意两个不同时刻上的随机变量都是不相关的。白噪声的功率谱密度和自相关函数如图2-7所示。

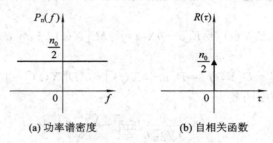

(a) 功率谱密度　　　　　(b) 自相关函数

图2-7　白噪声的功率谱密度和自相关函数

上述白噪声功率谱密度的频域范围为$-\infty<f<\infty$，该功率谱密度称为双边功率谱密度。若采用单边频谱，即频率限定在$0<f<\infty$范围内时，考虑到功率谱密度函数具有实偶性，即$P_n(-f)=P_n(f)$，可定义相应的单边功率谱密度。白噪声的单边功率谱密度为

$$P_n(f) = n_0 \qquad 0<f<\infty \qquad (2-30)$$

白噪声的双边功率谱密度与单边功率谱密度的关系如图2-8所示。

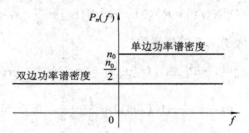

图2-8　白噪声的单边功率谱密度与双边功率谱密度的关系

由以上分析可知，白噪声的带宽是无限宽的，其平均功率为无穷大，即

$$R(0) = \int_{-\infty}^{\infty} P_n(f)\mathrm{d}f = \int_{-\infty}^{\infty} \frac{n_0}{2}\mathrm{d}f = \int_{0}^{\infty} n_0\mathrm{d}f = \infty \qquad (2-31)$$

因此，真正"白"的噪声是不存在的，它只是构造的一种理想化的噪声形式。实际中，只要噪声的功率谱密度均匀分布的频率范围远远大于通信系统的工作频带，我们就可以把它视为白噪声。

2. 高斯白噪声

如果白噪声取值的概率分布服从高斯分布，则称之为高斯白噪声。也就是说，高斯白噪声同时涉及噪声的两个不同方面，即其概率密度函数满足高斯分布，同时它的功率谱密度满足均匀分布。

由于高斯白噪声是白噪声，由式(2-29)可知，其自相关函数也是冲激函数，高斯白噪声在任意两个不同时刻上的随机变量都是不相关的。根据高斯分布的性质，不相关和统计独立等价。由此，可以得到一个重要结论，高斯白噪声在任意两个不同时刻上的取值，不仅不相关，而且还是彼此独立的。

高斯白噪声反映了实际信道中加性噪声的情况，比较真实地代表了信道噪声的特征。例如，前面讨论的起伏噪声就可以看作高斯白噪声。以后如果没有特别说明，所述白噪声均指高斯白噪声。

2.3.5　带限白噪声与窄带高斯噪声

实际通信系统的带宽是有限的，通信系统中通常有滤波器存在，当白噪声经过滤波器后其频谱将被限制在一定的范围内，故它将不再是白噪声。由于滤波器是一种线性系统，高斯过程通过线性系统后仍为一高斯过程，因此，高斯白噪声通过滤波器后仍为高斯型噪声。

本节首先介绍平稳随机过程通过线性系统的相关理论知识，然后以此为基础讨论带限白噪声与窄带高斯噪声的模型和性质。

1. 平稳随机过程通过线性系统

设随机过程为 $X(t)$，线性系统的冲激响应为 $h(t)$，对应系统频响函数为 $H(f)$。如果加到线性系统输入端的是随机过程 $X(t)$ 的某一个样本函数 $x(t)$，则系统相应输出 $y(t)$ 为

$$y(t) = x(t) * h(t) = \int_{-\infty}^{\infty} x(\tau)h(t-\tau)\mathrm{d}\tau \tag{2-32}$$

这样，当系统输入的是随机过程 $X(t)$ 时，则在线性系统的输出端将得到一簇相应的时间函数 $y(t)$，它们构成了新的随机过程，记为 $Y(t)$，称为线性系统的输出随机过程。输出随机过程 $Y(t)$ 与输入随机过程 $X(t)$ 的关系为

$$Y(t) = \int_{-\infty}^{\infty} X(\tau)h(t-\tau)\mathrm{d}\tau = \int_{-\infty}^{\infty} h(\tau)X(t-\tau)\mathrm{d}\tau \tag{2-33}$$

假设输入随机过程 $X(t)$ 是平稳的，其数学期望为 a(常数)，自相关函数为 $R_X(\tau)$，功率谱密度为 $P_X(f)$，则有以下重要结论：

(1) $Y(t)$ 的数学期望为

$$E[Y(t)] = a \cdot \int_{-\infty}^{\infty} h(\tau)\mathrm{d}\tau = a \cdot H(0) \tag{2-34}$$

(2) 输出过程 $Y(t)$ 至少是广义平稳的，且其自相关函数为

$$R_Y(\tau) = R_X(\tau) * h(\tau) * h(-\tau) \tag{2-35}$$

(3) 输出过程 $Y(t)$ 的功率谱密度为

$$P_Y(f) = P_X(f)|H(f)|^2 \tag{2-36}$$

(4) 如果 $X(t)$ 是高斯随机过程，则 $Y(t)$ 也是高斯随机过程。

有了以上基础，我们再来讨论带限白噪声和窄带高斯噪声。

2. 带限白噪声

设滤波器的频率响应函数为 $H(f)$，输入白噪声的功率谱密度为 $P_i(f) = \dfrac{n_0}{2}$，则白噪声

经过此线性滤波器后,输出噪声的功率谱密度 $P_n(f)$ 为

$$P_n(f) = P_i(f)|H(f)|^2 = \frac{n_0}{2}|H(f)|^2 \qquad -\infty < f < \infty \qquad (2-37)$$

由此可见,位于滤波器通带内的频率成分得以输出,而位于滤波器阻带内的频率成分受到衰减,因此,输出噪声的功率谱密度 $P_n(f)$ 将不再是在整个频率域内均匀分布。这样的噪声称为频带受限的噪声。

下面分别讨论白噪声通过低通滤波器和带通滤波器两种情况,对应的输出噪声分别称为低通(型)白噪声和带通(型)白噪声。在此之前,我们先介绍噪声等效带宽的概念。

1) 噪声等效带宽

这里,我们以带通型白噪声为例说明噪声等效带宽的概念。设带通型白噪声的功率谱密度 $P_n(f)$ 如图 2-9 所示,它可以由高斯白噪声通过一个带通滤波器得到。

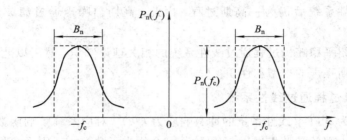

图 2-9 带通型白噪声的功率谱密度与等效带宽

图中,f_c 为中心频率。假设 $P_n(f)$ 在 $-f_c$ 和 f_c 处有最大值 $P_n(-f_c)$ 和 $P_n(f_c)$,则噪声的等效带宽 B_n 定义为

$$B_n = \frac{\int_{-\infty}^{\infty} P_n(f)\mathrm{d}f}{2P_n(f_c)} = \frac{\int_0^{\infty} P_n(f)\mathrm{d}f}{P_n(f_c)} \qquad (2-38)$$

带通型白噪声等效带宽 B_n 的含义是,白噪声通过 B_n 带宽的理想带通滤波器后的平均功率等于白噪声通过实际带通滤波器的平均功率,而在等效带宽 B_n 内噪声的功率谱密度为常数,就像白噪声在整个频率域内保持常数一样。有了这样的等效,带通型白噪声平均功率的计算就非常方便。假设白噪声的双边功率谱密度为 $\frac{n_0}{2}$,则带通型白噪声的平均功率为

$$N = B_n n_0 \qquad (2-39)$$

对于低通型白噪声的等效带宽有类似的定义,这里不再讨论。

2) 理想低通白噪声

如果白噪声通过单位增益的理想低通滤波器或理想低通信道,则输出的噪声称为理想低通白噪声。

设单位增益理想低通滤波器的频率响应函数为

$$H(f) = \begin{cases} \mathrm{e}^{-\mathrm{j}\omega t_d} & |f| \leqslant f_H \\ 0 & \text{其他 } f \end{cases} \qquad (2-40)$$

式中:f_H 为理想低通滤波器的截止频率;$\omega = 2\pi f$;t_d 表示延迟时间,为常数。那么,对应

理想低通白噪声的功率谱密度为

$$P_{\mathrm{n}}(f)=\begin{cases} \dfrac{n_0}{2} & |f|\leqslant f_{\mathrm{H}} \\[2mm] 0 & \text{其他 } f \end{cases} \qquad (2-41)$$

对理想低通白噪声的功率谱密度取傅里叶反变换，可得理想低通白噪声的自相关函数如下：

$$R(\tau)=\int_{-f_{\mathrm{H}}}^{f_{\mathrm{H}}}\frac{n_0}{2}\mathrm{e}^{\mathrm{j}2\pi f\tau}\mathrm{d}f=n_0 f_{\mathrm{H}}\frac{\sin 2\pi f_{\mathrm{H}}\tau}{2\pi f_{\mathrm{H}}\tau}=n_0 f_{\mathrm{H}}\mathrm{Sa}(\omega_{\mathrm{H}}\tau) \qquad (2-42)$$

式中：$\omega_{\mathrm{H}}=2\pi f_{\mathrm{H}}$；$\mathrm{Sa}(\,\cdot\,)$ 为抽样函数，即 $\mathrm{Sa}(x)=\dfrac{\sin x}{x}$。

由式（2-42）可以看出，在 $\tau=k/2f_{\mathrm{H}}(k=\pm 1,\ \pm 2,\ \pm 3,\ \cdots)$ 时，$R(\tau)=0$。这表明，如果在这些零点上对理想低通白噪声进行抽样，那么得到的样值是互不相关的随机变量。理想低通白噪声的功率谱密度和自相关函数如图 2-10 所示。

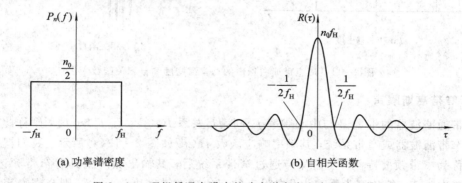

(a) 功率谱密度 (b) 自相关函数

图 2-10 理想低通白噪声的功率谱密度和自相关函数

3）理想带通白噪声

如果白噪声通过单位增益的理想带通滤波器或理想带通信道，则输出的噪声称为理想带通白噪声。

设单位增益理想带通滤波器的频率响应函数为

$$H(f)=\begin{cases} \mathrm{e}^{-\mathrm{j}\omega t_{\mathrm{d}}} & f_{\mathrm{c}}-\dfrac{B}{2}\leqslant|f|\leqslant f_{\mathrm{c}}+\dfrac{B}{2} \\[2mm] 0 & \text{其他 } f \end{cases} \qquad (2-43)$$

式中，f_{c} 为中心频率，B 为通带宽度，则对应理想带通白噪声的功率谱密度为

$$P_{\mathrm{n}}(f)=\begin{cases} \dfrac{n_0}{2} & f_{\mathrm{c}}-\dfrac{B}{2}\leqslant|f|\leqslant f_{\mathrm{c}}+\dfrac{B}{2} \\[2mm] 0 & \text{其他 } f \end{cases} \qquad (2-44)$$

对理想带通白噪声的功率谱密度取傅里叶反变换，可得理想带通白噪声的自相关函数如下：

$$R(\tau)=\int_{-\infty}^{\infty}P_{\mathrm{n}}(f)\mathrm{e}^{\mathrm{j}2\pi f\tau}\mathrm{d}f=\int_{-f_{\mathrm{c}}-\frac{B}{2}}^{-f_{\mathrm{c}}+\frac{B}{2}}\frac{n_0}{2}\mathrm{e}^{\mathrm{j}2\pi f\tau}\mathrm{d}f+\int_{f_{\mathrm{c}}-\frac{B}{2}}^{f_{\mathrm{c}}+\frac{B}{2}}\frac{n_0}{2}\mathrm{e}^{\mathrm{j}2\pi f\tau}\mathrm{d}f$$

$$=n_0 B\frac{\sin\pi B\tau}{\pi B\tau}\cos 2\pi f_{\mathrm{c}}\tau=n_0 B\mathrm{Sa}(\pi B\tau)\cos 2\pi f_{\mathrm{c}}\tau \qquad (2-45)$$

由式(2-45)可以看出，在 $\tau=\dfrac{k}{B}$ $(k=\pm 1,\ \pm 2,\ \pm 3,\ \cdots)$ 或 $\tau=\dfrac{k+1/2}{2f_c}$ $(k=\pm 1,\ \pm 2,$

$\pm 3,\ \cdots)$ 时，$R(\tau)=0$。这表明，如果在这些零点上对理想带限白噪声进行抽样，那么得到的样值是互不相关的随机变量。另外，$R(\tau)$ 是包络为 $\mathrm{Sa}(\pi B\tau)$ 的幅度调制信号。理想带通白噪声的功率谱密度和自相关函数如图 2-11 所示。

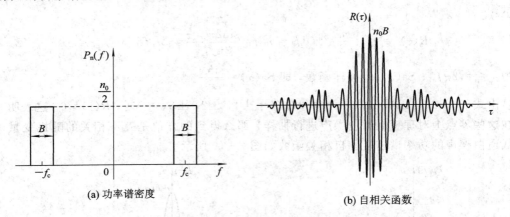

(a) 功率谱密度　　　　　　　　　　(b) 自相关函数

图 2-11　理想带通白噪声的功率谱密度和自相关函数

3. 窄带高斯噪声

当带通滤波器的带宽 B 与中心频率 f_c 间满足关系 $B\ll f_c$，且 $f_c\gg 0$ 时，则称此带通滤波器为窄带滤波器或窄带系统，其频率响应函数 $H(f)$ 如图 2-12(a) 所示。我们把这种频谱特性称为窄带频谱特性。当白噪声通过窄带系统后，其输出噪声就具有窄带频谱特性，称为窄带白噪声，简称窄带噪声。设白噪声的双边功率谱密度为 $n_0/2$，则窄带噪声的功率谱密度 $P_n(f)$ 为

$$P_n(f)=\frac{n_0}{2}\left|H(f)\right|^2 \qquad -\infty < f < \infty \qquad (2-46)$$

窄带噪声的功率谱密度 $P_n(f)$ 如图 2-12(b) 所示。

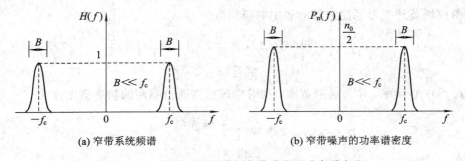

(a) 窄带系统频谱　　　　　　　　　　(b) 窄带噪声的功率谱密度

图 2-12　窄带系统频谱与窄带噪声的功率谱密度

我们把功率谱密度具有窄带频谱特性的随机信号或随机噪声统称为窄带随机过程。下面讨论窄带噪声的时域波形和统计特性。

如果用示波器观察窄带噪声的时域波形，可以发现它是一个包络和相位都在缓慢变化、频率近似为 f_c 的准正弦波，可以表示为

$$n(t)=V(t)\cos\left[\omega_c t+\varphi(t)\right] \qquad V(t)\geqslant 0 \qquad (2-47)$$

式中，$\omega_c = 2\pi f_c$，$V(t)$ 和 $\varphi(t)$ 分别表示窄带噪声的包络和相位，它们都是随机过程，且变化与 f_c 相比要缓慢得多，如图 2-13 所示。

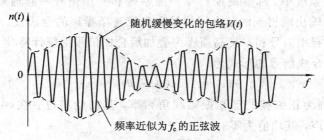

图 2-13　窄带噪声的时域波形

称（2-47）式为窄带噪声（过程）的准正弦表示式。将该式展开可得

$$n(t) = X(t)\cos\omega_c t - Y(t)\sin\omega_c t \qquad (2-48)$$

其中

$$X(t) = V(t)\cos[\varphi(t)]，Y(t) = V(t)\sin[\varphi(t)] \qquad (2-49)$$

分别称 $X(t)$ 和 $Y(t)$ 为窄带噪声 $n(t)$ 的同相分量和正交分量，二者在性质上都是具有低通特性的随机过程。式（2-48）也称为窄带噪声的莱斯表示式。

由式（2-47）和式（2-48）可知，$n(t)$ 的统计特性由 $V(t)$ 和 $\varphi(t)$ 或 $X(t)$ 和 $Y(t)$ 的统计特性确定。若 $n(t)$ 的统计特性已知，则 $V(t)$ 和 $\varphi(t)$ 或 $X(t)$ 和 $Y(t)$ 的统计特性也随之确定。

如果 $n(t)$ 是均值为零、方差为 σ_n^2 的平稳窄带高斯噪声，则有以下重要结论：

（1）$n(t)$ 的同相分量 $X(t)$ 和正交分量 $Y(t)$ 同样是平稳高斯过程，而且均值都为零，即 $E[X(t)] = E[Y(t)] = 0$，方差为 σ_n^2，即 $\sigma_X^2 = \sigma_Y^2 = \sigma_n^2$；

（2）$n(t)$ 的同相分量 $X(t)$ 和正交分量 $Y(t)$ 在同一时刻的取值是不相关的，也是统计独立的；

（3）包络 $V(t)$ 服从瑞利（Rayleigh）分布，其一维概率密度函数为

$$f(v) = \frac{v}{\sigma_n^2}\exp\left(-\frac{v^2}{2\sigma_n^2}\right) \quad v \geqslant 0 \qquad (2-50)$$

（4）相位 $\varphi(t)$ 服从均匀分布，其一维概率密度函数为

$$f(\varphi) = \frac{1}{2\pi} \quad 0 \leqslant \varphi < 2\pi \qquad (2-51)$$

（5）就一维分布而言，$V(t)$ 与 $\varphi(t)$ 是统计独立的。

窄带噪声的包络与相位的分布特性曲线如图 2-14 所示。

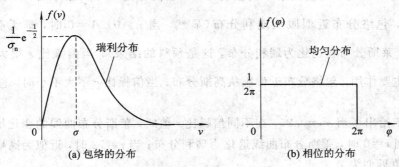

(a) 包络的分布　　　　　　　　　　　　(b) 相位的分布

图 2-14　窄带噪声的包络与相位的分布特性

4. 正弦波加窄带高斯噪声

在实际的通信系统中，加性高斯白噪声通常是和有用信号一起通过窄带线性系统的，因此在窄带系统的输出端得到的是有用信号和窄带高斯噪声的合成波。下面以有用信号是正弦波为例，介绍有用信号和窄带高斯噪声叠加后合成信号的统计特性。

这种情况下，合成信号的形式为

$$r(t) = A\cos(\omega_c t + \theta) + n(t) \tag{2-52}$$

式中，A 和 ω_c 分别为正弦波的已知振幅和角频率，其初始相位 θ 在 $(0, 2\pi)$ 上均匀分布；$n(t)$ 为窄带高斯噪声，其均值为零。

将 $n(t) = n_c(t)\cos\omega_c t - n_s(t)\sin\omega_c t$ 代入式 (2-52) 并化简可得

$$
\begin{aligned}
r(t) &= [A\cos\theta + n_c(t)]\cos\omega_c t - [A\sin\theta + n_s(t)]\sin\omega_c t \\
&= z_c(t)\cos\omega_c t - z_s(t)\sin\omega_c t \\
&= z(t)\cos[\omega_c t + \varphi(t)]
\end{aligned} \tag{2-53}
$$

式中：

$$z_c(t) = A\cos\theta + n_c(t) \tag{2-54}$$

$$z_s(t) = A\sin\theta + n_s(t) \tag{2-55}$$

$$z(t) = \sqrt{z_c^2(t) + z_s^2(t)} \tag{2-56}$$

$$\varphi(t) = \arctan\frac{z_s(t)}{z_c(t)} \tag{2-57}$$

这里，$z(t)$ 为合成信号的随机包络，$\varphi(t)$ 为合成信号的随机相位。可以证明，正弦波加窄带高斯噪声所形成的合成信号 $r(t)$ 具有以下统计特性。

(1) 随机包络 $z(t)$ 服从广义瑞利分布，也称为莱斯（Rice）分布，即包络 $z(t)$ 的概率密度函数为

$$f(v) = \frac{z}{\sigma^2}\exp\left(-\frac{z^2 + A^2}{2\sigma^2}\right)J_0\left(\frac{Az}{\sigma^2}\right) \qquad A \geqslant 0, \; v \geqslant 0 \tag{2-58}$$

式中，A 为正弦波的振幅，σ^2 为窄带高斯噪声 $n(t)$ 的方差，$J_0(\cdot)$ 为第一类零阶修正贝塞尔函数，定义式为

$$J_0(x) = \frac{1}{2\pi}\int_0^{2\pi}\exp(x\cos\theta)d\theta \tag{2-59}$$

根据莱斯分布概率密度函数的表达式可知，当信噪比 $r = \dfrac{A^2}{2\sigma^2}$ 很小时，A 值很小，噪声起主要作用，包络分布近似服从瑞利分布（显然，当 $r = 0$，$A = 0$ 时，即无有用信号时，$J_0\left(\dfrac{Av}{\sigma^2}\right) = 1$，莱斯分布就退化为瑞利分布，这是预料的结果）；当信噪比 r 很大时，A 值很大，信号起主要作用，包络分布近似服从高斯分布；当信噪比 r 不大不小时，包络分布服从莱斯分布。

图 2-15 给出了当 $\sigma^2 = 0.25$，在不同信噪比 r 值时，莱斯分布曲线的变化情况。由图中可以看出，当 $r = 0$ 时，莱斯分布曲线退化为瑞利分布；当 $r = 72$ 时，近似为高斯分布，且高斯分布的均值近似为 A。

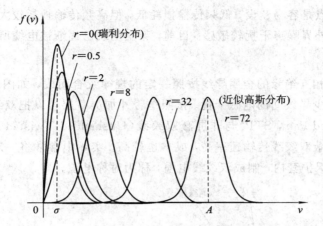

图 2-15 正弦波加窄带高斯噪声的包络分布特性

（2）随机相位 $\varphi(t)$ 的分布也与信道中的信噪比有关，当信噪比很小时，它接近于均匀分布；当信噪比很大时，随机相位主要集中在信号相位附近。

例 2.3 试求功率谱密度为 $P_n(f) = n_0/2$ 的白噪声通过传输函数为

$$H(f) = \begin{cases} K_0 e^{-j2\pi f t_d} & |f| \leqslant f_H \\ 0 & \text{其他} \end{cases}$$

的理想低通滤波器后的功率谱密度、自相关函数及噪声功率。

解 输出信号的功率谱密度为

$$P_Y(f) = |H(f)|^2 P_n(f) = \frac{K_0^2}{2} n_0 \qquad |f| \leqslant f_H$$

自相关函数为

$$R_Y(\tau) = \int_{-f_H}^{f_H} \frac{K_0^2 n_0}{2} e^{j2\pi f \tau} df = K_0^2 n_0 f_H \frac{\sin 2\pi f_H \tau}{2\pi f_H \tau} = K_0^2 n_0 f_H \mathrm{Sa}(2\pi f_H \tau)$$

噪声功率为

$$N = R_Y(0) = K_0^2 n_0 f_H$$

可见，输出的噪声功率与 K_0^2、n_0 和 f_H 成正比。

2.4 恒参信道及其传输特性

前面曾经提到，恒参信道的乘性干扰基本不随时间变化，可以看成常数。因此，恒参信道的信道参数不随时间变化，传输稳定可靠，是一种比较理想的通信信道。本节先介绍几种典型的恒参信道实例，然后再讨论恒参信道的传输特性。

2.4.1 有线信道

在有线信道中，信号被封闭在传输介质内部，除了少量泄露外，信号不会离开传输介质。有线信道的优点是传输效率和可靠性较高。下面介绍几种有代表性的有线信道示例。

1. 架空明线

架空明线是指平行架设在电线杆上的架空线路。架空线路可以是裸线或带绝缘层的导线。架空明线的优点是容易建设，低频传输损耗低，但高频传输损耗较大，带宽窄，易受天气和环境影响，对外界噪声干扰较敏感。目前，架空明线已逐渐被电缆所取代。

2. 双绞线

双绞线由两根相互绝缘的金属导线按照一定的规律绞合而成，如图 2-16 所示。这种绞合结构有利于减少导线间的电磁干扰。按照是否外加屏蔽层可以把双绞线分成屏蔽双绞线（Shielded Twisted Pair，STP）与非屏蔽双绞线（Unshielded Twisted Pair，UTP）两种。屏蔽双绞线比非屏蔽双绞线传输速率高，成本也较高。实际中常常将一对或多对双绞线合在一起，放在一根保护套内，制成双绞线电缆，称为对称电缆。

图 2-16　双绞线结构

双绞线有多种规格，传输带宽通常在几十千赫到上百兆赫。与明线相比，双绞线的传输损耗大，但其传输特性稳定，常用于传输话音信号与近距离数字信号。双绞线的应用包括本地环路、计算机局域网等。

3. 同轴电缆

同轴电缆由同轴心的内层导线、绝缘层、外层导体和保护套组成，内层导线一般为实心铜线，外层导体为空心铜管或金属丝网状编织物。其特性阻抗通常为 50 Ω 或 75 Ω，实用中常将多根同轴电缆放入同一保护套内，以增强传输能力。单根同轴电缆的结构如图 2-17 所示。

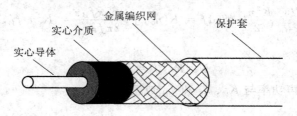

图 2-17　单根同轴电缆结构

同轴电缆的电磁场封闭在内外导体之间，因此辐射损耗小，受外界干扰影响也小。与双绞线相比，同轴电缆具有更宽的带宽（可达 5～100 MHz），抗干扰能力更强，因此同轴电缆广泛应用于有线电视网络。

4. 光纤

光纤是光导纤维的简称，它是一种能够传输光信号的玻璃或塑胶纤维。光纤信道是指以光纤为传输媒质、光波为载波的有线信道。光纤的典型结构是多层同轴圆柱体，最内层是纤芯，中间是包层，最外层为涂覆层和套层，如图 2-18 所示。图中，n_1、n_2 分别为纤芯和包层材料的折射率。纤芯是光导纤维，它是光波的主传输通道。包层的折射率略小于纤芯，使光波在内外两层的边界处不断发生反射，从而被束缚在纤芯中传输。涂覆层和套层起保护光纤的作用。多条光纤放在同一保护套内，就构成了光缆。

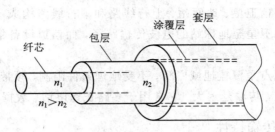

图 2-18 光纤的结构

根据传播模式的不同,光纤有单模光纤和多模光纤之分。单模光纤纤芯较细,光在光纤中传播只有一种模式;多模光纤纤芯较粗,光纤中可能有多条不同角度入射的光线同时传播。

光纤作为一种优良的传输信道,其制作材料主要为石英砂,具有传输损耗低、带宽极宽、线径细、质量轻、不受电磁干扰影响、不怕腐蚀、节约有色金属等特点。目前光纤已广泛应用于长途电话网、有线电视网和互联网中。

2.4.2 无线视距中继

无线视距中继工作频率在超短波和微波波段,电磁波基本上沿视距直线传播。由于受地形及天线高度的限制,沿地表的直线传播视距一般仅为 40~50 km,因此需要依靠中继方式来实现长距离通信。无线视距中继信道由终端站、中继站以及各站间电磁波传播路径组成,如图 2-19 所示。

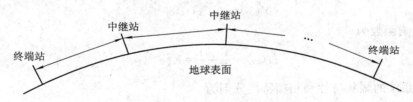

图 2-19 微波中继通信信道

无线视距中继信道传输容量大、反射功率小、通信稳定可靠,与同轴电缆相比,可以节省有色金属,因此被广泛应用于传输多路电话和电视信号。

2.4.3 卫星中继信道

卫星通信是利用人造地球卫星作为中继转发站实现的无线通信。运行轨道在赤道平面上的人造卫星,当它距离地面高度为 35 860 km时,绕地球运行一周的时间恰为 24 小时。从地球上看,卫星好像静止不动,因此,这种卫星称为同步通信卫星。采用三颗相差 120° 的同步通信卫星就可以覆盖地球的绝大部分地域,实现全球通信,如图 2-20 所示。

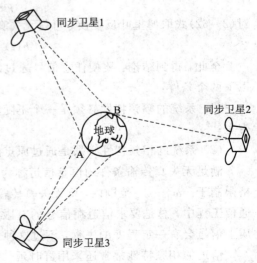

图 2-20 卫星中继信道示例

卫星中继信道由通信卫星、地面站、上行线路和下行线路构成，其中上行和下行线路分别是地球站至卫星和卫星至地球站的电波传输路径，而信道设备集中于地球站和卫星中继站中。

卫星中继信道的优点是覆盖地域广阔，不受地理条件限制，频带宽，性能稳定可靠；其缺点是信号传输距离长，传输延迟大。它常用于多路长途电话、数据和电视节目的传输。

2.4.4 恒参信道的传输特性

由以上恒参信道的实例可以看出，恒参信道对信号的影响是确定的或变化极其缓慢的。因此，可以认为恒参信道的信道参数不随时间变化，可把它看成一个线性时不变系统。按照线性系统的分析方法，只要知道该系统的传输特性，就可以求得已调信号通过恒参信道后的变化规律。

1. 信号通过时不变线性系统无失真的条件

所谓无失真传输，是指信号通过系统后，输出信号 $y(t)$ 与输入信号 $x(t)$ 只有放大（或衰减）和时延，而没有波形形状上的变化。用数学式子表示为

$$y(t) = K_0 x(t - t_d) \qquad (2-60)$$

式中，K_0、t_d 为常数。其中，K_0 为放大系数，t_d 为时延常数，实际电路中一般 $t_d \geqslant 0$。

设 $y(t)$ 的频谱函数为 $Y(\omega)$，$x(t)$ 的频谱函数为 $X(\omega)$。对上式两边取傅里叶变换，可得

$$Y(\omega) = K_0 X(\omega) e^{-j\omega t_d} \qquad (2-61)$$

系统频响函数为

$$H(\omega) = \frac{Y(\omega)}{X(\omega)} = K_0 e^{-j\omega t_d} \qquad (2-62)$$

因此，系统的幅频特性和相频特性分别为

$$|H(\omega)| = K_0 \qquad (2-63)$$

$$\varphi(\omega) = -\omega t_d \qquad (2-64)$$

对(2-62)式取傅里叶反变换，可得无失真传输系统的单位冲激响应为

$$h(t) = K_0 \delta(t - t_d) \qquad (2-65)$$

至此，得到结论：要使任意信号通过线性时不变系统而不产生失真，要求系统应具备以下两个条件：

(1) 系统的幅频特性必须是一个不随频率变化的常数，即要求系统具有无限宽的均匀带宽；

(2) 系统的相频特性必须是通过原点的负斜率直线，即与频率成线性关系。

满足无失真传输条件的恒参信道称为理想恒参信道。对于带限信号，如果其角频率严格限制于 $-\omega_H \sim \omega_H$ 范围内，则无失真传输条件只要在区间 $[-\omega_H, \omega_H]$ 内满足即可。在实际通信工程中，总是要求信道在信号的有限带宽内尽量满足无失真传输条件，当然，此时实质上信号会有一定程度的失真，不过这种失真是控制在允许的范围内。

信道的相频特性常常还采用群时延—频率特性来描述。所谓群时延—频率特性就是相频特性对频率的导数的相反数。理想恒参信道的群时延—频率特性为

$$\tau(\omega) = -\frac{\mathrm{d}\varphi(\omega)}{\mathrm{d}\omega} = t_d \qquad (2-66)$$

上式说明，无失真传输系统的群时延—频率特性为一个不随频率变化的常数。

无失真传输系统的幅频特性和相频特性如图 2-21 所示。

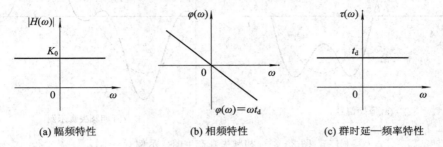

(a) 幅频特性　　　　(b) 相频特性　　　　(c) 群时延—频率特性

图 2-21　无失真传输系统的幅频特性、相频特性和群时延—频率特性

在实际中，如果信道的传输特性偏离了理想信道特性，就会产生失真（或称为畸变）。如果信道的幅频特性在信号频带范围之内不是常数，则会使信号产生幅频失真；如果信道的相频特性在信号频带范围之内不是 ω 的线性函数，则会使信号产生相频失真。

2. 幅频失真与相频失真

若信道的幅频特性不理想，信号经过信道传输后各个频率分量获得的增益不相同，此时对应的时域信号波形就会出现波形畸变。同样，若信道的相频特性不理想，则信号经过信道传输后各个频率分量将产生不同的延迟量，也会引起时域信号波形出现波形畸变。这两种波形畸变可以通过图 2-22 和图 2-23 的例子分别加以说明。两图中，实线曲线表示合成波，虚线曲线表示基波，点画线曲线表示三次谐波。图 2-22(a) 和图 2-23(a) 表示原始信号，它由基波和三次谐波组成，其幅度比为 2∶1。

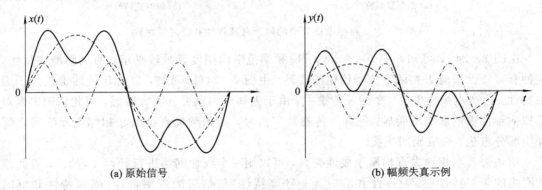

(a) 原始信号　　　　　　　　　　(b) 幅频失真示例

图 2-22　幅频失真产生畸变示例

图 2-22 为幅频失真产生畸变示例。基波和三次谐波经过不同的衰减到达输出端，幅度比变为 1∶1，其合成波形如图 2-22(b) 所示。图 2-23 为相频失真产生畸变示例。基波和三次谐波经过不同的群时延到达输出端，其中基波经过 π 相移，三次谐波经过 2π 相移，其合成波形如图 2-23(b) 所示。由图 2-22 和图 2-23 可以看出，与原始信号的波形相比较，由于幅频失真和相频失真的存在，输出波形的形状发生了相当大的变化，产生了严重的畸变。

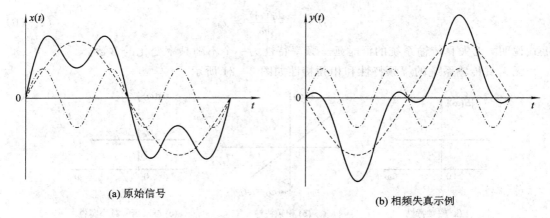

(a) 原始信号　　　　　　　　(b) 相频失真示例

图 2-23　相频失真产生畸变示例

实际信道往往不满足理想信道的要求，例如电话信号的频带在 $300 \sim 3400$ Hz 范围内，而典型电话信道的幅频衰减特性和群时延特性如图 2-24 所示。

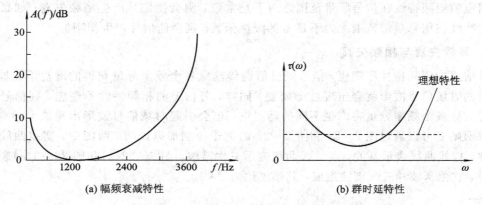

(a) 幅频衰减特性　　　　　　　　(b) 群时延特性

图 2-24　典型电话信道的幅频衰减特性和群时延特性

由图 2-24(a)可知，在 $300 \sim 3000$ Hz 频率范围内幅度衰减较平坦，两端则增加很快，这种衰减特性适应人类话音信号传输的需要。由图 2-24(b)可知，群时延特性也偏离了理想特性，会产生相频失真。在话音传输中，由于人耳对相频失真不太敏感，因此相频失真对模拟话音传输的影响不明显。但如果传输数字信号，则相频失真会引起相邻码元波形之间发生部分重叠，造成码间串扰。

幅频失真与相频失真均属于线性失真，可以用一个线性网络进行补偿（均衡），若此线性网络的频率特性（幅频特性和群时延—频率特性）与信道的频率特性（幅频特性和群时延—频率特性）之和在信号频带内为一条水平直线，则此补偿网络就能完全抵消信号产生的失真，从而实现无失真传输。

例 2.4　设某恒参信道的频响函数为

$$H(\omega) = [1 + \cos(\omega T_0)] e^{-j\omega t_d}$$

式中，T_0、t_d 为常数。试确定信号 $x(t)$ 通过该信道后的输出信号 $y(t)$ 的表达式，并讨论该信道对信号传输的影响。

解　该信道的频响函数为

$$H(\omega) = [1 + \cos\omega T_0]e^{-j\omega t_d}$$

$$= e^{-j\omega t_d} + \frac{1}{2}(e^{j\omega T_0} + e^{-j\omega T_0})e^{-j\omega t_d}$$

$$= e^{-j\omega t_d} + \frac{1}{2}e^{-j\omega(t_d - T_0)} + \frac{1}{2}e^{-j\omega(t_d + T_0)}$$

信道的冲激响应为

$$h(t) = \delta(t - t_d) + \frac{1}{2}\delta(t - t_d + T_0) + \frac{1}{2}\delta(t - t_d - T_0)$$

输出信号为

$$y(t) = x(t) * h(t) = x(t - t_d) + \frac{1}{2}x(t - t_d + T_0) + \frac{1}{2}x(t - t_d - T_0)$$

信道幅频特性为

$$|H(\omega)| = 1 + \cos\omega T_0$$

信道相频特性为

$$\varphi(\omega) = -\omega t_d$$

由信道的幅频特性和相频特性可知，信道只有幅频失真，没有相频失真。

2.5　随参信道及其传输特性

　　无线信道中由短波电离层反射、超短波流量余迹散射、陆地移动信道、超短波及微波对流层散射以及超短波视距绕射等传输媒质所构成的调制信道，由于其传输媒质性质的随机变化和电磁波的多径传播，导致其信道参数随时间随机变化，因此这些信道都属于随参信道。本节先介绍两种典型的随参信道实例，然后再讨论随参信道的传输特性。

2.5.1　短波电离层反射信道

　　波长为 $10\sim100$ m（对应频率为 $30\sim3$ MHz）的无线电波称为短波。短波既可以沿地面传播（简称为地波传播），也可以由电离层反射传播（简称为天波传播）。由于地面的吸收作用，地波传播的距离较短，约为几十千米；而天波传播借助于电离层的一次反射或多次反射传播距离可达几千千米甚至上万千米。

　　电离层是距离地面 $60\sim600$ km 的大气层，电离层由分子、原子、离子及自由电子组成。产生电离层的主要原因是太阳辐射的紫外线和 X 射线。电离层的厚度有几百千米，可以分成 D、E、F1、F2 四层，一般来说，F2 层是反射层，D、E 层是吸收层。由于太阳辐射的变化，电离层的密度和厚度随时间变化。例如，在白天，由于太阳辐射强，D、E、F1、F2 四层都存在，而在夜晚，由于太阳辐射减弱，D、E 层几乎完全消失。因此电离层的结构和传输特性是不稳定的，它有以下特点：

　　（1）由于电离层有一定厚度，并且分为不同高度的四层，所以，发送天线发出的信号可能会经过不同高度的电离层反射或经过多次反射到达接收端，因此接收端得到的信号是由许多不同长度路径和损耗的信号合成而成的，这种信号称为多径信号，这种现象称为多径传播。电离层多径传播示意图如图 2-25 所示。

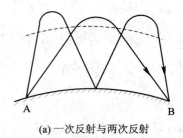 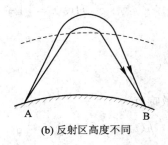

(a) 一次反射与两次反射   (b) 反射区高度不同

图 2-25　电离层多径传播示意图

（2）电离层的性质（电离层的密度和厚度等）受太阳辐射和其他因素（季节和年份等）的影响，也在不断地随机变化。

可见，短波电离层反射信道是典型的随参信道。

2.5.2　陆地移动信道

陆地移动通信主要使用的频段为 VHF（甚高频，频率范围为 30～300 MHz）和 UHF（特高频，频率范围为 300～3000 MHz），目前使用了 150 MHz、450 MHz、900 MHz 和 1800 MHz。

移动信道的接收环境复杂多样，可能是高楼林立的城市繁华区，也可能是以一般性建筑物为主体的近郊区，或者是以山丘、湖泊、平原为主的农村及远郊区。由于建筑物和其他地形地物的影响，电波传播方式可以是自由空间的直射波、地面反射波、大气折射波和建筑物等的散射波，形成多径传播，导致基站发出的无线电波会经过不同的路径和方式传播，移动台接收到的信号是这些经过不同路径传输的信号之和。移动信道多径传播示意图如图 2-26 所示。另外，由于移动台的随机移动，接收环境也在不断变化。所以，陆地移动信道也是另一种典型的随参信道。

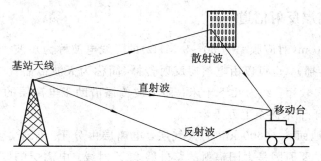

图 2-26　移动信道的传播路径

2.5.3　随参信道的传输特性

从上面的分析可知，随参信道具有以下三个特点：

（1）对信号的衰减随时间变化；

（2）传输时延随时间变化；

（3）多径传播。

由于随参信道的上述特点，它对信号传输的影响要比恒参信道严重得多。下面讨论随参信道的多径传播对传输信号的影响。

1. 多径衰落与频率弥散

在存在多径传播的随参信道中，就每条路径的信号而言，它的衰耗和时延都是随机变化的。因此，多径传播后的接收信号将是衰减和时延都随时间变化的各路径信号的合成。

设发射信号为单一频率的余弦波，即

$$s(t) = A\cos\omega_c t \tag{2-67}$$

多径路径共有 n 条路径，每条路径具有时变的衰减和时变的传输延迟，各路径信号相互独立，则接收端收到的合成波 $r(t)$ 为

$$r(t) = \sum_{i=1}^{n} a_i(t)\cos\omega_c\left[t - \tau_i(t)\right] = \sum_{i=1}^{n} a_i(t)\cos\left[\omega_c(t) - \varphi_i(t)\right] \tag{2-68}$$

式中，$a_i(t)$ 为从第 i 条路径到达接收端的信号幅度，$\tau_i(t)$ 为第 i 条路径的传输延迟，$\varphi_i(t)$ 为第 i 条路径的随机相位，与 $\tau_i(t)$ 对应，即

$$\varphi_i(t) = \omega_c\tau_i(t) \tag{2-69}$$

大量观察表明，$a_i(t)$ 与 $\varphi_i(t)$ 随时间的变化与信号载波的周期相比通常要缓慢得多，即 $a_i(t)$ 与 $\varphi_i(t)$ 可以认为是缓慢变化的随机过程，因此式(2-68)可以改写为

$$r(t) = \left[\sum_{i=1}^{n} a_i(t)\cos\varphi_i(t)\right]\cos\omega_c t - \left[\sum_{i=1}^{n} a_i(t)\sin\varphi_i(t)\right]\sin\omega_c t \tag{2-70}$$

令

$$X(t) = \sum_{i=1}^{n} a_i(t)\cos j_i(t) \tag{2-71}$$

$$Y(t) = \sum_{i=1}^{n} a_i(t)\sin j_i(t) \tag{2-72}$$

代入式(2-70)，可得

$$r(t) = X(t)\cos\omega_c t - Y(t)\sin\omega_c t \tag{2-73}$$

式(2-73)也可以写成包络和相位的形式，即

$$r(t) = V(t)\cos\left[\omega_c t + \varphi(t)\right] \tag{2-74}$$

其中

$$V(t) = \sqrt{X^2(t) + Y^2(t)} \tag{2-75}$$

$$\varphi(t) = \arctan\left(\frac{Y(t)}{X(t)}\right) \tag{2-76}$$

由于 $a_i(t)$ 与 $\varphi_i(t)$ 是缓慢变化的，因此，$X(t)$、$Y(t)$ 及包络 $V(t)$、相位 $\varphi(t)$ 也是缓慢变化的。于是，$r(t)$ 可视为一个窄带随机过程，其波形和频谱如图 2-27 所示。

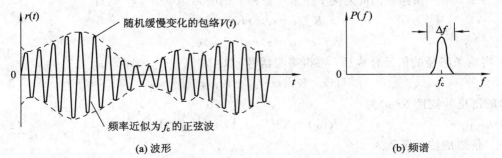

(a) 波形   (b) 频谱

图 2-27 衰落信号的波形与频谱示意图

图 2-27 中，f_c 为发射信号的频率，$\omega_c = 2\pi f_c$。$r(t)$ 的瞬时角频率为

$$\omega(t) = \omega_c + \frac{\mathrm{d}\varphi(t)}{\mathrm{d}t} = 2\pi f_c + \frac{\mathrm{d}\varphi(t)}{\mathrm{d}t} \tag{2-77}$$

从式（2-74）和图 2-27 可以看出：

（1）从波形上看，多径传播的结果使得确定的等幅载波信号变成了包络和相位受到调制的窄带信号，这种信号称为衰落信号；

（2）从频谱上看，多径传播引起了频率弥散，即由单个频率变成一个窄带频谱。

在上述多径传播中，如果没有直射路径信号到达接收端，在任一时刻 t，可以认为 $X(t)$ 和 $Y(t)$ 是 n 个相互独立的随机变量之和，且和式中每个随机变量具有均匀的特性，根据中心极限定理，当路径总数 n 足够大时，$X(t)$ 和 $Y(t)$ 的概率分布趋于高斯分布。从而，$X(t)$ 和 $Y(t)$ 是平稳高斯过程，利用 2.3.5 小节原理可知 $r(t)$ 是一个窄带高斯过程。包络 $V(t)$ 的一维分布服从瑞利分布，相位 $\varphi(t)$ 的一维分布服从均匀分布。

如果收到的信号中除了经反射、折射、散射等到达的信号外还有一条直射路径信号到达接收端，则接收端信号可以看成是正弦波加窄带高斯过程，这时，包络 $V(t)$ 的一维分布服从广义瑞利分布，也称为莱斯分布，相位 $\varphi(t)$ 也将偏离均匀分布。

有关瑞利分布与莱斯分布的表达式及其相互关系在 2.3.5 小节已经讨论过，这里不再重复。

信号包络服从瑞利分布的衰落称为瑞利型衰落，对应的无线信道称为瑞利信道，而信号包络服从莱斯分布的衰落称为莱斯型衰落，对应的无线信道称为莱斯信道。由于多径传播使信号包络产生的起伏虽然比信号的周期缓慢，但衰落周期常能和数字信号的一个码元周期相比较，故通常将由多径效应引起的衰落称为快衰落。季节、日夜、天气等的变化，也会使信号产生衰落现象，这种衰落的起伏周期比较长，称为慢衰落。

2. 频率选择性衰落与相关带宽

当发送信号是具有一定频带宽度的信号时，多径传播除了会使信号产生瑞利型衰落之外，还会产生频率选择性衰落。频率选择性衰落是多径传播的又一重要特征。为了分析方便，我们假设多径传播的路径只有两条衰减相同、时延不同的路径。

设发送信号为 $f(t)$，其频谱密度函数为 $F(\omega)$，记为

$$f(t) \leftrightarrow F(\omega)$$

到达接收端的两路信号分别为 $Kf(t-t_0)$ 和 $Kf(t-t_0-\tau)$。这里，假定两条路径的衰减都为 K，第一条路径的时延为 t_0，第二条路径的时延为 $(t_0+\tau)$，则有

$$Kf(t-t_0) \leftrightarrow KF(\omega)\mathrm{e}^{-\mathrm{j}\omega t_0}$$

$$Kf(t-t_0-\tau) \leftrightarrow KF(\omega)\mathrm{e}^{-\mathrm{j}\omega(t_0+\tau)}$$

当两条路径的信号合成后，可得接收信号 $r(t)$ 为

$$r(t) = Kf(t-t_0) + Kf(t-t_0-\tau) \tag{2-78}$$

$r(t)$ 的傅里叶变换 $R(\omega)$ 为

$$R(\omega) = KF(\omega)\mathrm{e}^{-\mathrm{j}\omega t_0}(1+\mathrm{e}^{-\mathrm{j}\omega\tau}) \tag{2-79}$$

因此，信道的传递函数为

$$H(\omega) = \frac{R(\omega)}{F(\omega)} = K\mathrm{e}^{-\mathrm{j}\omega t_0}(1+\mathrm{e}^{-\mathrm{j}\omega\tau}) \tag{2-80}$$

其幅频特性为

$$|H(\omega)| = |K\mathrm{e}^{-\mathrm{j}\omega t_0}(1+\mathrm{e}^{-\mathrm{j}\omega\tau})| = K|(1+\mathrm{e}^{-\mathrm{j}\omega\tau})| = 2K\left|\cos\frac{\omega\tau}{2}\right| \qquad (2-81)$$

图 2-28(a)给出了 $|H(\omega)|{\sim}f$ 特性曲线。这里 $\omega = 2\pi f$。

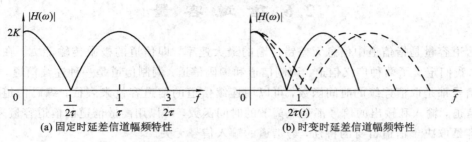

(a) 固定时延差信道幅频特性　　　　　　　(b) 时变时延差信道幅频特性

图 2-28　选择性衰落信道的幅频特性

由图 2-28(a)可知，两径传播时，对于不同的频率，信道的衰减不同，其衰减量取决于 $\left|\cos\dfrac{\omega\tau}{2}\right|$ 函数。当 $\omega = \dfrac{2n\pi}{\tau}$ 或 $f = \dfrac{n}{\tau}$ (n 为整数)时，出现传播极点；当 $\omega = \dfrac{(2n+1)\pi}{\tau}$ 或 $f = \dfrac{n+1/2}{\tau}$ (n 为整数)时，出现传播零点。相邻两个传输零点之间的频率间隔为 $\dfrac{1}{\tau}$。

另外，由于随参信道的相对时延差 τ 一般是随时间变化的，故传输特性出现的零极点在频率轴上的位置也是随时间变化的，这使得传输特性变得更为复杂。相对时延差 τ 变化时的传输特性如图 2-28(b)所示，图中 $\tau(t)$ 表示时变的相对时延。显然，当一个传输信号的频谱宽度 $B > \dfrac{1}{\tau(t)}$ 时，则经多径信道传输后，传输信号的频谱将发生畸变，致使某些频率分量被衰落。由于这种衰落和频率有关，故常称其为频率选择性衰落，简称选择性衰落。

实际随参信道的传输特性要比两径信道的传输特性复杂得多，但出现频率选择性衰落的基本规律是相同的，即频率选择性衰落同样依赖于相对时延差。多径传播时的相对时延差通常用最大多径时延差来表征。设信道最大多径时延差为 τ_{m}，则定义多径传播信道的相关带宽为

$$\Delta f = \frac{1}{\tau_{\mathrm{m}}} \qquad (2-82)$$

相关带宽表示信道幅频特性相邻两个零点之间的频率间隔。如果信号的频谱比相关带宽宽，则将产生严重的频率选择性衰落。为了使接收信号不存在明显的频率选择性衰落，在工程设计中，一般应使发送信号带宽 B 与信道相关带宽 Δf 之间满足

$$B = \left(\frac{1}{5} \sim \frac{1}{3}\right)\Delta f \qquad (2-83)$$

当在多径信道中传输数字信号，特别是传输高速数字信号时，选择性衰落会引起严重的码间干扰。为了减小码间干扰的影响，通常要降低码元传输速率。因为，若码元速率降低，则信号带宽也将随之减小，选择性衰落的影响也随之减轻。

例 2.5　某随参信道的两径时延差 τ 为 1 ms，试求该信道在哪些频率上传输衰耗最大，选用哪些频率传输信号最有利。

解　当 $\omega = \dfrac{2n\pi}{\tau}$，即 $f = \dfrac{n}{\tau} = n$ kHz(n 为正整数)时，出现传播极点，传输信号最有利。

当 $\omega = \dfrac{(2n+1)\pi}{\tau}$，即 $f = \dfrac{n+1/2}{\tau} = \left(n+\dfrac{1}{2}\right) \mathrm{kHz}$（$n$ 为正整数）时，出现传播零点，传输衰耗最大。

<h1 style="text-align:center">2.6 信 道 容 量</h1>

信道容量是指信道中信息无差错传输的最大速率，即信道的极限传输能力。在信道模型中，我们定义了两种广义信道：调制信道和编码信道。调制信道是一种连续信道，输入和输出信号都是取值连续的时间函数，可以用连续信道的信道容量来表征；编码信道是一种离散信道，输入和输出的信号都是取离散的时间函数，可以用离散信道的信道容量来表征。信道容量取决于信道自身的特性，与信道的输入信号无关。

2.6.1 离散信道的信道容量

离散信道的模型用信道转移概率描述。设信道输入为 $X \in \{x_1, x_2, \cdots, x_n\}$；信道输出为 $Y \in \{y_1, y_2, \cdots, y_m\}$；$P(x_i)$ 为发送符号 x_i 的概率，$i = 1, 2, \cdots, n$；$P(y_j)$ 为收到符号 y_j 的概率，$j = 1, 2, \cdots, m$；转移概率 $P(y_j/x_i)$ 为发送 x_i 的条件下收到 y_j 的条件概率；转移概率 $P(x_i/y_j)$ 为收到 y_j 的条件下发送 x_i 的条件概率。有噪离散信道的一般模型如图 2-29 所示。

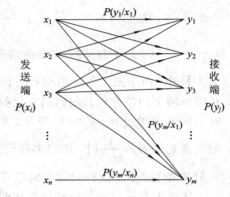

图 2-29 有噪离散信道模型

发送 x_i 时收到 y_j 所获得的信息量称为互信息量，记为 $I(x_i, y_j)$。从信息量的概念得知：$I(x_i, y_j)$ 等于发送 x_i 前接收端对 x_i 的不确定程度（即 x_i 的自信息量）减去收到 y_j 后接收端对 x_i 的不确定程度，即

$$I(x_i, y_j) = [-\log_2 P(x_i)] - [-\log_2 P(x_i/y_j)] \tag{2-84}$$

对所有的 x_i 和 y_j 取统计平均值，得到收到一个符号时获得的平均信息量，即平均互信息量 $I(X, Y)$ 为

$$\begin{aligned}
I(X, Y) &= -\sum_{i=1}^{n} P(x_i) \log_2 P(x_i) - \left[-\sum_{j=1}^{m} P(y_j) \sum_{i=1}^{n} P(x_i/y_j) \log_2 P(x_i/y_j) \right] \\
&= H(X) - H(X/Y)
\end{aligned} \tag{2-85}$$

式中

$$H(X) = -\sum_{i=1}^{n} P(x_i) \log_2 P(x_i) \tag{2-86}$$

表示发送的每个符号的平均信息量，称为信源熵，而

$$H(X/Y) = -\sum_{j=1}^{m} P(y_j) \sum_{i=1}^{n} P(x_i/y_j) \log_2 P(x_i/y_j) = -\sum_{i=1}^{n} \sum_{j=1}^{m} P(x_i, y_j) \log_2 P(x_i/y_j) \tag{2-87}$$

表示发送符号经信道传输平均丢失的信息量，或者说是当输出符号已知时输入符号的平均

信息量。

平均互信息量 $I(X, Y)$ 表示信道每个符号能够传输的平均信息量，也称为信道的信息传输率 R。

由上式可见，收到一个符号的平均信息量只有 $[H(X)-H(X/Y)]$，而发送符号的信息量原来为 $H(X)$，少了的部分 $H(X/Y)$ 就是经过信道损失掉的信息量。

若信道无噪声，则发送符号和接收符号有一一对应关系，无噪离散信道模型可表示为图 2-30。此时，$n=m$，转移概率为

$$P(x_i/y_j)=\begin{cases}1 & i=j \\ 0 & i\neq j\end{cases}\quad (i=1, 2, \cdots, n, j=1, 2, \cdots, n) \tag{2-88}$$

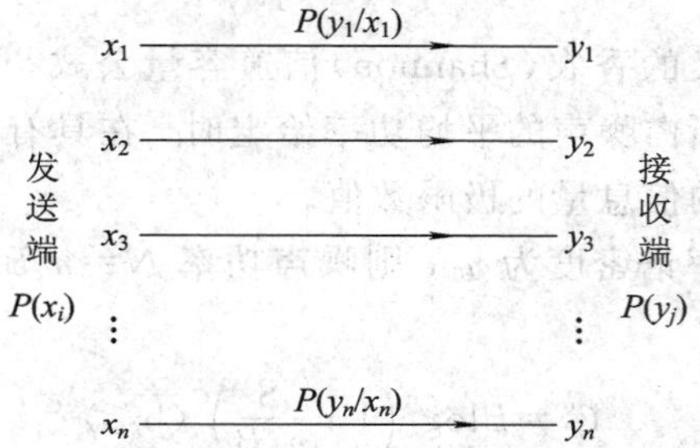

图 2-30　无噪离散信道模型

因此，$H(X/Y)=0$，$I(X, Y)=H(X)$。所以在无噪声条件下，从接收一个符号获得的平均信息量为 $H(X)$。而原来在有噪声条件下，从接收一个符号获得的平均信息量为 $[H(X)-H(X/Y)]$。这再次说明 $H(X/Y)$ 即为因噪声而损失的平均信息量。

信道单位时间所传输的平均信息量称为信息传输速率，用 R_t 表示。设信道单位时间传输的符号数为 r，则信息传输速率 R_t 为

$$R_t=rI(X, Y)=r[H(X)-H(X/Y)] \tag{2-89}$$

从以上分析可知，信道的信息传输速率 R_t 与单位时间传输的符号数 r、信源的概率分布以及信道干扰的概率分布有关。对于某个给定信道来说，干扰的概率分布应当是确定的。如果单位时间传输的符号数 r 一定，则信道传输信息的速率仅与信源的概率分布有关，信源的概率分布不同，信道传输信息的速率也不同。一个信道的传输能力应该以这个信道最大可能传输信息的速率来度量。

信道容量有两种不同的度量单位：一种表示信道每个符号能够传输的平均信息量的最大值，记为 C，单位为比特/符号；另一种表示信道单位时间(秒)内能够传输的平均信息量的最大值，记为 C_t，单位为比特/秒。二者单位不同，可以相互转换。

从以上定义可知，对于一切可能的信源概率分布 $P(x)$，信道平均互信息(信息传输率)或信息传输速率 R_t 的最大值称为信道容量，即

$$C=\max_{P(x)}I(X, Y)=\max_{P(x)}[H(X)-H(X/Y)]\quad (比特/符号) \tag{2-90}$$

$$C_t=\max_{P(x)}R_t=\max_{P(x)}[rI(X, Y)]=\max_{P(x)}\{r[H(X)-H(X/Y)]\}\quad (比特/秒) \tag{2-91}$$

平均互信息与信源和信道的特性都有关系，而信道容量是指信道的最大传输能力，它仅与信道的特性有关，反映信道自身特性，对于固定参数的信道，信道容量就是个定值，但在传输信息时信道能否提供其最大传输能力，则取决于信道输入端信源的概率分布。能

够使平均互信息达到信道容量的信源的概率分布称为最佳分布。

2.6.2　连续信道的信道容量

对于加性高斯白噪声连续信道，其输入信号为 $x(t)$，信道加性高斯白噪声为 $n(t)$，则信道输出 $y(t)$ 为

$$y(t) = x(t) + n(t) \tag{2-92}$$

设信道带宽为 $B(\mathrm{Hz})$，输入信号为 $x(t)$ 的功率为 $S(\mathrm{W})$，加性高斯白噪声 $n(t)$ 功率为 $N(\mathrm{W})$，可以证明该信道的信道容量为

$$C_t = B \log_2\left(1 + \frac{S}{N}\right) \ (\mathrm{b/s}) \tag{2-93}$$

上式就是具有重要意义的香农（Shannon）信道容量公式，简称香农公式。香农公式表明了当信号与信道加性高斯白噪声的平均功率给定时，在具有一定频带宽度的信道上，理论上单位时间内可能传输的信息量的极限数值。

若噪声 $n(t)$ 的单边功率谱密度为 n_0，则噪声功率 $N = n_0 B$。于是得到香农公式的另一个形式为

$$C_t = B\log_2\left(1 + \frac{S}{n_0 B}\right) \ (\mathrm{b/s}) \tag{2-94}$$

由上式可见，连续信道的容量 C_t 和信道带宽 B、信号功率 S 及噪声功率谱密度 n_0 三个因素有关。根据香农公式，可得以下结论：

（1）增大信号功率 S 可以增加信道容量，当信号功率趋于无穷大时，则信道容量也趋于无穷大，即

$$\lim_{S\to\infty} C_t = \lim_{S\to\infty} B\log_2\left(1 + \frac{S}{n_0 B}\right) \to \infty \tag{2-95}$$

（2）减小噪声功率 N（或减小噪声功率谱密度 n_0）也可以增加信道容量，当噪声功率趋于零（或噪声功率谱密度趋于零）时，则信道容量趋于无穷大，即

$$\lim_{N\to 0} C_t = \lim_{n_0\to 0} B\log_2\left(1 + \frac{S}{n_0 B}\right) \to \infty \tag{2-96}$$

（3）增大信道带宽 B 同样可以增加信道容量，但不能使信道容量无限制增大。当信道带宽 B 趋于无穷大时，信道容量的极限值为

$$\lim_{B\to\infty} C_t = \lim_{B\to\infty} B\log_2\left(1 + \frac{S}{n_0 B}\right) = \frac{S}{n_0} \lim_{B\to\infty} \frac{n_0 B}{S} \log_2\left(1 + \frac{S}{n_0 B}\right)$$

$$= \frac{S}{n_0} \log_2 e \approx 1.44\frac{S}{n_0} \tag{2-97}$$

上式表明，当给定 $\frac{S}{n_0}$ 时，若带宽 B 趋于无穷大，信道容量不会趋于无限大，而只是 $\frac{S}{n_0}$ 的 1.44 倍。

（4）C_t 一定时，带宽 B 增大，信噪比 $\frac{S}{N}$ 可降低，即两者是可以互换的。若有较大的传输带宽，则在保持信号功率不变的情况下，可允许较大的噪声功率，即系统的抗噪声能力提高。扩频通信系统就是利用了这个原理，将所需传送的信号扩频，使之远远大于原始信号宽带，以增强系统抗干扰的能力。

香农信道编码定理揭示了信源信息速率与信道容量的关系，其基本结论为：只要信源的信息速率（即每秒发出的信息量）小于信道容量，则总可以找到一种信道编码方式，实现无差错传输；若信源的信息速率大于信道容量，则不可能实现无差错传输。

香农公式给出了通信系统所能达到的极限信息传输速率，通常，把实现了上述极限信息速率的通信系统称为理想通信系统。但是，香农公式只证明了理想通信系统的存在性，却没有指出这种通信系统的实现方法。理想通信系统一般只作为实际通信系统的理论界限，实际通信系统的信息传输速率一般都远小于通信信道的信道容量。

例 2.6 已知黑白电视图像信号每帧有 30 万个像素，每个像素有 8 个亮度电平，各电平独立地以等概率出现，图像每秒发送 25 帧。若要求接收图像的信噪比达到 30 dB，试求所需传输带宽。

解 因为每个像素独立地以等概率取 8 个亮度电平，故每个像素的信息量为

$$I_p = -\log_2 \frac{1}{8} = 3 \text{（比特/像素）}$$

并且每帧图像的信息量为

$$I_F = 3 \times 10^5 \times 3 = 9 \times 10^5 \text{（比特/帧）}$$

因为每秒传输 25 帧图像，所以要求的信息传输速率为

$$R_t = 9 \times 10^5 \times 25 = 22.5 \times 10^6 \text{（b/s）}$$

要求信噪比为 30 dB，即 $10\lg \frac{S}{N} = 30$，可得对应信噪比为 $\frac{S}{N} = 1000$。

信道的容量 C_t 必须不小于信息传输速率 R_t，即

$$C_t = B\log_2 \left(1 + \frac{S}{N}\right) \geqslant R_t$$

也就是

$$B \geqslant \frac{R_t}{\log_2 \left(1 + \dfrac{S}{N}\right)}$$

将 R_t、$\frac{S}{N}$ 的值代入上式，可得所需传输带宽至少应为

$$B = 2.26 \times 10^6 = 2.26 \text{（MHz）}$$

2.7　SystemView 软件使用方法

SystemView 属于一个系统级工具平台，可进行包括数字信号处理（DSP）系统、模拟与数字通信系统、信号处理系统和控制系统的仿真分析，并配置了大量图符库（Token），用户很容易构造出所需的仿真系统，只要调出有关图符块并设置好参数，完成图符块间的连线后运行仿真操作，最终即可以时域波形、眼图、功率谱、星座图和各类曲线形式给出系统的仿真分析结果。SystemView 的库资源十分丰富，主要包含若干图符库的主库（Main Library）、通信库（Communications Library）、信号处理库（DSP Library）、逻辑库（Logic Library）、射频/模拟库（RF Analog Library）和用户代码库（User Code Library）。下面简单介绍其使用步骤。

步骤一：进入 SystemView 后，屏幕上首先出现该工具的系统视窗，如图 2-31 所示。

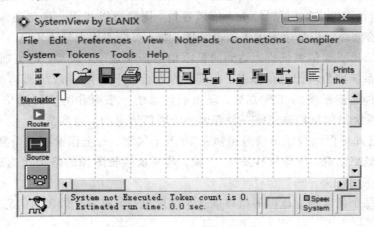

图 2-31　系统视窗

系统视窗最上边一行为主菜单栏，包括文件(File)、编辑(Edit)、参数优选(Preferences)、视窗观察(View)、链接(Connections)、编译器(Compiler)等功能菜单。

步骤二：完成图符块设置。系统视窗左侧竖排为图符库选择区，图符库是构造系统的基本单元模块，相当于系统组成框图中的一个子框图，用户在屏幕上所能看到的仅仅是代表某一数学模型的图形标志(图符块)，图符块的传递特性由该图符块所具有的仿真数学模型决定。SystemView 软件中有 Source(信源库)、MetaSys(亚器件库)、Adder(加法器)、Meta I/O(输入/输出)、Operator(操作库)、Function(函数库)、Multiplier(乘法器)、Sink(信宿库)等，分别如图 2-32 所示。

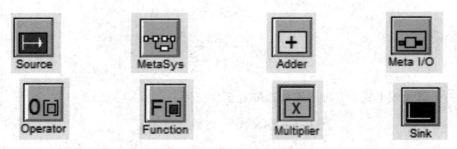

图 2-32　图符库按钮

在上述 8 个按钮中，除双击"加法器"和"乘法器"图符按钮可直接使用外，双击其他按钮后会出现相应的对话框，应进一步设置图符块的操作参数。创建一个仿真系统的基本操作是，按照需要调出相应的图符块，将图符块之间用带有传输方向的连线连接起来，不涉及语言编程问题。

步骤三：系统运行及其分析。系统设计完后，设置好系统定时参数，单击"系统运行"快捷功能按钮 ▶ ，计算机开始运行各个数学模型间的函数关系，生成曲线等待显示调用。点击"分析窗口"按钮 图标进行分析，如图 2-33 所示。可观察的波形包括时域波形、眼图、功率谱、误码特性等。

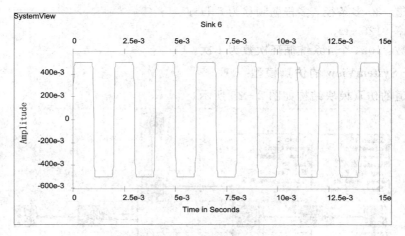

图 2-33　分析窗口界面

从分析窗口界面可以分析时域波形，点击分析窗口左下角的 $\sqrt{a}$ 图标（图 2-33 中未显示）可以观看波形对应的频谱特性，如图 2-34 所示。

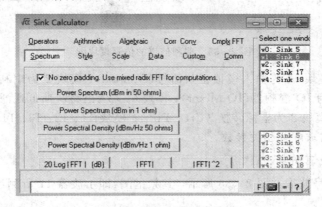

图 2-34　频谱分析界面

按照上面的步骤，在 SystemView 环境下可以实现一个简单系统的设计、仿真与分析功能。下面将结合具体实例进行学习。

2.8　通信信道的仿真实例

2.8.1　瑞利信道的 SystemView 仿真实例

1. 仿真目的

（1）基于 SystemView 软件平台，建立正弦波通过瑞利信道的仿真模型。

（2）观察输入信号和输出信号的时域波形和频谱，并结合本章所学内容，对仿真结果进行分析和解释。

2. 仿真参数

输入正弦信号：幅值为 1 V，频率为 40 kHz；

瑞利信道：30 多条径，多普勒频移为 5 Hz；

采样频率：128 Hz；

采样点数：1024 个，系统循环次数为 1 次。

3. 基于 SystemView 的仿真模型

瑞利信道的仿真模块结构如图 2-35 所示。

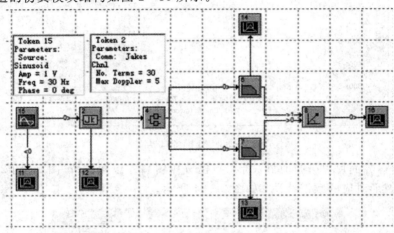

图 2-35　瑞利信道的仿真模块图

图 2-35 中，模块 15 为输入模拟正弦信号（Sinusoid）；模块 2 为瑞利信道（Jakes Mobile Channel），模块 4 为 IQ 混频器（IQ Mixer）；模块 6、7 为巴特沃斯低通滤波器（Butterworth Lowpass Filter）；模块 8 为坐标转换（Crt - Plr）；模块 11、12、13、14 和 16 为分析模块（Analysis），根据需求配置相关参数。

4. 仿真结果及其分析

输入正弦波信号波形如图 2-36 所示，其频谱图（即示波器 11 所测波形图）如图 2-37 所示。

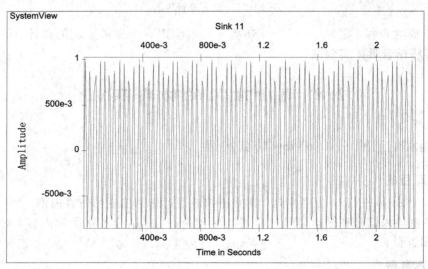

图 2-36　输入信号波形图

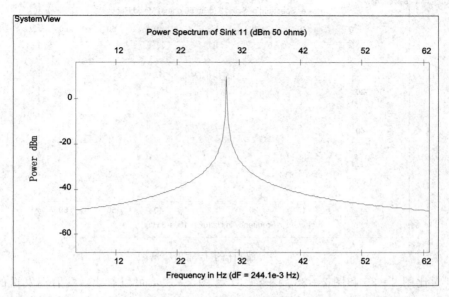

图 2 - 37 输入信号频谱图

因为接收信号经过不同的路径长度并且在每个到达路径上的移动速度不一样，所以接收端会引起多普勒频移和相移变化。通常情况下，假设每一个散射波都产生一路幅度衰减的信号，每一路衰减信号的时延都远小于信号带宽的倒数，衰落过程相对于信号的速率要慢得多，因此可以精确地估计信号的相位。所以只需要考虑幅度衰减带来的影响，而不必关心相位的影响。

发射端发送的一个单一正弦波在接收端会产生多经衰落，如图 2 - 38 所示，相应的频谱图如图 2 - 39 所示。

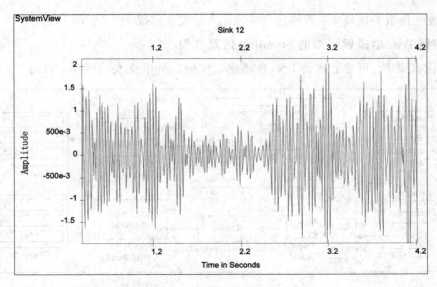

图 2 - 38 瑞利信道后输出波形图

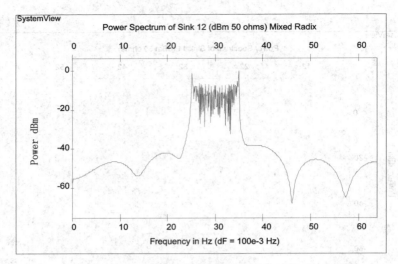

图 2-39　瑞利信道后输出频谱图

分别对比图 2-36 和图 2-38、图 2-37 和图 2-39，可以看出，发射端发送的一个单一正弦波，在接收端会产生多经衰落，接收端收到的是一个范围的频谱，从一个正弦信号频率扩展为一个窄带频谱，其包络近似于瑞利分布图。

2.8.2　二进制对称信道的 Simulink 仿真实例

1. 仿真目的

（1）基于 Matlab/Simulink 软件平台，建立单极性码通过二进制对称信道（BSC 信道）的 Simulink 仿真模型，并测量系统的误码率。

（2）设定信道差错概率和仿真参数，根据仿真结果，观察输出端的误码率，并与信道差错概率进行对比。

（3）改变信道差错概率，观察输出端误码率的变化情况。

2. 测量 BSC 信道误码率的 Simulink 仿真模型

根据仿真要求，可建立测量 BSC 信道误码率的 Simulink 仿真模型，如图 2-40 所示。

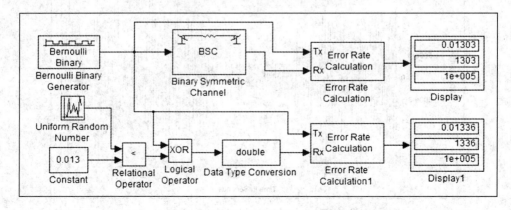

图 2-40　测量 BSC 信道误码率的 Simulink 仿真模型

图 2－40 中，Bernoulli Binary Generator(伯努利二进制序列产生器)模块位于 Comm Sources 库的 Random Data Sources 子库中，用于产生单极性二进制随机信源序列；Binary Symmetric Channel(BSC 信道)模块位于 Channels 库中，用于仿真 BSC 信道；Error Rate Calculation(误码率计算)模块位于 Comm Sinks 库中，用于统计信道译码后的比特误码率；Display(显示)模块位于 Sinks 库中，用于显示误码率计算模块的测量结果。左下角的 Uniform Random Number(均匀分布随机数)、Constant(常量)、Relational Operator(关系运算符)、Logical Operator(逻辑运算符)和 Data Type Conversion(数据类型转换)等五个模块组成另外一种 BSC 信道的实现方法，其中，Uniform Random Number 模块位于 Sources 库中，这里将其设置为产生 0～1 之间均匀分布的随机数，Constant 模块用于设置 BSC 信道的错误概率，Relational Operator 模块设置成小于运算(＜)，Logical Operator 模块设置成异或逻辑运算(XOR)，由于 Error Rate Calculation 模块输入数据类型要求是双精度型，所以使用了 Data Type Conversion 模块完成数据类型转换。

通过对图 2－40 仿真模型中的各模块参数进行设置，可以测试单极性二进制随机信源序列通过 BSC 信道后的误码率，观察 BSC 信道的传输性能。

3. 主要模块参数和仿真参数的配置

作为一个仿真例子，设定 BSC 信道的传输错误概率为 0.013，单极性二进制随机信源序列的波特率为 1000 b/s，Simulink 仿真模型中各模块的主要参数配置如表 2－1 所示。

表 2－1　BSC 信道 Simulink 仿真模型的参数配置

模块名称	参数名称	参 数 值
Bernoulli Binary Generator	Probability of zero	0.5
	Initial seed	61
	Sample time	0.001
	Output data type	double
Binary Symmetric Channel	Error probability	0.013
	Initial seed	71
Constant	Constant value	0.013
Uniform Random Number	Minimum	0
	Maximum	1
	Seed	0
	Sample time	0.001
Error Rate Calculation/ Error Rate Calculation1	Receive delay	0
	Computation delay	0
	Computation mode	Entire frame
	Output data	Port
Display/ Display1	Format	Short
	Decimation	3

在 Simulink 建模窗口，选择"simulation→configuration parameters…"菜单项，完成仿真参数配置。这里，配置仿真时间为 0～100 s；求解器采用"discrete(no continuous states)"算法，步长设定为固定步长(fixed-step)，固定步长大小为 0.001 s，其他选项采用缺省设置。

4. 仿真结果与分析

运行系统仿真后，仿真模型的 Display 和 Display1 模块显示出系统的误码率统计结果。两个 Display 模块显示的误码统计结果都由三部分组成，图中由上到下分别代表误码率、总误码个数和总码元个数，如图 2-40 所示。由图 2-40 可知，当 BSC 信道的错误概率(信道误码率)为 0.013 时，单极性二进制随机信源序列经信道传输后，采用两种 BSC 信道实现方法测得的接收端误码率分别为 0.01303 和 0.01336，与 BSC 信道的传输错误概率基本相等，随着仿真时间的加大，二者间的差异会进一步减小，这就验证了这两种 BSC 信道仿真方法的正确性。改变 BSC 信道的错误概率，可以进一步观察系统的误码率，这里不再详述。

BSC 信道和误码率测量对于研究数字通信系统性能以及信源/信道编码器性能有着重要意义，后面章节的仿真还会用到这部分的内容。

2.9 实 战 训 练

1. 实训目的

(1) 掌握高斯信道和莱斯信道的特点；

(2) 理解高斯信道和莱斯信道的传输特性。

2. 实训内容和要求

采用 SystemView 或 Matlab/Simulink 软件平台完成高斯信道、莱斯信道的仿真实验，用示波器观察各个部分的仿真结果。

(1) 输入信号波形及其功率谱图；

(2) 观察经过信道后的信号波形及其功率谱图。

3. 实训报告要求

(1) 画出仿真电路图；

(2) 标注出每个电路模块参数的设计值；

(3) 分析输入信号和输出信号的仿真结果；

(4) 写出心得体会。

习 题

2-1 什么叫调制信道？什么叫编码信道？

2-2 什么叫恒参信道？什么叫随参信道？分别举出实例。

2-3 什么叫狭义信道？什么叫广义信道？分别举出实例。

2-4 信号通过时不变线性系统无失真的条件是什么？

2-5 什么叫信道容量？它是如何定义的？

2-6 香农公式有何意义？讨论信道容量与带宽、信号功率和噪声功率的关系。

2-7 设理想信道的传输函数为

$$H(\omega) = K_0 e^{-j\omega t_d}$$

式中，K_0、t_d 为常数。试分析信号 $s(t)$ 通过该信道后的输出信号的时域和频域表达式，并对结果进行讨论。

2-8 设某调制信道的模型为一 RC 低通滤波器，如题图 2-1 所示。试求该信道的传递函数，并分析输出信号会产生哪些类型的失真。

2-9 设某调制信道的等效模型如题图 2-2 所示。试求此信道的幅频特性和相频特性，分析信号 $s(t)$ 通过该信道后的输出信号表达式，并分析输出信号是否会产生幅频失真和相频失真。

题图 2-1   题图 2-2

2-10 一个均值为零的平稳随机过程 $X(t)$，其功率谱密度如题图 2-3 所示。

(1) 求此随机过程的平均功率；

(2) 计算其自相关函数。

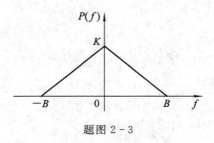

题图 2-3

2-11 设将一个均值为零、功率谱密度为 $\dfrac{n_0}{2}$ 的高斯白噪声，加到题图 2-1 所示的 RC 低通滤波器。试求输出随机过程 $n_0(t)$ 的一维概率密度函数。

2-12 将一个均值为零、功率谱密度为 $\dfrac{n_0}{2}$ 的高斯白噪声加到一个中心频率为 f_c、带宽为 B 的单位增益理想带通滤波器输入端，该理想带通滤波器幅频特性如题图 2-4 所示。试求：

(1) 滤波器输出端噪声的功率谱密度；

(2) 滤波器输出端噪声的自相关函数；

(3) 滤波器输出端噪声的一维概率密度函数。

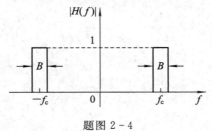

题图 2-4

2-13 频带有限的白噪声 $n(t)$，其功率谱密度 $P_n(f) = 10^{-6} \text{V}^2/\text{Hz}$，其频率范围为 $-100 \sim 100 \text{ kHz}$。

(1) 试证明噪声的均方根值 $\sqrt{E[n^2(t)]} \approx 0.45 \text{ V}$；

(2) 求 $n(t)$ 的自相关函数 $R_n(\tau)$，并说明 $n(t)$ 与 $n(t+\tau)$ 在什么间距上不相关；

(3) 假设 $n(t)$ 服从高斯分布，若要计算任一时刻 t，$n(t)$ 超过 0.45 V 的概率，请写出计算公式。

2-14 在移动信道中，市区的最大时延差为 $5 \mu s$，室内最大时延差为 $0.04 \mu s$。试计算这两种情况下的相关带宽。

2-15 试求瑞利衰落包络值的数学期望和方差。

2-16 试求瑞利衰落包络值一维分布的最大值。

2-17 某计算机网络通过同轴电缆相互连接，已知同轴电缆的信道宽度为 8 MHz，信道信噪比为 30 dB，试求计算机无误码传输的最高信息速率为多少。

2-18 某一待传输图片含有 2.25×10^6 个像素，每个像素具有 12 个亮度电平。假设所有这些亮度电平等概率出现，试计算用 2 分钟传送一张图片时所需的最小信道带宽（设信道中信噪比为 30 dB）。

第 3 章　模拟调制系统

　　调制在通信系统中的作用至关重要。所谓调制，就是把信号转换成适合在信道中传输的一种变换过程。广义的调制分为基带调制和载波调制。基带调制也叫基带传输，是指将信源（信息源，也称发射端）发出的没有经过调制（进行频谱搬移和变换）的原始电信号进行相关处理的过程，其特点是频率较低，信号频谱从零频附近开始，具有低通形式。载波调制就是用调制信号去控制载波参数的过程，使载波的某一个或几个参数按照调制信号的规律而变化。在无线通信以及其他大多数场合，调制均指载波调制。

　　模拟基带信号可以直接通过架空明线、电缆/光缆等有线信道传输，但不可能直接在无线信道中传输。另外，即使可以在有线信道中传输，一对线路上也只能传输一路信号，其信道利用率是非常低的，而且很不经济。为了使模拟基带信号能够在无线信道中进行频带传输，同时也为了提高有线信道的频带利用率及单一信道实现多路模拟基带信号的传输，就需要采用调制/解调技术。在发送端把具有较低频率分量（频谱分布在零频附近）的低通基带信号搬移到给定信道通带（处在较高频段）内的过程称为调制，而在接收端把已搬到给定信道通带内的频谱还原为基带信号频谱的过程称为解调。调制和解调在一个通信系统中总是同时出现的，因此往往把调制和解调合起来称为调制系统。

3.1　线　性　调　制

　　如果输出已调信号的频谱和输入调制信号的频谱之间满足线性搬移关系，则称为线性调制，通常也称为幅度调制。线性调制的主要特征是调制前、后的信号频谱在形状上没有发生变化，仅仅是频谱的幅度和位置发生了变化，即把基带信号的频谱线性搬移到与信道相应的某个频带上。线性调制中，载频为 f_c 的余弦载波的幅度参数随着输入基带信号的变化而变化。线性调制有振幅调制（Amplitude Modulation，AM）、抑制载波双边带调制（Double Side Band Suppressed Carrier Modulation，DSB - SC）、单边带调制（Single Side Band Modulation，SSB）以及残留边带调制（Vestigial Side-Band Modulation，VSB）等四种方式。

3.1.1　振幅调制

1. 基本概念

1）调制模型及时域表达式

　　AM 调制器（也称常规双边带幅度调制器）的模型如图

3-1 所示，对应 AM 信号的时域表达式为

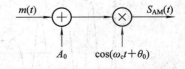

图 3-1　AM 调制器模型

$$S_{AM}(t)=[A_0+m(t)]\cos(\omega_c t+\theta_0) \qquad (3-1)$$

式中：$m(t)$ 为输入调制信号，它的最高频率为 f_m，$m(t)$ 可

以是确知信号，也可以是随机信号，但没有直流成分，属于调制信号的交流分量；ω_c 为载波的频率；θ_0 为载波初始相位，在以后的分析中，通常为了方便假定 $\theta_0=0$；A_0 为外加的直流

分量，如果调制信号中有直流分量，也可以把调制信号中的直流分量归到 A_0 中。为了实现线性调幅，必须要求

$$|m(t)|_{\max} \leqslant A_0 \tag{3-2}$$

否则将会出现过调幅现象，在接收端采用包络检波法解调时，会产生严重的失真。

如果调制信号为单频信号，假定

$$m(t) = A_m \cos(\omega_m t + \theta_m) \tag{3-3}$$

则

$$\begin{aligned} S_{AM}(t) &= [A_0 + A_m \cos(\omega_m t + \theta_m)]\cos(\omega_c t + \theta_0) \\ &= A_0[1 + \beta_{AM}\cos(\omega_m t + \theta_m)]\cos(\omega_c t + \theta_0) \end{aligned} \tag{3-4}$$

式中，$\beta_{AM} = \dfrac{A_m}{A_0} \leqslant 1$，称为调幅指数，也叫作调幅度。调幅指数的值介于 $0 \sim 1$ 之间。对于一般振幅调制信号，调幅度 β_{AM} 可以定义为

$$\beta_{AM} = \frac{[f(t)]_{\max} - [f(t)]_{\min}}{[f(t)]_{\max} + [f(t)]_{\min}} \tag{3-5}$$

其中，

$$f(t) = A_0 + m(t) \tag{3-6}$$

在式（3-5）中，通常 $\beta_{AM} < 1$；当 $\beta_{AM} > 1$ 时称为过调幅，只有 $[f(t)]_{\min}$ 为负值时才出现这种情况；当 $\beta_{AM} = 1$ 时称为满调幅（临界调幅）。

2）AM 信号波形

AM 信号的波形如图 3-2 所示。其中，图 3-2（a）为调制信号波形，图 3-2（b）为加上直流的调制波形，图 3-2（c）为调制载波波形时域图，图 3-2（d）为已调信号波形。从图中可以清楚地看出，AM 信号的包络完全反映了调制信号的变化规律。

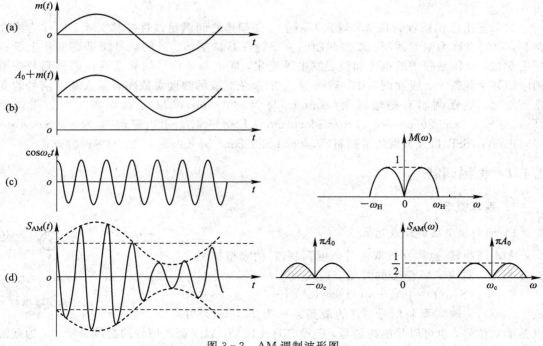

图 3-2　AM 调制波形图

3）AM 信号的频谱

对式(3-1)进行傅里叶变换，就可以得到 AM 信号的频谱如下：

$$S_{AM}(\omega)=F[S_{AM}(t)]$$

$$=\frac{1}{2}[M(\omega+\omega_c)+M(\omega-\omega_c)]+\pi A_0[\delta(\omega+\omega_c)+\delta(\omega-\omega_c)] \tag{3-7}$$

式中，$M(\omega)$ 是调制信号 $m(t)$ 的频谱，这里假定初始相位 $\theta_0=0$。调制信号的频谱图和 AM 信号的频谱图分别如图 3-3(a)、(b)所示。

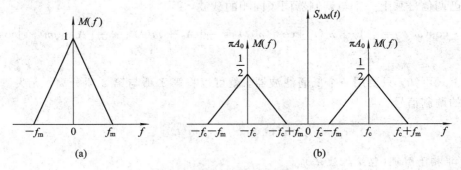

图 3-3　AM 信号频谱图

AM 信号的频谱图具有以下特点：

（1）AM 信号的包络线与调制信号完全相似，AM 信号解调可以采用包络检波。

（2）AM 信号的频谱是调制信号频谱的平移（精确到常数因子）再加上载频频谱构成。具体含有载频分量、上边频分量、下边频分量。上下边带频谱分量中，呈镜像分布的频谱所含信息为同一信息，即上边带与下边带包含相同的信息。

（3）频谱线占据的频率宽度（信号带宽）=2 倍调制信号带宽，即

$$B_{AM}=f_H-f_L=(f_c+f_m)-(f_c-f_m)=2f_m$$

4）AM 信号的平均功率

信号的平均功率在本书中认为是信号在 1 Ω 电阻上消耗的平均功率，它等于信号的均方值。AM 信号的平均功率 P_{AM} 可以用下式计算：

$$P_{AM}=\lim_{T\to\infty}\frac{1}{T}\int_{-T/2}^{T/2}S_{AM}^2(t)dt=\frac{1}{2}\overline{[A_0+m(t)]^2}=\frac{A_0^2}{2}+\frac{\overline{m^2(t)}}{2} \tag{3-8}$$

式中，$\overline{m^2(t)}$ 是调制信号的平均功率。

通过式(3-8)可以知道，AM 信号的平均功率由两部分组成：第一部分通常称为载波功率 P_c，它不带信息；第二部分称为边带功率（也叫边频功率）P_f，它携带有调制信号的信息。

2. AM 信号的解调

调制过程的逆过程叫作解调。AM 信号的解调是把接收到的已调信号 $S_{AM}(t)$ 还原为调制信号 $m(t)$。AM 信号的解调方法有两种：相干解调和非相干解调。

1）相干解调

由 AM 信号的频谱可知，如果将已调信号的频谱搬回到原点位置，即可得到原始的调

制信号频谱，从而恢复出原始信号。解调中的频谱搬移同样可用调制时的相乘运算来实现。相干解调的原理框图如图 3-4 所示。

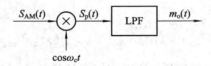

图 3-4　调幅相干解调原理图

将已调信号乘上一个与调制器同频同相的载波，得

$$S_{\mathrm{AM}}(t) \cdot \cos(\omega_c t) = [A_0 + m(t)] \cos^2(\omega_c t) = \frac{1}{2}[A_0 + m(t)] + \frac{1}{2}[A_0 + m(t)]\cos(2\omega_c t)$$

$$(3-9)$$

由上式可知，只要用一个低通滤波器，就可以将第 1 项与第 2 项分离，无失真地恢复出原始的调制信号

$$m_{\mathrm{o}}(t) = \frac{1}{2}[A_0 + m(t)]$$

$$(3-10)$$

2）非相干解调（包络检波法）

由 $S_{\mathrm{AM}}(t)$ 的波形可见，AM 信号波形的包络与输入基带信号 $m(t)$ 成正比，故可以用包络检波的方法恢复原始调制信号。包络检波器一般由半波或全波整流器和低通滤波器组成，如图 3-5 所示。

$$S_{\mathrm{AM}}(t) \longrightarrow \boxed{整流器} \longrightarrow \boxed{\mathrm{LPF}} \longrightarrow m_{\mathrm{o}}(t)$$

图 3-5　包络检波器一般模型

图 3-6 为串联型包络检波器的具体电路及其输出波形，电路由二极管 V_{D}、电阻 R 和电容 C 组成。当 RC 满足条件

$$\frac{1}{\omega_c} \ll RC \ll \frac{1}{\omega_{\mathrm{H}}}$$

时，包络检波器的输出与输入信号的包络十分相近，即

$$m_{\mathrm{o}}(t) \approx A_0 + m(t)$$

$$(3-11)$$

其中，ω_{H} 为调制信号角频率上限。

包络检波器输出的信号中，通常含有频率为 ω_c 的波纹，可由 LPF 滤除。

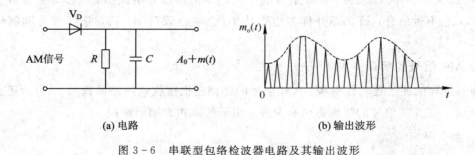

(a) 电路　　　　　　　　　　　(b) 输出波形

图 3-6　串联型包络检波器电路及其输出波形

包络检波法属于非相干解调法，其特点是：解调效率高，解调器输出近似为相干解调的 2 倍；解调电路简单，特别是接收端不需要与发送端同频同相位的载波信号，大大降低了实现难度。故几乎所有的调幅（AM）式接收机都采用这种电路。

采用常规双边带幅度调制传输信息的好处是解调电路简单，可采用包络检波法；缺点是调制效率低，载波分量不携带信息，但却占据了大部分功率，即白白浪费掉了一些功率。如果抑制载波分量的传送，则可演变出另一种调制方式，即抑制载波的双边带调幅（DSB - SC）。

3.1.2 双边带调制

1. DSB 调制模型及频谱

1）双边带调制模型及时域表达式

在 AM 信号中，载波分量并不携带信息，信息完全由边带传送，如果在幅度调制的一般模型图 3 - 1 中，将直流 A_0 去掉，则输出的已调信号就是无载波分量的双边带信号，或称抑制载波双边带（DSB - SC）信号，简称双边带（DSB）信号。

DSB 调制器模型如图 3 - 7 所示。可见 DSB 信号实质上就是基带信号与载波直接相乘，其时域表示式如下：

$$S_{DSB}(t) = m(t)\cos(\omega_c t) \tag{3 - 12}$$

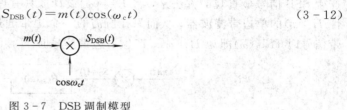

图 3 - 7 DSB 调制模型

2）双边带调制的频谱与带宽

双边带信号频谱表示式如下：

$$S_{DSB}(\omega) = \frac{1}{2}\left[M(\omega + \omega_c) + M(\omega - \omega_c)\right] \tag{3 - 13}$$

DSB 信号的包络不再与 $m(t)$ 成正比，故不能进行包络检波，需采用相干解调。除不再含有载频分量离散谱外，DSB 信号的频谱与 AM 信号的频谱完全相同，仍由上下对称的两个边带组成，故 DSB 信号是不带载波的双边带信号，它的带宽与 AM 信号相同，也为基带信号带宽的两倍。

2. DSB 信号的解调

DSB 信号只能采用相干解调，其模型与 AM 信号相干解调时完全相同，如图 3 - 8 所示。此时，乘法器输出为

$$S_{DSB}(t) \cdot \cos(\omega_c t) = m(t)\cos^2(\omega_c t) = \frac{1}{2}m(t) + \frac{1}{2}m(t)\cos(2\omega_c t) \tag{3 - 14}$$

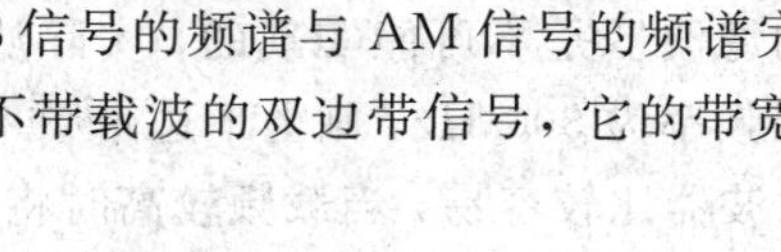

图 3 - 8 DSB 信号解调

经低通滤波器滤除高次项，得

$$m_{\circ}(t) = \frac{1}{2}m(t) \qquad (3-15)$$

即经解调可无失真地恢复出原始信号。

抑制载波的双边带幅度调制的好处是：节省了载波发射功率，调制效率达到 100%；调制电路简单，仅用一个乘法器就可实现。但是其占用频带宽度仍是调制信号带宽的两倍，即与 AM 信号带宽相同。

3.1.3 单边带调制

由于 DSB 信号的上、下两个边带是完全对称的，皆携带了调制信号的全部信息，因此，从信息传输的角度来考虑，仅传输其中一个边带就够了。这就产生了一种新的调制方式——单边带调制（SSB）。

1. SSB 调制模型

产生 SSB 信号的方法很多，其中最基本的方法有滤波法和相移法。

用滤波法实现单边带调制的原理图如图 3-9 所示，图中的 $H_{SSB}(\omega)$ 为单边带滤波器。产生 SSB 信号最直观的方法是，将 $H_{SSB}(\omega)$ 设计成具有理想高通特性 $H_H(\omega)$ 或理想低通特性 $H_L(\omega)$ 的单边带滤波器，从而只让所需的一个边带通过，而滤除另一个边带。产生上边带信号时 $H_{SSB}(\omega)$ 即为 $H_H(\omega)$，产生下边带信号时 $H_{SSB}(\omega)$ 即为 $H_L(\omega)$。

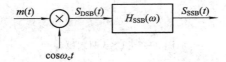

图 3-9　SSB 信号的滤波法产生原理图

显然，SSB 信号的频谱可表示为

$$S_{SSB}(\omega) = S_{DSB}(\omega)H_{SSB}(\omega) = \frac{1}{2}[M(\omega+\omega_c)+M(\omega-\omega_c)]H_{SSB}(\omega) \qquad (3-16)$$

用滤波法形成 SSB 信号，原理框图简洁、直观，但滤波法的技术难点是边带滤波器的制作，这是因为，理想特性的滤波器是不可能实现的，实际滤波器从通带到阻带总有一个过渡带。例如，话音信号最低频率为 300 Hz，则上下边带频率间隔为 600 Hz，在载频较低时设计 600 Hz 过渡带宽的滤波器比较容易，当载频较高时将极大地增加实现难度。这是因为滤波器的实现难度与过渡带相对于载频的归一化值有关，过渡带的归一化值愈小，分割上、下边带就愈难实现。而一般调制信号都具有丰富的低频成分，经过调制后得到的 DSB 信号的上、下边带之间的间隔很窄，要想通过一个边带而滤除另一个，要求单边带滤波器在 f_c 附近具有陡峭的截止特性，即很小的过渡带，这就使得滤波器的设计与制作很困难，有时甚至难以实现。为此，实际中往往采用多级调制的办法，目的在于降低每一级的过渡带归一化值，减小实现难度。这种方法的具体实现以及相移法在高频电子电路中均已详细介绍过，这里就不重复讲解了。

2. SSB 信号的带宽、功率和调制效率

从 SSB 信号调制原理图中可以清楚地看出，SSB 信号的频谱是 DSB 信号频谱的一个

边带，其带宽为 DSB 信号的一半，与基带信号带宽相同，即

$$B_{\text{SSB}} = \frac{1}{2} B_{\text{DSB}} = B_{\text{m}} = f_{\text{H}} \tag{3-17}$$

式中，B_{m} 为调制信号带宽，f_{H} 为调制信号的最高频率。

由于仅包含一个边带，因此 SSB 信号的功率为 DSB 信号的一半，即

$$P_{\text{SSB}} = \frac{1}{2} P_{\text{DSB}} \tag{3-18}$$

显然，因 SSB 信号不含有载波成分，单边带幅度调制的效率也为 100%。

3. SSB 信号的解调

从 SSB 信号调制原理图中不难看出，SSB 信号的包络不再与调制信号 $m(t)$ 成正比，因此 SSB 信号的解调也不能采用简单的包络检波，需采用相干解调，如图 3-10 所示。

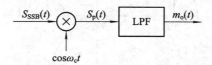

图 3-10　SSB 信号的相干解调

接收信号与本地载波相乘，经低通滤波后的解调输出为

$$m_{\text{o}}(t) = \frac{1}{4} m(t) \tag{3-19}$$

因而可恢复调制信号。

综上所述，单边带幅度调制的好处是节省了载波发射功率，调制效率高，且频带宽度只有双边带的一半，频带利用率提高了一倍；缺点是单边带滤波器实现难度大。

3.1.4　残留边带调制

所谓残留边带（Vestigial Side-Band，VSB）调制，就是为了降低 SSB 设备制作的复杂性，设法让一个边带通过，另一个边带不完全抑制而保留一部分的调制方法。单边带信号与双边带信号相比，虽然它的频带与功率节省了一半，但是付出的代价是设备实现非常困难，如边带滤波器不容易得到陡峭的频率特性等。如果传输电视信号、传真信号和高速数据信号，由于它们的频谱范围较宽，而且极低频的分量也比较多，这样产生 SSB 信号的边带滤波器和宽带相移网络就更难实现了。为了解决这个问题，可以采用介于单边带和双边带二者之间的一种调制方式——残留边带调制。这种调制方法不像单边带调制那样将一个边带完全抑制，也不像双边带调制那样将另两个边带完全保留，而是介于二者之间。就是让一个边带绝大部分顺利通过，同时有一点衰减，而让另一个边带残留一小部分。残留边带调制是单边带调制和双边带调制的一种折中方案。

1. VSB 信号调制模型

VSB 信号调制模型如图 3-11 所示。

残留边带调制是介于 SSB 和 DSB 之间的一种折中方式，它既克服了 DSB 信号占用频带宽的缺点，

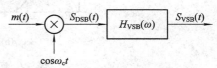

图 3-11　VSB 信号调制模型

又解决了 SSB 信号实现中的困难。残留边带滤波器的特性是让一个边带绝大部分顺利通过，仅衰减了靠近 f_c 附近的一小部分信号的频谱分量；而让另一个边带绝大部分被抑制，只保留靠近 f_c 附近的一小部分。DSB、SSB 和 VSB 频谱示意图如图 3-12 所示。

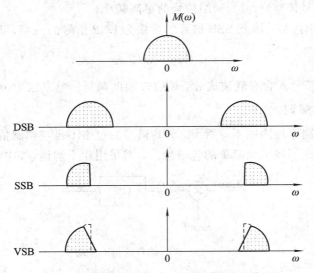

图 3-12　DSB、SSB 和 VSB 信号频谱示意图

设调制器中残留边带滤波器的传输特性为 $H_{\text{VSB}}(\omega)$，残留边带信号的输出频谱为

$$S_{\text{VSB}}(\omega)=\frac{1}{2}\left[M(\omega+\omega_c)+M(\omega-\omega_c)\right]\cdot H_{\text{VSB}}(\omega) \tag{3-20}$$

为了保证解调的输出能无失真地恢复调制信号 $m(t)$，残留边带滤波器的传输函数必须满足

$$H_{\text{VSB}}(\omega+\omega_c)+H_{\text{VSB}}(\omega-\omega_c)=D \qquad |\omega|\leqslant\omega_{\text{H}} \tag{3-21}$$

式中，D 为常数。

VSB 滤波器的特性如图 3-13 所示。

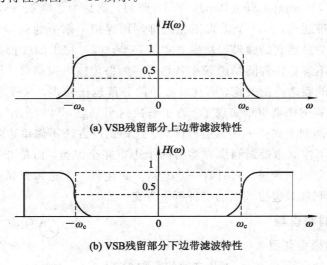

(a) VSB残留部分上边带滤波特性

(b) VSB残留部分下边带滤波特性

图 3-13　VSB 滤波器特性

这就是 VSB 滤波器在载频 $|\omega_c|$ 附近滚降部分的互补对称性条件。在这种条件下，所得到的 VSB 信号频谱的特点是，在载频 $|\omega_c|$ 附近应滤除的边带残留了一小部分，这一部分正好补偿另一边带在 $|\omega_c|$ 附近的衰减。因此，VSB 信号完整地保留了原始信号 $m(t)$ 的频谱信息，经解调能无失真地恢复原始信号 $m(t)$。

2. VSB 信号解调

VSB 信号解调模型如图 3-14 所示。

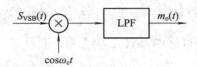

图 3-14　VSB 信号解调模型

在接收端解调残留边带信号时，将 VSB 信号 $S_{\text{VSB}}(t)$ 和本地载波信号 $\cos(\omega_c t)$ 相乘，它的频谱为

$$F\big[S_{\text{VSB}}(t)\cos(\omega_c t)\big] = \frac{1}{2}\big[S_{\text{VSB}}(\omega+\omega_c)+S_{\text{VSB}}(\omega-\omega_c)\big]$$

$$= \frac{1}{4}\big\{\big[M(f-2f_c)+M(f)\big]H_{\text{VSB}}(f-f_c)$$

$$+\big[M(f)+M(f+2f_c)\big]H_{\text{VSB}}(f+f_c)\big\} \tag{3-22}$$

式（3-22）中共有四部分，通过低通滤波器（LPF）后，LPF 的截止频率为 f_H，滤除了上式中的二倍载频分量 $M(f-2f_c)$ 和 $M(f+2f_c)$，所以通过滤波器的输出信号频谱为

$$S_{\text{out}}(f) = \frac{1}{4}\big[M(f)H_{\text{VSB}}(f-f_c)+M(f)H_{\text{VSB}}(f+f_c)\big]$$

$$= \frac{1}{4}M(f)\big[H_{\text{VSB}}(f-f_c)+H_{\text{VSB}}(f+f_c)\big] \tag{3-23}$$

显然，由式（3-23）可以看出，在 $M(f)$ 的频谱范围内，只要满足

$$H_{\text{VSB}}(f+f_c)+H_{\text{VSB}}(f-f_c)=常数 \qquad |f|\leqslant f_H$$

即满足式（3-21），就可无失真地恢复出发送信号 $m(t)$。

3.2　非线性调制

一个正弦载波有幅度、频率和相位三个参量，因此，我们不仅可以把调制信号的信息调制在载波的幅度变化中，还可以调制在载波的频率或相位变化中。这种使高频载波的频率或相位按调制信号的规律变化而振幅保持恒定的调制方式，称为频率调制（FM）和相位调制（PM），分别简称为调频和调相。

因为频率或相位的变化都可以看成是载波角度的变化，故调频和调相又统称为角度调制。角度调制与线性调制不同，已调信号频谱不再是原调制信号频谱的线性搬移，而是频谱的非线性变换，会产生与频谱搬移不同的新的频率成分，故又称为非线性调制。由于频率和相位之间存在微分与积分的关系，故调频与调相之间存在密切的关系，即调频必调相，调相必调频。

3.2.1 角度调制的基本概念

1. FM 和 PM 信号的一般表达式

角度调制信号的一般表达式为

$$s(t) = A\cos[\omega_c t + \varphi(t) + \theta_0] = A\cos\theta(t) \qquad (3-24)$$

式中：A 为载波的恒定振幅；ω_c 为载波角频率，θ_0 为初始相位，$\theta(t) = [\omega_c t + \varphi(t) + \theta_0]$ 为瞬时相位，$\varphi(t)$ 为瞬时相移，$\omega(t) = \dfrac{\mathrm{d}\theta(t)}{\mathrm{d}t} = \omega_c + \dfrac{\mathrm{d}\varphi(t)}{\mathrm{d}t}$ 为瞬时角频率，$\dfrac{\mathrm{d}\varphi(t)}{\mathrm{d}t}$ 为相对于载频的瞬时频偏。在后续的角度调制讨论中，A、ω_c 为常数，假设 $\theta_0 = 0$。

1）相位调制（PM）

所谓相位调制（PM），是指瞬时相位偏移随调制信号 $m(t)$ 做线性变化，即

$$\varphi(t) = k_{PM} m(t) \qquad (k_{PM} 为移相常数)$$

则

$$s_{PM}(t) = A\cos[\omega_c t + k_{PM} m(t)] \qquad (3-25)$$

瞬时相位为

$$\theta(t) = \omega_c t + k_{PM} m(t) \qquad (3-26)$$

瞬时角频率为

$$\omega(t) = \frac{\mathrm{d}\theta(t)}{\mathrm{d}t} = \omega_c + k_{PM} \frac{\mathrm{d}m(t)}{\mathrm{d}t} \qquad (3-27)$$

2）频率调制（FM）

所谓频率调制（FM），是指瞬时频率偏移随调制信号 $m(t)$ 成比例变化，即

$$\frac{\mathrm{d}\varphi(t)}{\mathrm{d}t} = k_{FM} m(t) \qquad (k_{FM} 为频偏常数)$$

调频信号为

$$s_{FM}(t) = A\cos\left(\omega_c t + k_{FM} \int_{-\infty}^{t} m(\tau)\mathrm{d}\tau\right) \qquad (3-28)$$

瞬时角频率为 $\omega(t) = \omega_c + k_{FM} m(t)$，瞬时相位为

$$\theta(t) = \int_{-\infty}^{t} \omega(\tau)\mathrm{d}\tau = \omega_c t + k_{FM} \int_{-\infty}^{t} m(\tau)\mathrm{d}\tau \qquad (3-29)$$

2. 单频余弦波调制的 PM

设调制信号为单一频率正弦波，频率为 f_m，即 $m(t) = A_m \cos\omega_m t$，用其对载波进行相位调制，可以得到 PM 信号

$$S_{PM}(t) = A\cos(\omega_c t + k_{PM} A_m \cos\omega_m t) = A\cos(\omega_c t + \beta_{PM}\cos\omega_m t) \qquad (3-30)$$

式中，$\beta_{PM} = k_{PM} A_m$，为调相指数，表示 PM 信号的最大相位偏移。

3. 单频余弦调制的 FM

同样，如果用 $m(t) = A_m \cos\omega_m t$ 对载波进行频率调制，即可得到 FM 信号

$$s_{FM}(t) = A\cos\left[\omega_c t + k_{FM} A_m \int_{-\infty}^{t} \cos\omega_m \tau\, \mathrm{d}\tau\right]$$

$$= A\cos[\omega_c t + \beta_{FM}\sin\omega_m t] \qquad (3-31)$$

式中，$\beta_{FM} = \dfrac{k_{FM}A_m}{\omega_m} = \dfrac{\Delta\omega_{max}}{\omega_m} = \dfrac{\Delta f_{max}}{f_m}$ 为调频指数，表示 FM 信号的最大相位偏移，$\Delta\omega_{max}$ 和

Δf_{max} 分别为最大角频率偏移和最大频率偏移，其中，$\Delta f_{max} = \dfrac{k_{FM}A_m}{2\pi}$。

3.2.2　窄带调频

当调频引起的最大瞬时相位偏移远小于 30° 时，FM 频谱宽度比较窄，称为窄带调频（NBFM），即窄带调频条件为

$$\left| k_{FM} \int_{-\infty}^{t} m(\tau)d\tau \right|_{max} \ll \frac{\pi}{6} \tag{3-32}$$

将 FM 信号一般表示式展开，得到

$$\begin{aligned}
s_{FM}(t) &= A\cos\left[\omega_c t + k_{FM}\int_{-\infty}^{t} m(\tau)d\tau\right] \\
&= A\cos\omega_c t\cos\left[k_{FM}\int_{-\infty}^{t} m(\tau)d\tau\right] - A\sin\omega_c t\sin\left[k_{FM}\int_{-\infty}^{t} m(\tau)d\tau\right]
\end{aligned} \tag{3-33}$$

当满足窄带调频条件时，有

$$\sin\left[k_{FM}\int_{-\infty}^{t} m(\tau)d\tau\right] \approx k_{FM}\int_{-\infty}^{t} m(\tau)d\tau, \qquad \cos\left[k_{FM}\int_{-\infty}^{t} m(\tau)d\tau\right] \approx 1 \tag{3-34}$$

将上两式带入式（3-33），并定义窄带调频信号为 $s_{NBFM}(t)$，可得

$$s_{NBFM}(t) \approx A\cos\omega_c t - A\left[k_{FM}\int_{-\infty}^{t} m(\tau)d\tau\right]\sin\omega_c t \tag{3-35}$$

设 $\overline{m(t)} = 0$，即 $M(0) = 0$，且 $m(t) \longleftrightarrow M(\omega)$，则由以下关系

$$\cos\omega_c t \longleftrightarrow \pi[\delta(\omega-\omega_c) + \delta(\omega+\omega_c)] \tag{3-36}$$

$$\sin\omega_c t \longleftrightarrow \frac{\pi}{j}[\delta(\omega-\omega_c) - \delta(\omega+\omega_c)] \tag{3-37}$$

$$\int_{-\infty}^{t} m(\tau)d\tau \longleftrightarrow \frac{M(\omega)}{j\omega} + \pi M(0)\delta(\omega) = \frac{M(\omega)}{j\omega} \tag{3-38}$$

$$\left[\int_{-\infty}^{t} m(\tau)d\tau\right]\sin\omega_c t \longleftrightarrow \frac{1}{2j}\left[\frac{M(\omega-\omega_c)}{j(\omega-\omega_c)} - \frac{M(\omega+\omega_c)}{j(\omega+\omega_c)}\right] \tag{3-39}$$

可得窄带调频信号频域表达式为

$$S_{NBFM}(\omega) = \pi A[\delta(\omega-\omega_c) + \delta(\omega+\omega_c)] + \frac{Ak_{FM}}{2}\left[\frac{M(\omega-\omega_c)}{\omega-\omega_c} - \frac{M(\omega+\omega_c)}{\omega+\omega_c}\right]$$

$$\tag{3-40}$$

对于单频调制情况，设单频调制信号为

$$m(t) = A_m\cos\omega_m t \tag{3-41}$$

可得

$$\begin{aligned}
s_{NBFM}(t) &\approx A\cos\omega_c t - A\left[k_{FM}\int_{-\infty}^{t} m(\tau)d\tau\right]\sin\omega_c t \\
&= A\cos\omega_c t - AA_m k_{FM}\frac{1}{\omega_m}\sin\omega_m t\sin\omega_c t \\
&= A\cos\omega_c t + \frac{AA_m k_{FM}}{2\omega_m}[\cos(\omega_c+\omega_m)t - \cos(\omega_c-\omega_m)t]
\end{aligned} \tag{3-42}$$

将窄带调频信号与常规调幅相比，可以清楚地看出 NBFM 和 AM 这两种调制方式的

相似性和不同之处。两者都含有一个载波和位于 $\pm\omega_m$ 处的两个边带，所以它们的带宽相同，都是调制信号最高频率的两倍。不同的是，NBFM 的两个边带分别乘了因子 $1/(\omega+\omega_c)$ 和 $1/(\omega-\omega_c)$，由于因子是频率的函数，所以这种加权是频率加权，加权结果引起已调信号频谱的失真。

单频调幅信号为

$$
\begin{aligned}
s_{AM} &= (A + A_m\cos\omega_m t)\cos\omega_c t \\
&= A\cos\omega_c t + A_m\cos\omega_m t\cos\omega_c t \\
&= A\cos\omega_c t + \frac{A_m}{2}\left[\cos(\omega_c + \omega_m)t + \cos(\omega_c - \omega_m)t\right]
\end{aligned}
\tag{3-43}
$$

两种信号频谱如图 3-15 所示。

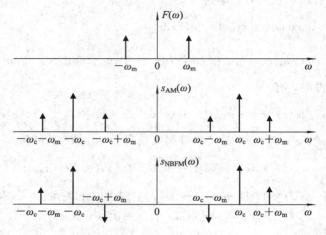

图 3-15　单频调制 AM 和 NBFM 频谱

由于 NBFM 信号最大频偏较小，占据带宽较窄，而抗干扰能力与 AM 相比要好得多（详见后面抗噪声性能分析部分），因此，相对于 AM 调制而言，NBFM 调制方式得到了广泛应用。对于诸如调频立体广播、电视伴音等高质量通信，需要采用宽带调频。

3.2.3　宽带调频

当式(3-32)得不到满足时，称为宽带调频。本节以单频信号调制时的宽带调频为例，对宽带调频展开讨论。

1. 调频信号表达式

设单频调制信号为

$$
m(t) = A_m\cos\omega_m t = A_m\cos 2\pi f_m t
\tag{3-44}
$$

调频信号时域表达式为

$$
\begin{aligned}
s_{FM}(t) &= A\cos(\omega_c t + \beta_{FM}\sin\omega_m t) \\
&= A\cos\omega_c t\cos(\beta_{FM}\sin\omega_m t) - A\sin\omega_c t\sin(\beta_{FM}\sin\omega_m t)
\end{aligned}
\tag{3-45}
$$

将两因子 $\cos(\beta_{FM}\sin\omega_m t)$ 和 $\sin(\beta_{FM}\sin\omega_m t)$ 展开成傅氏级数，其中，偶函数因子为

$$
\cos(\beta_{FM}\sin\omega_m t) = J_0(\beta_{FM}) + 2\sum_{n=1}^{\infty} J_{2n}(\beta_{FM})\cos 2n\omega_m t
\tag{3-46}
$$

奇函数因子为

$$\sin(\beta_{FM}\sin\omega_m t) = 2\sum_{n=1}^{\infty} J_{2n-1}(\beta_{FM})\sin(2n-1)\omega_m t \tag{3-47}$$

因第一类 n 阶贝塞尔函数

$$J_n(\beta_{FM}) = \sum_{m=0}^{\infty} \frac{(-1)^m \left(\frac{1}{2}\beta_{FM}\right)^{n+2m}}{m!(n+m)!} \tag{3-48}$$

所以

$$s_{FM}(t) = A\cos\omega_c t\left[J_0(\beta_{FM}) + 2\sum_{n=1}^{\infty} J_{2n}(\beta_{FM})\cos(2n\omega_m t)\right]$$

$$-A\sin\omega_c t\left[2\sum_{n=1}^{\infty} J_{2n-1}(\beta_{FM})\sin(2n-1)\omega_m t\right] \tag{3-49}$$

利用两个三角函数积化和差公式，$\cos x\cos y = [\cos(x-y)+\cos(x+y)]/2$ 和 $\sin x\sin y = [\cos(x-y)-\cos(x+y)]/2$ 进行化简，可得

$$s_{FM}(t) = A\sum_{n=-\infty}^{\infty} J_n(\beta_{FM})\cos(\omega_c + n\omega_m)t \tag{3-50}$$

对上式进行傅氏变换，可得频域表达式为

$$S_{FM}(\omega) = \pi A\sum_{n=-\infty}^{\infty} J_n(\beta_{FM})[\delta(\omega-\omega_c-n\omega_m) + \delta(\omega+\omega_c+n\omega_m)] \tag{3-51}$$

2. 调频信号的带宽

调频信号频谱包含无穷多个频率分量，理论上调频信号的频带为无限宽。实际中边频幅度 $J_n(\beta_{FM})$ 随着 n 的增大逐渐减小，因此只要适当取 n 值，使边频分量小到可以忽略的程度，调频信号即可近似认为具有有限频谱。通常，小于未调载波幅度 10% 以下的边频可以忽略，即只保留 $|J_n(\beta_{FM})| \geqslant 0.1$ 的边频。当 $\beta_{FM} > 1$ 时，因为 $n > \beta_{FM}+1$ 以上的边频幅度均小于 0.1，所以取边频数 $n = \beta_{FM}+1$ 即可保证大于未调载波幅度 10% 的边频全部得以保留。被保留的上、下边频数共有 $2n = 2(\beta_{FM}+1)$，相邻边频之间的频率间隔为 f_m，所以调频波的有效带宽为

$$B_{FM} = 2(1+\beta_{FM})f_m = 2(f_m + \Delta f_{max}) = 2\Delta f_{max}\left(1+\frac{1}{\beta_{FM}}\right) \tag{3-52}$$

式中，f_m 为调制信号的频率，Δf_{max} 为最大频偏，β_{FM} 为调频指数。这即是广泛应用于计算调频信号带宽的卡森（Carson）公式。

当 $\beta_{FM} \ll 1$ 时，与 NBFM 对应，有

$$B_{FM} \approx 2f_m \tag{3-53}$$

当 $\beta_{FM} \gg 1$ 时，与 WBFM 对应，有

$$B_{FM} \approx 2\Delta f_{max} \tag{3-54}$$

以上讨论的是单音调频的频谱和带宽。当调制信号不是单一调频时，由于调频是一种非线性过程，频谱分析更加复杂。根据分析和经验，对于多音或任意带限信号调制时的调频信号，带宽仍然可以用卡森公式估算，即

$$B_{FM} = 2(\Delta f_{max} + f_m) \tag{3-55}$$

这里，f_m 是调制信号的最高频率，Δf_{max} 为最大频偏。

3．调频信号的功率分配

调频信号平均功率为 $P_{FM} = \dfrac{A^2}{2} \displaystyle\sum_{n=-\infty}^{\infty} J_n^2(\beta_{FM})$，由于贝塞尔函数具有 $\displaystyle\sum_{n=-\infty}^{\infty} J_n^2(\beta_{FM}) = 1$ 的性质，因此有 $P_{FM} = A^2/2$。可见，调频信号功率等于未调制载波的平均功率，即调制后总的功率不变，只是将原来载波功率的一部分分配给每个边频分量。所以调制过程只是进行载波功率的重新分配，而分配原则与调制指数有关。

例 3.1 当调频指数 $\beta_{FM} = 3$ 时，求各次边频的幅度，求出载波分量功率和边频分量功率。设未调载波幅度为 A。

解 依据卡森公式知，取到 4 次边频即可，通过查贝塞尔函数可得

$$J_0(3) = -0.260, J_1(3) = 0.339, J_2(3) = 0.486, J_3(3) = 0.309, J_4(3) = 0.132$$

载波分量功率

$$P_c = \frac{A^2}{2} J_0^2(3) = \frac{A^2}{2} \times 0.068$$

4 次边频分量功率和为

$$P_f = 2 \times \frac{A^2}{2} [0.339^2 + 0.486^2 + 0.309^2 + 0.132^2] \approx \frac{A^2}{2} \times 0.926$$

调频信号总功率

$$P_{FM} = \frac{A^2}{2} (0.068 + 0.926) = \frac{A^2}{2} \times 0.996$$

这一结果说明 P_{FM} 已达载波功率 $A^2/2$ 的 99.6%，被忽略的高次边频分量仅占 0.4%。

3.2.4 调频信号的产生

调频信号的产生有两种主要方法：直接调频法和间接调频法。

1．直接调频法

调频是指利用调制信号控制载波的频率变化，直接调频就是利用调制信号直接控制载波振荡器的频率，使其按照调制信号的规律线性变化。可以由外部电压控制振荡频率的振荡器叫压控振荡器（VCO）。每个压控振荡器自身就是一个 FM 调制器，因为它的振荡频率正比于输入控制电压，即

$$\omega(t) = \omega_0 + k_{FM} m(t) \tag{3 - 56}$$

由压控振荡器实现的直接调频如图 3-16 所示。

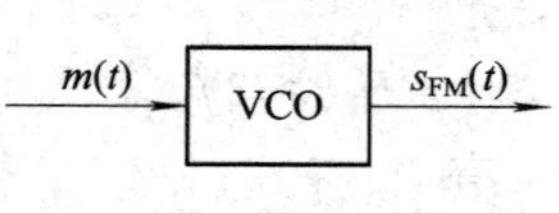

图 3-16 直接法 FM 调制器

若被控制的振荡器是 LC 振荡器，则只需控制振荡回路的某个电抗元件（L 或 C），使其参数随调制信号变化。目前常用的电抗元件是变容二极管。用变容二极管实现直接调频，电路简单，性能优良，已成为目前最广泛采用的调频电路之一。

在直接法调频中，振荡器和调制器合二为一。这种电路的主要优点是在实现线性调频的要求下，可以获得较大的频偏；其主要缺点是频率稳定度不高，因此往往需要采用自动

频率控制系统稳定中心频率。

2. 间接调频法

间接调频法也称倍频法，它是先用调制信号产生一个窄带调频信号，然后将 NBFM 信号通过倍频器得到宽带调频信号（WBFM）。间接调频先将 $m(t)$ 积分后再对载波进行相位调制，产生一个窄带调频信号，随后，再经 N 次倍频器，通过倍频得到需要的宽带调频信号，其方框图如图 3-17 所示。

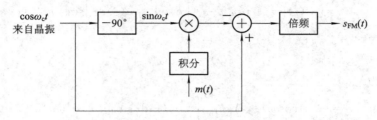

图 3-17　间接法产生调频信号

根据式(3-35)可知，NBFM 信号可看成由正交分量和同相分量合成，即

$$S_{\text{NBFM}}(t) \approx A\cos(\omega_c t) - \left[Ak_{\text{FM}}\int_{-\infty}^{t} m(\tau)\mathrm{d}\tau\right]\sin\omega_c t \tag{3-57}$$

间接调频器中，通过 N 次倍频器，调频信号的载频增加 N 倍，而且调制指数也增加 N 倍。有时经 N 次倍频后调制指数满足了要求值，但输出载波频率可能不符合要求，此时可能需要用混频器混频，将载波变换到要求的值。混频器混频时只改变载波频率而不会改变调制指数的大小。

例 3.2 先产生窄带调频信号，再用一级倍频产生宽带调频信号。调制信号是频率为 15 kHz 的单频余弦信号，窄带调制载频 $f_1 = 200$ kHz，最大偏频 $\Delta f_1 = 25$ Hz，若要求最后输出调频信号最大偏频 $\Delta f_2 = 75$ kHz，载频 $f_c = 90$ MHz，求倍频器倍频次数 n 和参考信号频率 f_r。

解 NBFM 的最大偏频 $\Delta f_1 = 25$ Hz。输出调频最大频偏 $\Delta f_2 = 75$ kHz，故

$$n = \frac{\Delta f_2}{\Delta f_1} = \frac{75 \times 10^3}{25} = 3000$$

倍频后载频 $f_2 = nf_1 = 3000 \times 200 \times 10^3 = 600$ MHz，用下变频将频率降到 90 MHz，其参考频率为

$$f_r = f_2 - f_1 = 600 - 90 = 510 \text{ MHz}$$

3.2.5　调频信号的解调

调频信号的解调与线性调制信号的解调一样，也可分为相干解调和非相干解调。但是，在 FM 信号的解调中，相干解调只适用于窄带 FM 信号，而非相干解调不仅适用于窄带 FM 信号，还适用于宽带 FM 信号。

1. 相干解调

窄带调频信号可表示为同相分量（含 $\cos\omega_c t$ 项）与正交分量（含 $\sin\omega_c t$ 项）之和，因而可用相干解调法来进行解调，其方框图如图 3-18 所示。

图 3 - 18　相干解调

设窄带调频信号为

$$s_{\mathrm{NBFM}}(t) = A\cos\omega_c t - A\Big[k_{\mathrm{FM}}\int_{-\infty}^{t} m(\tau)\mathrm{d}\tau\Big]\sin\omega_c t \qquad (3-58)$$

并设相干载波为

$$c(t) = -\sin\omega_c t \qquad (3-59)$$

则相乘器输出为

$$s_{\mathrm{p}}(t) = -\left\{A\cos\omega_c t - A\Big[k_{\mathrm{FM}}\int_{-\infty}^{t} m(\tau)\mathrm{d}\tau\sin\omega_c t\Big]\right\}\sin\omega_c t$$

$$= -\frac{A}{2}\sin 2\omega_c t + \Big[\frac{Ak_{\mathrm{FM}}}{2}\int_{-\infty}^{t} m(\tau)\mathrm{d}\tau\Big](1-\cos 2\omega_c t) \qquad (3-60)$$

经低通滤波器取出低频分量

$$s_{\mathrm{d}}(t) = \frac{Ak_{\mathrm{FM}}}{2}\int_{-\infty}^{t} m(\tau)\mathrm{d}\tau \qquad (3-61)$$

再经微分器即可得到相干解调输出

$$s_{\mathrm{o}}(t) = \frac{Ak_{\mathrm{FM}}}{2}m(t) \qquad (3-62)$$

2. 非相干解调

调频信号的一般表达式为

$$s_{\mathrm{FM}}(t) = A\cos\Big[\omega_c t + k_{\mathrm{FM}}\int_{-\infty}^{t} m(\tau)\mathrm{d}\tau\Big] \qquad (3-63)$$

调频信号解调是要产生一个与输入调频波的频率成线性关系的输出电压及恢复出原来的调制信号，完成这个频率/电压变换关系的器件是频率检波器，简称鉴频器。鉴频器的种类很多，有振幅鉴频器、相位鉴频器、比例鉴频器、正交鉴频器、斜率鉴频器、频率负反馈解调器、锁相环解调器等。图 3 - 19 给出了一种非相干解调原理框图。

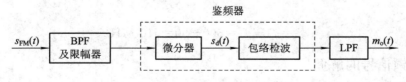

图 3 - 19　非相干解调原理图

图 3 - 19 中微分器和包络检波器构成了具有近似理想鉴频特性的鉴频器。微分器的作用是把幅度恒定的调频波变成幅度和频率都随调制信号变化的调幅调频波，微分器输出为

$$s_{\mathrm{d}}(t) = -A[\omega_c + k_{\mathrm{FM}}m(t)]\sin\Big[\omega_c t + k_{\mathrm{FM}}\int_{-\infty}^{t} m(\tau)\mathrm{d}\tau\Big] \qquad (3-64)$$

包络检波器则将其幅度变化检出并滤去直流，再经低通滤波后即得解调输出

$$m_{\mathrm{o}}(t) = k_{\mathrm{d}}k_{\mathrm{FM}}m(t) \qquad (3-65)$$

其中，k_d 为鉴频器灵敏度。

图 3-19 中限幅器的作用是消除信道中噪声或其他原因引起的调频波幅度起伏，带通滤波器是让调频信号顺利通过，滤除带外噪声及高次谐波分量。

3.3　频分复用

3.3.1　多路复用的概念

前面介绍的线性调制和非线性调制都是针对单路信号而言的，但实际应用中为了充分发挥信道的传输能力，往往把多路信号合在一起在信道内同时传输。我们把这种在一个信道上同时传输多路信号的技术称为复用技术。实现信号多路复用的基本途径之一是采用调制技术，它是通过调制把不同话路的信号搬移到不同载频上来实现复用的，这种复用技术称为频分复用（FDM）。另一类是时分复用（TDM），它是利用不同的时间间隙来传输不同的话路信号的。

3.3.2　频分复用原理

频分复用就是将用于传输信道的总带宽划分成若干个子频带（或称子信道），每一个子信道传输一路信号。频分复用要求总频率宽度大于各个子信道频率宽度之和，同时为了保证各子信道中所传输的信号互不干扰，应在各子信道之间设立隔离带，这样就保证了各路信号互不干扰（条件之一）。频分复用技术的特点是所有子信道传输的信号以并行的方式工作，每一路信号传输时可不用考虑传输时延，因而频分复用技术取得了非常广泛的应用。频分复用技术除传统意义上的频分复用（FDM）外，还有一种是正交频分复用（OFDM），正交频分复用由于采用子载波相互正交，可以实现频谱相互重叠，进一步提高了频谱利用效率。这里主要讨论传统的 FDM 技术。FDM 实现原理如图 3-20 所示。

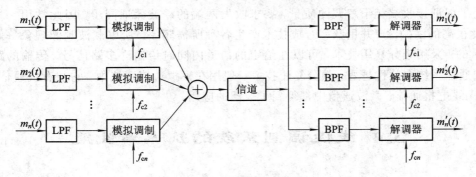

图 3-20　频分复用系统框图

图 3-20 中各路信号调制可以采用 AM 方式，也可以采用 SSB、DSB、VSB、FM 等调制方式。发送端每路信号调制前的 LPF 的作用是限制信号的频带宽度，避免信号在合路后产生频率相互重叠。在接收端带通滤波器的作用非常关键，由于它的中心频率互不相同，因此它只能让与自己相对应的信号顺利通过，不能使其他信号通过。BPF 后的解调器工作原理与前面介绍的单路信号解调器相同。

3.3.3 频分复用信号频谱结构

n 路信号复用后的合路信号的频谱如图 3-21 所示。由通过 FDM 后的合路信号的频谱可以看出，合路后的每路信号的频谱互不重叠，这是 FDM 的特点。

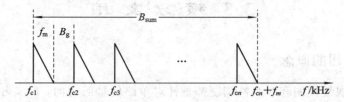

图 3-21 FDM 合路信号频谱

通过图 3-21 可以写出通过 FDM 后的合路信号的频带宽度为

$$B_{sum} = nf_m + (n-1)B_g \tag{3-66}$$

式中，f_m 为单路信号带宽，B_g 是为防止相邻两路信号频谱之间重叠而增加的防护频带，B_{sum} 为 FDM 合路信号的总带宽。

在频分复用中有一个重要的指标是路际串话，就是一路在通话时又听到另一路之间的讲话，这是各路信号不希望有的交叉耦合。产生路际串话的主要原因是系统中的非线性问题，这在设计过程中要注意；其次是各滤波器的滤波特性不良和载波频率的漂移。为了减少频分复用信号频谱的重叠，各路信号频谱间应有一定的频率间隔，这个频率间隔称为防护频带。防护频带的大小主要和滤波器的过渡范围有关。滤波器的滤波特性不好，过渡范围宽，相应的防护频带也要增加。由上述讨论可知，通过 FDM 后的合路信号的最小带宽是各调制信号的频带之和，即各路信号之间的保护带宽为零。如果不用单边带调制，则 FDM 系统的带宽将加宽；如果滤波特性不佳，载波频率漂移大，则防护带宽要增加，同样 FDM 系统也要加宽。为了能够在给定的信道频带宽度内同时传输更多路数的信号，要求边带滤波器的频率特性比较陡峭，当然技术上会有一定的困难。另外，收发两端都采用很多的载波，为了保证接收端相干解调的质量，要求收发两端的载波保证同步，因此常用一个频率稳定度很高的主振源，并用频率合成技术产生各种所需频率。所以载波频漂现象一般是不太严重的。采用频分复用技术，可以在给定的信道内同时传输许多路信号，传输的路数越多，则通信系统有效性越好。频分复用技术一般用在模拟通信系统中，它在有线通信(载波机)、无线电报通信、微波通信中都得到了广泛的应用。

3.4 线性调制系统的抗噪声性能

3.4.1 模型分析

任何通信系统都不可避免地要受到噪声的影响，在各种信道中加性高斯白噪声(AWGN)是时时处处存在的一种噪声，本节以 AWGN 为背景研究各种线性调制系统的抗噪声性能。由于加性噪声只对接收产生影响，因此，通信系统的抗噪声性能可以用解调器的抗噪声性能来衡量。抗噪声性能分析模型如图 3-22 所示。

图 3－22　抗噪声性能分析模型

图 3－22 中，$s_m(t)$ 为已调信号，$n(t)$ 为 AWGN，由于带通滤波器设计为滤除带外噪声，因此，经过带通滤波器后的信号依然是 $s_m(t)$，而滤除带外的噪声为 $n_i(t)$。解调器输出端恢复出的信号为 $m_o(t)$，噪声为 $n_o(t)$。

$n_i(t)$ 是由 $n(t)$ 经过带通滤波得到的，当带通滤波器带宽远小于中心频率 ω_0 时，可视为窄带滤波器，故 $n_i(t)$ 为平稳窄带高斯噪声

$$n_i(t) = n_c(t)\cos(\omega_0 t) - n_s(t)\sin(\omega_0 t) \tag{3-67}$$

其中，$n_c(t)$ 为窄带噪声的同相分量，$n_s(t)$ 为正交分量。由随机过程知识可知，平稳高斯噪声均值为零，方差为噪声平均功率，即

$$\overline{n_i^2(t)} = \overline{n_c^2(t)} = \overline{n_s^2(t)} = N_i \tag{3-68}$$

其中，N_i 为噪声的平均功率。

若白噪声的单边功率谱密度为 n_0，带通滤波器是高度为 1、带宽为 B 的理想带通滤波器，则解调器的输入噪声功率为

$$N_i = n_0 B \tag{3-69}$$

模拟通信系统的主要衡量指标为解调器的输出信噪比，输出信噪比定义为

$$\frac{S_o}{N_o} = \frac{\overline{m_o^2(t)}}{\overline{n_o^2(t)}} \tag{3-70}$$

输出信噪比与调制方式和解调方式有关，在已调信号平均功率相同且信道噪声功率谱密度也相同的情况下，输出信噪比反映了解调器的抗噪声性能，输出信噪比越大越好。

为了便于比较同类调制系统采用不同解调器时的性能，定义信噪比增益指标 G，信噪比增益 G（也称为调制增益）为解调器输出信噪比和输入信噪比的比值，即

$$G = \frac{S_o / N_o}{S_i / N_i} \tag{3-71}$$

式中 S_i / N_i 为解调器的输入信噪比，定义为

$$\frac{S_i}{N_i} = \frac{\overline{s_m^2(t)}}{\overline{n_i^2(t)}} \tag{3-72}$$

显然，在同一种调制制式下，信噪比增益越大，则解调器的抗噪声性能越好。

3.4.2　线性调制系统抗噪声性能分析

由于 DSB、SSB 和 VSB 调制系统性能分析方法类似，本书以 DSB 为例进行信噪比增益推导。图 3－22 中的相干解调模型如图 3－23 所示，该模型适用于 DSB、SSB 和 VSB 调制方式。

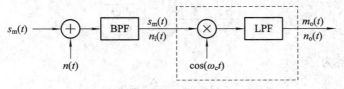

图 3－23　DSB 相干解调抗噪声性能分析模型

对于 DSB 调制系统，设已调信号为

$$s_m(t) = m(t)\cos(\omega_c t) \tag{3-73}$$

已调信号 $s_m(t)$ 与相干载波相乘后，有

$$m(t)\cos^2\omega_c t = \frac{1}{2}m(t) + \frac{1}{2}m(t)\cos 2\omega_c t \tag{3-74}$$

经低通滤波后，输出信号为

$$m_o(t) = \frac{1}{2}m(t) \tag{3-75}$$

因此，解调器输出端的有用信号功率为

$$S_o = \overline{m_o^2(t)} = \frac{1}{4}\overline{m^2(t)} \tag{3-76}$$

解调 DSB 信号时，接收机中带通滤波器中心频率 ω_0 与 ω_c 相同，因此解调器输入端窄带噪声可表示为

$$n_i(t) = n_c(t)\cos(\omega_c t) - n_s(t)\sin\omega_c t \tag{3-77}$$

与相干载波相乘后得

$$n_i(t)\cos(\omega_c t) = [n_c(t)\cos(\omega_c t) - n_s(t)\sin\omega_c t]\cos(\omega_c t)$$

$$= \frac{1}{2}n_c(t) + \frac{1}{2}[n_c(t)\cos 2\omega_c t - n_s(t)\sin 2\omega_c t] \tag{3-78}$$

经低通滤波器后，解调器最终的输出噪声为

$$n_o(t) = \frac{1}{2}n_c(t) \tag{3-79}$$

输出噪声功率为

$$N_o = \overline{n_o^2(t)} = \frac{1}{4}\overline{n_c^2(t)} \tag{3-80}$$

根据式(3-68)、式(3-69)可得

$$N_o = \frac{1}{4}\overline{n_i^2(t)} = \frac{1}{4}N_i = \frac{1}{4}n_0 B \tag{3-81}$$

这里，$B = 2f_H$，为 DSB 信号的带通滤波器的带宽。

解调器输入信号平均功率为

$$S_i = \overline{s_m^2(t)} = \overline{[m(t)\cos\omega_c(t)]^2} = \frac{1}{2}\overline{m^2(t)} \tag{3-82}$$

根据式(3-72)可得解调器输入信噪比为

$$\frac{S_i}{N_i} = \frac{\frac{1}{2}\overline{m^2(t)}}{n_0 B} \tag{3-83}$$

由式(3-70)得输出信噪比为

$$\frac{S_o}{N_o} = \frac{\frac{1}{4}\overline{m^2(t)}}{\frac{1}{4}N_i} = \frac{\overline{m^2(t)}}{n_0 B} \tag{3-84}$$

因此，信噪比增益为

$$G_{DSB} = \frac{S_o/N_o}{S_i/N_i} = 2 \tag{3-85}$$

由此可见，DSB 调制系统的信噪比增益为 2，这是因为采用相干解调，使输入噪声中的一个正交分量 $n_s(t)$ 被消除的缘故。

采用类似分析方法可以得到 SSB 调制信噪比增益

$$G_{SSB} = \frac{S_o/N_o}{S_i/N_i} = 1 \tag{3-86}$$

这是因为在 SSB 系统中，信号和噪声有相同的表示形式，所以相干解调过程中，信号和噪声中的正交分量均被抑制掉了，故信噪比没有得到改善。

VSB 调制系统抗噪声性能分析方法与上面的类似。但是，由于采用的残留边带滤波器的频率特性形状不同，抗噪声性能计算比较复杂。不过，在边带的残留部分不是太大的情况下，可以近似认为其抗噪声性能与 SSB 的抗噪声性能相同。

3.5　调频系统抗噪声性能分析

由于相干解调只适用于窄带调频信号，且需要提供与调制端同频同相的本地载波，实现难度大，应用范围受限；而非相干解调适用于宽带和窄带调频信号，所以本书以非相干解调为例分析调频信号抗噪声性能，分析模型如图 3-24 所示。

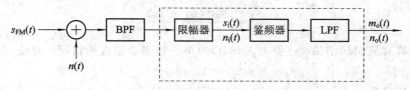

图 3-24　FM 非相干解调抗噪声性能分析模型

图 3-24 中，$n(t)$ 是单边功率谱密度为 n_0 的零均值高斯白噪声，BPF 用于抑制带外噪声，限幅器用于消除信道中噪声和其他原因引起的调频波幅度起伏，由鉴频器和 LPF 完成非相干解调。

3.5.1　输入信噪比

设输入调频信号为

$$s_{FM}(t) = A\cos\left[\omega_c t + k_{FM} \int_{-\infty}^{t} m(\tau)d\tau\right] \tag{3-87}$$

则其功率为

$$S_i = \frac{A^2}{2} \tag{3-88}$$

输入噪声功率为

$$N_i = n_0 B_{FM} \tag{3-89}$$

式中，B_{FM} 为调频信号带宽。

因此，输入信噪比为

$$\frac{S_i}{N_i} = \frac{A^2}{2n_0 B_{FM}} \tag{3-90}$$

输出信噪比的计算由于鉴频器的非线性作用,使得无法分别分析信号和噪声的输出功率,因此,应分别考虑大信噪比和小信噪比两种极端情况。

3.5.2 大信噪比时的解调增益

在输入信噪比足够大的情况下,信号和噪声的相互作用可以忽略,可以把信号和噪声分开计算。设输入噪声为 0 时,由式(3-65)得解调输出为

$$m_o(t) = k_d k_{FM} m(t) \tag{3-91}$$

则输出信号平均功率为

$$S_o = \overline{m_o^2(t)} = (k_d k_{FM})^2 \overline{m^2(t)} \tag{3-92}$$

式中,k_d 为鉴相器灵敏度。

由于噪声功率的推导过于复杂,本书略去分析过程,直接给出噪声功率 N_o 的计算公式

$$N_o = \frac{8\pi^2 k_d^2 n_0 f_m^3}{3A^2} \tag{3-93}$$

其中,f_m 为调制信号带宽,n_0 为噪声功率谱密度。

于是,FM 非相干解调器输出端的输出信噪比为

$$\frac{S_o}{N_o} = \frac{3A^2 k_{FM}^2 \overline{m^2(t)}}{8\pi^2 n_0 f_m^3} \tag{3-94}$$

为了使上式具有简明的结果,这里考虑 $m(t)$ 为单一频率余弦波的情况,假设

$$m(t) = A_m \cos\omega_m t \tag{3-95}$$

这时的调频信号为

$$s_{FM}(t) = A\cos[\omega_c t + \beta_{FM}\sin\omega_m t] \tag{3-96}$$

其中

$$\beta_{FM} = \frac{k_{FM} A_m}{\omega_m} = \frac{\Delta\omega}{\omega_m} = \frac{\Delta f}{f_m} \tag{3-97}$$

将以上关系式带入式(3-94)得

$$\frac{S_o}{N_o} = \frac{3}{2}\beta_{FM}^2 \frac{A^2/2}{n_0 f_m} \tag{3-98}$$

据此,可得调频系统信噪比增益为

$$G_{FM} = \frac{S_o/N_o}{S_i/N_i} = \frac{3}{2}\beta_{FM}^2 \frac{B_{FM}}{f_m} \tag{3-99}$$

考虑在宽带调频时信号带宽为

$$B_{FM} = 2(\beta_{FM}^2 + 1)f_m \tag{3-100}$$

信噪比增益可以进一步写为

$$G_{FM} = 3\beta_{FM}^2(\beta_{FM} + 1) \tag{3-101}$$

当满足 $\beta_{FM} \gg 1$ 时,可近似为

$$G_{FM} = 3\beta_{FM}^3 \tag{3-102}$$

上式表明,在大信噪比情况下,宽带调频系统信噪比增益与调频指数的 3 次方成正比,增益非常高,抗噪性能优越。

3.5.3　小信噪比时的门限效应

以上分析结果是在输入信噪比足够大的条件下得出的。当输入信噪比低于一定数值时，解调器的输出信噪比急剧恶化，这种现象称为调频信号的解调门限效应。出现门限效应时所对应的输入信噪比值称为门限值，记为 $(S_i/N_i)_b$。

图 3-25 画出了单频调制时在不同调频指数下，调频解调器的输出信噪比与输入信噪比的关系曲线。

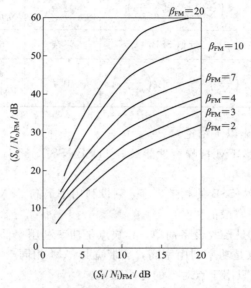

图 3-25　调频解调器输出信噪比与输入信噪比关系曲线

由图 3-25 可知：

(1) 门限值大致在 8～11 dB 范围内，门限值与调频指数有关，调频指数越大门限值越高，一般可以认为门限值大致为 10 dB 左右。

(2) 当输入信噪比大于门限值时，输出信噪比与输入信噪比大致成线性关系。

(3) 当输入信噪比小于门限值时，输出信噪比将随输入信噪比下降而急剧下降，且调频指数越大，下降越快。

门限效应是 FM 系统存在的一个实际问题，工程实现上需要采取措施降低门限值。降低门限值的方法很多，例如，可以采取锁相环解调器和负反馈解调器等，这两种方式可以将门限值降低为 6～10 dB。

3.6　模拟调制方式性能比较

为了便于读者学习和工程实践中合理选择各种模拟调制方式，表 3-1 归纳出各种调制方式的传输带宽、输出信噪比、设备复杂程度及其主要应用。表中假定所有调制系统在接收机输入端具有相同的信号功率，且加性高斯噪声都是均值为零、双边功率谱密度为 $n_0/2$ 的高斯白噪声，基带信号 $m(t)$ 带宽为 f_m，S_i 为输入信号功率，在所有系统中都满足 $\overline{m(t)}=0$，$\overline{m^2(t)}=1/2$，$|m(t)|_{max}=1$，并假设 AM 方式为 100% 调制，采取包络检波。

表 3 – 1　模拟调制系统性能比较

调制方式	传输带宽	输出信噪比	实现复杂度	主要应用
AM	$2f_m$	$\left(\dfrac{S_o}{N_o}\right)_{AM}=\dfrac{1}{3}\left(\dfrac{S_i}{n_0 f_m}\right)$	简单	中短波无线电广播
DSB	$2f_m$	$\left(\dfrac{S_o}{N_o}\right)_{DSB}=\left(\dfrac{S_i}{n_0 f_m}\right)$	中等	应用较少
SSB	f_m	$\left(\dfrac{S_o}{N_o}\right)_{SSB}=\left(\dfrac{S_i}{n_0 f_m}\right)$	复杂	短波无线电广播、话音频分复用、数据传输
VSB	略大于 f_m	近似 SSB	复杂	电视广播、数据传输
FM	$2(\beta_{FM}+1)f_m$	$\left(\dfrac{S_o}{N_o}\right)_{FM}=\dfrac{3}{2}\beta_{FM}^2\left(\dfrac{S_i}{n_0 f_m}\right)$	中等	超短波小功率电台（窄带 FM）、调频立体声广播

从表 3 – 1 可以归纳出以下结论：

（1）从抗噪声性能看，FM 抗噪声性能最好，DSB、SSB、VSB 抗噪声性能次之，AM 抗噪声性能最差。

（2）从频带利用率看，SSB 的频带最窄，频带利用率最高，FM 占用带宽随着调频指数增加而增加，其频带利用率最低。

（3）AM 调制的优点是接收设备简单；其缺点是功率利用率低，抗干扰性能差。

（4）DSB 调制的优点是功率利用率高，且带宽与 AM 相同，但接收要求同步解调，实现复杂，应用较少，一般只用于点对点的专用通信。

（5）SSB 调制的优点是功率利用率和频带利用率都较高，抗干扰能力优于 AM，而带宽只有 AM 的一半；其缺点是实现复杂。

（6）VSB 抗干扰能力和频带利用率与 SSB 相当，采用特殊的抑制和补偿措施，对包含有低频和直流分量的基带信号特别适合，尤其在电视广播系统中得到了广泛应用。

（7）FM 调制信号的幅度恒定不变，使得其对非线性器件不甚敏感，提升了 FM 调制方式的抗噪性能，应用非常广泛。

3.7　模拟幅度调制仿真实例

3.7.1　AM 调制解调的 SystemView 仿真

1. 仿真参数

基带信号：幅值 2 V，频率 128 Hz，初始相位 0；

载波信号：幅值 1 V，频率 1024 Hz，初始相位 0；

噪声参数：均值为 0，方差为 1 的 AWGN 噪声；

采样率：8 kHz；

采样点数：512 点；

解调方式：相干解调。

2. 基于 SystemView 的仿真建模

根据模拟调幅（AM）信号的调制与解调原理，在 SystemView 仿真环境下建立仿真模型如图 3－26 所示。

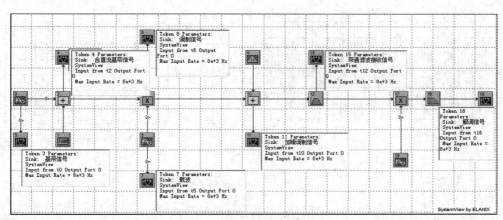

图 3－26　AM 调幅信号仿真模型

3. 仿真模块设计及结果分析

（1）发送模块：由基带信号发生器 0、直流分量产生器 1、载波信号发生器 5 和乘法器 6 组成。基带信号频率设置为 128 Hz，幅度为 2 V，直流发生器设置为 3 V，载波信号发生器频率为 1024 Hz，幅度为 1 V。

基带信号、载波与调制信号时域波形如图 3－27 所示。

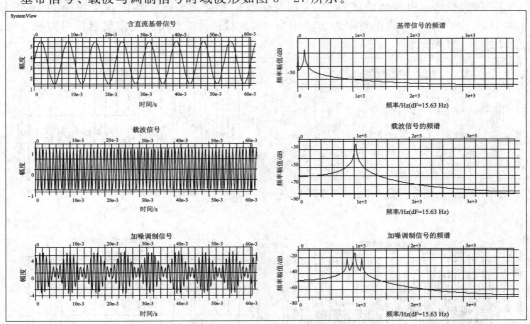

图 3－27　调制模块信号时、频域波形

图 3－27 中左边为时域信号，右边为对应的频域波形，从上到下，依次为基带信号、载波信号和调制信号。

（2）信道模块：利用加性高斯白噪声模拟信道噪声，图 3-26 中图标 9 为 AWGN 噪声产生器，均值为 0，方差为 1。加法器 10 实现调制信号和噪声相加。

加噪前后的调制信号时域波形和频域波形如图 3-28 所示。

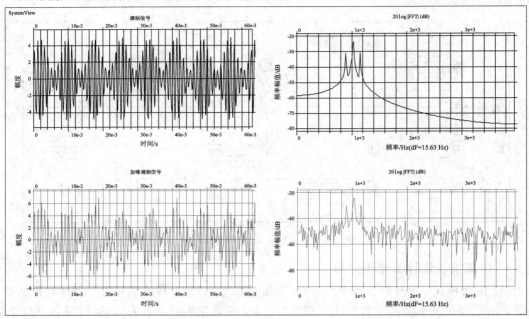

图 3-28　加噪前后调制信号时域和频域波形对比

（3）接收模块：由带通滤波器 12 实现对接收信号滤波。滤波器低截止频率为 1024 Hz －128 Hz＝896 Hz，高截止频率为 1024 Hz＋128 Hz＝1152 Hz。滤波前后信号时域、频域波形如图 3-29 所示。

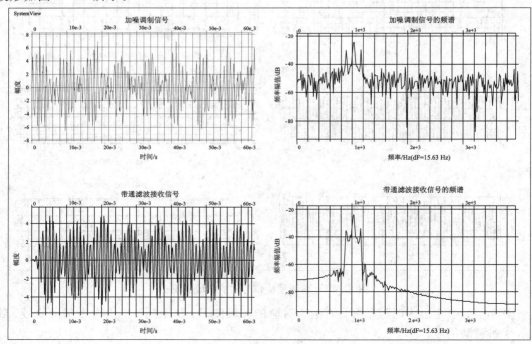

图 3-29　滤波前后信号时域频域波形

（4）解调模块：解调模块由图 3 - 26 乘法器(图标 17)、本地载波发生器(图标 19)和低通滤波器(图标 16)组成。本地载波为与调制端载波同频同相的正弦波，频率为 1024 Hz，幅度为 1 V，初始相位为 0。低通滤波器截止频率为 128 Hz。解调输出信号波形与原始调制信号波形如图 3 - 30 所示。从图中明显看出解调信号与原始信号保持了大致相同的波形，但由于加入了噪声，解调波形与原波形存在一定的失真。

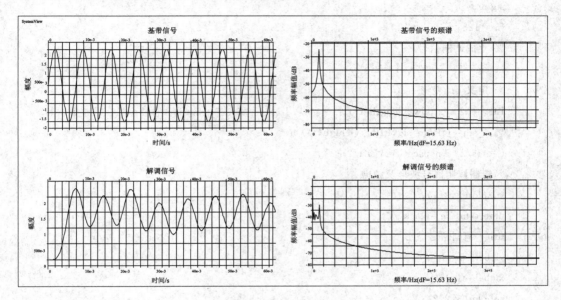

图 3 - 30　解调信号与原始信号对比波形

3.7.2　AM 调制解调的 Matlab 仿真

1. 仿真参数

基带信号：幅值为 2 V，频率为 128 Hz，初始相位为 0；

载波信号：幅值为 1 V，频率为 1024 Hz，初始相位为 0；

噪声参数：均值为 0，方差为 0.5 的 AWGN 噪声；

采样率：10 kHz；

采样点数：990 点；

解调方式：相干解调。

2. 仿真程序

根据图 3 - 1 和图 3 - 4 可完成 AM 信号的调制与相干解调。为了更好地理解 AM 调制解调原理，可观察与比较 AM 系统中调制信号、已调信号、加噪已调信号、经乘法器后的信号、恢复信号等信号波形与频谱。实现这些信号波形与频谱的 Matlab 仿真程序如下：

```
clear all;
clc;
```

```
%系统参数
ts=1.e-4;                                    %采样时间间隔
fs=1/ts;
t=0:ts:990*ts;                               %仿真点数
fc=1000;                                     %载波频率
sigma=0.5;
fm=128;
% 生成调制信号
m_sig=2*cos(2*pi*fm*t);
% 定义 ifft 变量
Lfft = 2^nextpow2(length(t));                %大于 length(t)的最小的 2 的整数次幂
%sf_am=(fft(m_sig,Lfft)/(length(t)));
f = fs/2*linspace(0,1,Lfft/2+1);
%绘制调制信号波形及频谱
subplot(3,2,1);
plot(t,m_sig,'black');
title('调制信号波形');
ylabel('m(t)/v');
xlabel('t(s)');
subplot(3,2,2);
mf_sig=fft(m_sig,Lfft)/(length(t));
plot(f,abs(mf_sig(1:Lfft/2+1)),'black');
xlim([1 300]);
title('调制信号频谱');
xlabel('f(Hz)');
ylabel('M(f)/v');
% 调制过程
s_am=(2+m_sig).*cos(2*pi*fc*t);              %AM 调制
subplot(3,2,3);
plot(t,s_am,'black');
title('已调信号波形');
ylabel('s_A_M(t)/v');
xlabel('t(s)');
sf_am=fft(s_am,Lfft)/(length(t));
subplot(3,2,4);
plot(f,abs(sf_am(1:Lfft/2+1)),'black');
xlim([1 2000]);
title('已调信号频谱');
```

```matlab
xlabel('f(Hz)');
ylabel('S_A_M(f)/v');
s_am=s_am+sigma * randn(size(t));              %添加加性高斯白噪声
sf_am=fft(s_am,Lfft)/(length(t));
subplot(3,2,5);
plot(t,s_am,'black');
title('加噪已调信号波形');
ylabel('s_A_M(t)/v(加噪)');
xlabel('t(s)');
ylim([-6 6])
subplot(3,2,6);
plot(f,abs(sf_am(1:Lfft/2+1)),'black');
xlim([1 2000]);
title('加噪已调信号频谱');
xlabel('f(Hz)');
ylabel('S_A_M(f)/v(加噪)');
% 产生本地接收载波
s_carr =cos(2 * pi * fc * t);
% 相干解调
s_dem=s_am. * s_carr;
figure;
subplot(2,1,1);
plot(t,s_dem,'black');
title('经乘法器后的信号波形');
ylabel('s_P(t)/v');
xlabel('t(s)');
sf_dem=fft(s_dem,Lfft)/(length(t));
subplot(2,1,2);
plot(f,abs(sf_dem(1:Lfft/2+1)),'black');
title('经乘法器后的信号频谱');
xlabel('f(Hz)');
ylabel('S_P(f)/v');
xlim([1 2500]);
S_dem=fft(s_dem,Lfft)/(length(t));
% 生成低通滤波器
h=fir1(60,150 * 2 * ts);                        %设计低通滤波器频域相应
s_rec=filter(h,1,s_dem);                        %理想低通滤波器 filter 滤除 s_dem 中的高频
                                                  分量的恢复信号 s_rec
```

```
%绘制滤波后的信号波形及频谱
figure;
subplot(2,1,1);
plot(t,s_rec,'black');
title('恢复信号波形');
ylabel('m_o(t)/v');
xlabel('t(s)');
sf_rec=fft(s_rec,Lfft)/(length(t));
subplot(2,1,2);
plot(f,abs(sf_rec(1:Lfft/2+1)),'black');
title('恢复信号频谱');
xlabel('f(Hz)');
ylabel('M_o(f)/v');
xlim([1 2500]);
```

3. 仿真结果及分析

调制信号、已调信号加噪前后波形及频谱如图 3-31 所示。

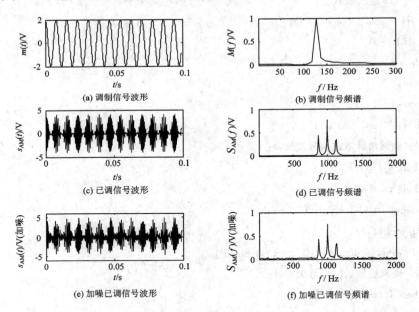

图 3-31　调制信号、已调信号加噪前后波形及频谱

图 3-31 中横坐标和纵坐标分别对应表示时间(频率)和信号幅值。图中左边为时域波形，右边为其对应的频谱，上边为调制信号波形及频谱，中间为加噪前已调波形及频谱，下边为加噪后已调波形及频谱。所用噪声为 0 均值、方差为 0.5 的高斯白噪声。从图中可知，已调信号的外包络仍然保持着与调制信号相同的包络特性。

经乘法器后的信号波形及频谱如图 3-32 所示。

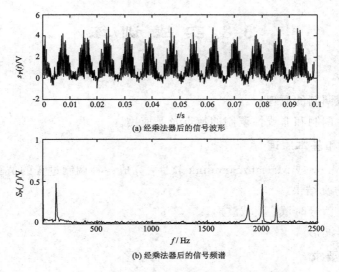

(a) 经乘法器后的信号波形

(b) 经乘法器后的信号频谱

图 3-32 经乘法器后的信号波形及频谱

从图 3-32 中可知：时域上，AM 信号转化为单一极性输出，并含有高频成分；频域上，经乘法器后的信号频谱被重新搬移到低频处，而在高频段（2 倍载频处）仍然保留频谱分量，这与式(3-9)AM 信号的解调数学模型相符。

通过低通滤波后的信号及频谱如图 3-33 所示。

从图 3-33 中可看出，除了起始段由于滤波器建立时间问题失真很大外，恢复的信号波形基本上和调制端调制信号波形吻合。但由于受到噪声的影响，信号的包络发生了抖动；频谱和调制信号频谱也基本吻合。

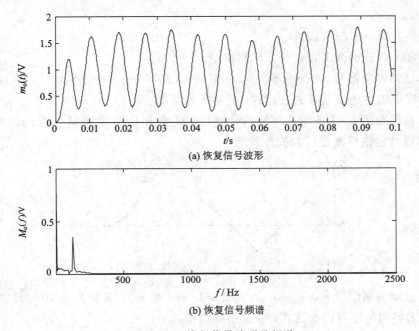

(a) 恢复信号波形

(b) 恢复信号频谱

图 3-33 恢复信号波形及频谱

3.8 实 战 训 练

1. 实训目的

（1）掌握模拟调制的原理；

（2）了解线性调制和非线性调制的特点及其应用。

2. 实训内容和基本原理

采用 SystemView 或 Matlab/Simulink 软件，完成各种调制过程的仿真实验，用示波器观察各个部分的仿真结果。

（1）调制模块信号时域、频域波形；

（2）解调信号波形。

3. 实训报告要求

（1）画出仿真电路图；

（1）标注出每个电路模块参数的设计值；

（2）分析调制信号波形和解调信号波形图仿真结果，并进行对比分析；

（4）写出心得体会。

习 题

3-1 已知线性调制信号表示如下：

（1）$\cos\Omega t \cos\omega_c t$；

（2）$(1+0.5\cos\Omega t)\cos\omega_c t$。

式中，$\omega_c = 6\Omega$，试分别画出它们的波形和频谱。

3-2 已知调制信号 $m(t) = \cos(1000\pi t) + \cos(2\pi t)$，载波为 $\cos(4\times10^4\pi t)$，进行单边带调制，试确定该单边带信号的表达式，并画出频谱图。

3-3 根据题图 3-1 所示的调制信号波形，试画出 DSB 及 AM 信号的波形图，并比较它们分别通过包络检波器后的波形差别。

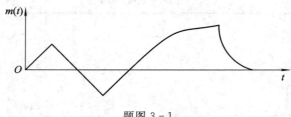

题图 3-1

3-4 已知调制信号 $m(t) = \cos(1000\pi t) + \cos(2000\pi t)$，载波为 $\cos 10^4\pi t$，进行单边带调制，试确定单边带信号的表达式，并画出频谱图。

3-5 将调幅波通过残留边带滤波器产生残留边带信号。若此滤波器的传输函数 $H(\omega)$ 如题图 3-2 所示（斜线段为直线）。当调制信号为 $m(t) = A(\sin100\pi t + \sin600\pi t)$ 时，试确定所得残留边带信号的表示式。

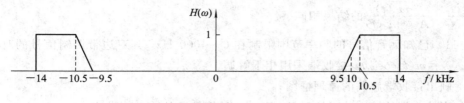

题图 3-2

3-6 某调制系统如题图 3-3 所示。为了在输出端同时分别得到 $f_1(t)$ 及 $f_2(t)$，试确定接收端的 $c_1(t)$ 及 $c_2(t)$。

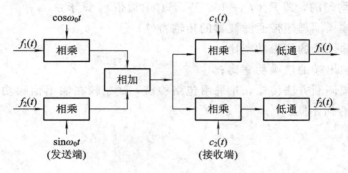

题图 3-3

3-7 设某信道具有均匀的双边噪声功率谱密度 $P_n(f)=0.5\times10^{-3}$ W/Hz，在该信道中传输抑制载波的双边带信号，并设调制信号 $m(t)$ 的频带限制在 5 kHz，而载波为 100 kHz，已调信号的功率为 10 kW。若接收机的输入信号在加至解调器之前，先经过带宽为 10 kHz 的一理想带通滤波器滤波，试问：

(1) 该理想带通滤波器中心频率为多大？

(2) 解调器输入端的信噪功率比为多少？

(3) 解调器输出端的信噪功率比为多少？

3-8 某线性调制系统的输出信噪比为 20 dB，输出噪声功率为 10^{-9} W，输出端到解调器输入端之间总的传输损耗为 100 dB，试求：

(1) DSB/SC 时的发射机输出功率；

(2) SSB/SC 时的发射机输出功率。

3-9 设调制信号 $m(t)$ 的功率谱密度 $p_m(t)=\begin{cases}\dfrac{n_m|f|}{2f_m} & |f|\leqslant f_m \\ 0 & \text{其他}\end{cases}$，若用 SSB 调制方式进行传输（忽略信道的影响），试求：

(1) 接收机的输入信号功率；

(2) 接收机的输出信号功率；

(3) 若叠加于 SSB 信号的白噪声的双边功率谱密度为 $n_0/2$，设调制器的输出端接有截止频率的理想低通滤波器，那么，输出端的信噪功率比为多少？

(4) 该系统的调制增益 G 为多少？

3-10 试证明：当 AM 信号采用同步检测法进行解调时，其信噪比增益 G 与公式 $G = \dfrac{S_o/N_o}{S_i/N_i} = \dfrac{2\,\overline{m^2(t)}}{A^2 + \overline{m^2(t)}}$ 的结果相同。

3-11 已知话音信号的频率范围限制在 $0 \sim 4000$ Hz，其双边带调制信号的时域表达式为 $S_m(t) = m(t)\cos\omega_c t$，接收端采用相干解调。

（1）画出接收端解调的原理框图；

（2）当接收端的输入信噪比为 20 dB 时，计算解调的输出信噪比。

3-12 设一宽带频率调制系统，载波振幅为 100 V，频率为 100 MHz，调制信号 $m(t)$ 的频带限制于 5 kHz，$\overline{m^2(t)} = 5000$ V^2，$k_f = 500\pi$ rad，最大频偏为 75 kHz，并设信道中噪声功率谱密度是均匀的，其 $P_n(f) = 10^{-3}$ W/Hz（单边带），试求：

（1）接收机输入端理想带通滤波器的传输特性；

（2）解调器输入端的信噪功率比；

（3）解调器输出端的信噪功率比；

（4）若以振幅调制方法传输，并采用包络检波，试比较在输出信噪功率比和所需带宽方面与频率调制有何不同。

第 4 章　数字信号的基带传输

数字通信系统是利用数字信号来传递信息的通信系统，数字通信系统具有抗干扰能力强、噪声不积累、传输差错可控制、便于采用数字信号处理技术、易于集成、易于加密处理等优点，在现代通信中得到了广泛的应用。其主要缺点是设备复杂，要占用较大带宽。数字通信分为基带数字通信和频带数字通信。基带传输是指将数字基带信号直接送入信道进行传输的方式。频带传输是指为了适应信道传输而将基带信号进行调制，即将基带信号的频谱搬移到某一高频处，变为频带信号进行传输的方式。

4.1　数字基带信号的波形

所谓数字基带信号，就是消息代码的电波形式。数字基带信号可以来自计算机、电传机等终端数据的各种数字代码，也可以来自模拟信号经数字化处理后的脉冲编码（PCM）信号等，是未经载波信号调制而直接传输的信号，所占据的频谱从零频或很低频开始。数字基带信号的类型很多，本节以由矩形脉冲构成的基带信号为例，主要研究这些基带信号的时域波形。

4.1.1　单极性不归零信号波形

单极性不归零信号波形是一种最简单的基带信号波形，用正电平和零电平分别表示对应二进制"1"和"0"，极性单一，易于用 TTL 和 CMOS 电路产生。其缺点是有直流分量，要求传输线路具有直流传输能力，因而不适用有交流耦合的远距离传输，只适用于计算机内部或者极近距离的传输。其信号波形如图 4-1 所示。

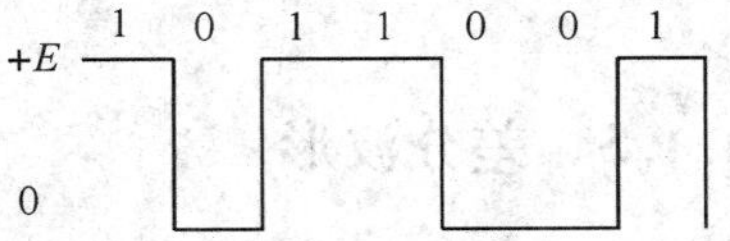

图 4-1　单极性不归零信号波形

4.1.2　单极性归零信号波形

单极性归零信号波形是指它的有电脉冲宽度 τ 小于码元持续时间 T_s，即信号电压在一个码元终止时刻前总要回到零电平，通常归零波使用半占空码，即占空比（τ/T_s）为 50%。从单极性归零信号波形可以直接提取定时信息，是其他码型提取位同步信息时常采用的一种过渡波形，其信号波形如图 4-2 所示。

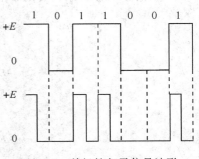

图 4-2　单极性归零信号波形

4.1.3　双极性不归零信号波形

双极性不归零信号波形用正、负电平的脉冲分别表示二进制代码"1"和"0",其正负电平的幅度相等、极性相反,当"1"和"0"等概率出现时无直流分量,有利于在信道中传输,并且在接收端恢复信号的判决电平为零,因而不受信道特性变化的影响,抗干扰能力也较强。其信号波形如图 4 - 3 所示。

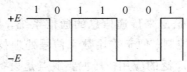

图 4 - 3　双极性不归零信号波形

4.1.4　双极性归零信号波形

双极性归零信号波形兼有双极性和归零波形的特点,由于其相邻脉冲之间存在零电位的间隔,使得接收端很容易识别出每个码元的起止时间,从而使收发双方能保持位的同步。其信号波形如图 4 - 4 所示。

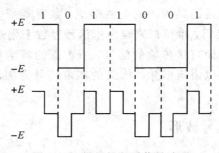

图 4 - 4　双极性归零信号波形

4.1.5　差分波形

差分波形是用相邻码元的电平跳变和不变来表示消息代码的,而与码元本身的电位或极性无关,电平跳变表示"1",电平不变表示"0",当然这种规定也可以反过来。差分波形也称为相对码波形,而相应地称前面的单极性或双极性波形为绝对码波形,这种波形传输代码可以消除设备初始状态的影响。差分波形如图 4 - 5 所示。

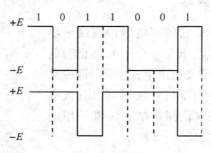

图 4 - 5　差分波形

4.1.6　多电平波形

上述波形的电平取值只有两种，即一个二进制码对应一个脉冲，为了提高频带利用率，可以采用多电平波形或多值波形。其编码规则是，用多个二进制码表示一个脉冲。在波特率相同(传输带宽相同)的条件下，比特率提高了，因此多电平波形在频带受限的高速数据传输系统中得到了广泛的应用。

表示信息码元的单个脉冲的波形并非一定是矩形的，根据实际情况，还可以是高斯脉冲、升余弦脉冲等其他形式。

4.2　数字基带信号的传输码型

4.2.1　基带传输系统对传输码型的要求

数字基带信号是数字信号的电脉冲表示，不同形式的数字基带信号具有不同的频谱结构，合理地设计数字基带信号以使数字信息变换为适合于信道传输特性的频谱结构，是基带传输首先要考虑的问题。通常又把数字信息的电脉冲表示过程称为码型变换，在有线信道中传输的数字基带信号又称为线路传输码型。

数字基带信号的频谱中含有丰富的低频分量乃至直流分量。当传输距离很近时，高频分量衰减也不大。但是数字设备之间长距离有线传输时，高频分量衰减随距离的增加而增大，同时信道中通常还存在隔直流电容或耦合变压器，因而传输频带的高频和低频部分均受限。

概括起来，在设计数字基带信号码型时应考虑以下原则：

(1) 码型中应不含直流分量，低频分量尽量少。

(2) 码型中高频分量尽量少。这样既可以节省传输频带，提高信道的频带利用率，还可以减少串扰。串扰是指同一电缆内不同线对之间的相互干扰，基带信号的高频分量越大，则对邻近线对产生的干扰就越严重。

(3) 码型中应包含定时信息。

(4) 码型具有一定的检错能力。若传输码型有一定的规律性，则可根据这一规律性来检测传输质量，以便做到自动监测。

(5) 编码方案对发送消息类型不应有任何限制，即能适用于信源变化。这种与信源的统计特性无关的性质称为对信源具有透明性。

(6) 低误码增殖。对于某些基带传输码型，信道中产生的单个误码会扰乱一段译码过程，从而导致译码输出信息中出现多个错误，这种现象称为误码增殖或误码扩散。

(7) 高的编码效率。

(8) 编译码设备应尽量简单。

上述各项原则并不是任何基带传输码型均能完全满足，往往是依照实际要求满足其中若干项。数字基带信号的码型种类繁多，下面仅以矩形脉冲组成的基带信号为例，介绍一些目前常用的基本码型。

4.2.2 AMI 码

AMI 码的全称是传号交替反转码。此方式是单极性方式的变形,即把单极性方式中的"0"码仍与零电平对应,而"1"码对应发送极性交替的正、负电平。这种码型实际上把二进制脉冲序列变为三电平的符号序列(故叫伪三元序列),其优点如下:

(1) 在"1""0"码不等概率情况下,也无直流成分,且零频附近低频分量小。因此,对具有变压器或其他交流耦合的传输信道来说,不易受隔直流特性的影响。

(2) 若接收端收到的码元极性与发送端的完全相反,也能正确判决。

(3) 便于观察误码情况。

此外,AMI 码还有编译码电路简单等优点,是一种基本的线路码,得到了广泛使用。不过,AMI 码有一个重要缺点,即当它用来获取定时信息时,由于它可能出现长的连"0"串,因而会造成提取定时信号的困难。

AMI 码解码规则为:从收到的符号序列中将所有的 -1 变换成 $+1$ 后,就可以得到原消息代码。

例 4.1 已知消息代码为 1010100010111,求解 AMI 码。

解 AMI 码为 $+1\ 0\ -1\ 0\ +1\ 0\ 0\ 0\ -1\ 0\ +1\ -1\ +1$。

4.2.3 HDB3 码

为了保持 AMI 码的优点而克服其缺点,人们提出了许多种类的改进 AMI 码,其中广泛为人们接受的解决办法是采用高密度双极性码 HDBn。三阶高密度双极性码 HDB3 码就是高密度双极性码中最重要的一种。HDB3 码改进的目的是为了保持 AMI 码的优点而克服其缺点,使连"0"个数不超过三个。

HDB3 码的编码规则如下:

(1) 检查消息中"0"的个数。当连"0"数目小于等于 3 时,HDB3 码与 AMI 码一样,$+1$ 与 -1 交替。

(2) 当连"0"数目超过 3 时,将每四个"0"化作一小节,定义为 B00V,称为破坏节,其中 B 为调节脉冲,V 为破坏脉冲。

(3) V 与前一个相邻的非"0"脉冲极性相同,并且要求相邻的 V 码之间极性必须交替。V 的取值为"$+1$"或"-1"。

(4) B 的取值可选"0""$+1$"或"-1",以使 V 能同时满足(3)中的两个要求。

(5) V 码后面的传号码也要交替。

HDB3 码的特点是明显的,它除了保持 AMI 码的优点外,还增加了使连"0"串减少至不多于 3 个的优点,而不管信息源的统计特性如何。这对于定时信号的恢复是极为有利的。HDB3 码是 CCITT 推荐使用的码型之一。

4.2.4 曼彻斯特码

曼彻斯特(Manchester)码又称为数字双相码或分相码。它的特点是每个码元用两个连续极性相反的脉冲来表示。如"1"码用正、负脉冲表示,"0"码用负、正脉冲表示。该码的优点是无直流分量,最长连"0"、连"1"数为 2,定时信息丰富,编译码电路简单。但其码元速率比输入的信码速率提高了一倍。

分相码适用于数据终端设备在中速短距离上传输。如以太网采用分相码作为线路传输码。分相码当极性反转时会引起译码错误，为解决此问题，可以采用差分码的概念，将数字分相码中用绝对电平表示的波形改为用电平相对变化来表示。这种码型称为条件分相码或差分曼彻斯特码。数据通信的令牌网即采用这种码型。

4.2.5　CMI 码

CMI 码是传号反转码的简称，其编码规则为："1"码交替用"00"和"11"表示；"0"码用"01"表示。CMI 码的优点是没有直流分量，但会频繁出现波形跳变，便于定时信息提取，具有误码监测能力。

由于 CMI 码具有上述优点，再加上编、译码电路简单，容易实现，因此，在高次群脉冲编码调制终端设备中广泛用作接口码型，在速率低于 8448 kb/s 的光纤数字传输系统中也被建议作为线路传输码型。

近年来，高速光纤数字传输系统中还应用到 5B6B 码，它是将每 5 位二元码输入信息编成 6 位二元码码组输出（分相码和 CMI 码属于 1B2B 类）。这种码型输出虽比输入增加 20% 的码速，但却换来了便于提取定时信号、低频分量小、同步迅速等优点。

4.3　数字基带信号的功率谱分析

前面介绍了典型数字基带信号的时域波形，从信号传输的角度来看，还需要进一步了解数字基带信号的频域特性。通过频谱分析，我们可以了解信号需要占据的频带宽度，所包含的频率分量，有无直流分量、有无定时分量等。这样，我们才能针对信号频谱的特点来选择相匹配的信道，以及确定是否可以从信号中提取定时信号。

在实际通信中，被传送的信息事先是无法知道的，因此数字基带信号是随机的脉冲序列。由于随机信号不能用确定的时间函数表示，也就没有确定的频谱函数，所以只能用功率谱来描述它的频域特性。根据随机信号分析理论，若求功率谱表达式，应先求出随机序列的自相关函数，这样的方法相当复杂。较简单的方法是由随机过程功率谱的原始定义出发，求出简单码型的功率谱密度。

设一个二进制随机脉冲序列如图 4-6 所示。其中，$g_1(t)$ 和 $g_2(t)$ 分别表示消息码的"1"和"0"，T_s 表示码元宽度，$f_s = \dfrac{1}{T_s}$，为码元速率。图中为方便起见，把 $g_1(t)$ 和 $g_2(t)$ 都画成三角波，实际中 $g_1(t)$ 和 $g_2(t)$ 可以是任意适合的脉冲波形。

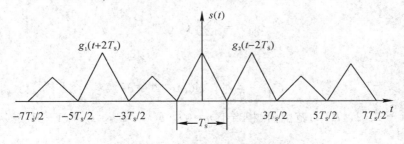

图 4-6　随机脉冲序列示意图

现假设序列中任意码元时间 T_s 内 $g_1(t)$ 和 $g_2(t)$ 出现的概率分别为 P 和 $(1-P)$，且统计独立，则该序列 $s(t)$ 可表示为

$$s(t) = \sum_{n=-\infty}^{\infty} s_n(t) \tag{4-1}$$

其中

$$s_n(t) = \begin{cases} g_1(t-nT_s) & \text{概率为 } P \\ g_2(t-nT_s) & \text{概率为}(1-P) \end{cases} \tag{4-2}$$

为了便于推导，将 $s(t)$ 分解为稳态波 $v(t)$ 和交变波 $u(t)$ 之和，其中 $v(t)$ 为随机序列 $s(t)$ 的统计平均分量，取决于每个码元内出现 $g_1(t)$ 和 $g_2(t)$ 的概率加权平均，因此可以表示为

$$v(t) = \sum_{n=-\infty}^{\infty} [Pg_1(t-nT_s) + (1-P)g_2(t-nT_s)]$$

$$= \sum_{n=-\infty}^{\infty} v_n(t) \tag{4-3}$$

由于 $v(t)$ 在每个码元内的统计平均波形相同，故 $v(t)$ 是以 T_s 为周期的周期信号。

交变波 $u(t)$ 是 $s(t)$ 与 $v(t)$ 的差，即

$$u(t) = s(t) - v(t) \tag{4-4}$$

其中，第 n 个码元的交变波为

$$u_n(t) = s_n(t) - v_n(t) \tag{4-5}$$

于是

$$u(t) = \sum_{n=-\infty}^{\infty} u_n(t) \tag{4-6}$$

这里，$u_n(t)$ 可以表示为

$$u_n(t) = \begin{cases} g_1(t-nT_s) - Pg_1(t-nT_s) - (1-P)g_2(t-nT_s) \\ \quad = (1-P)[g_1(t-nT_s) - g_2(t-nT_s)] & \text{概率为 } P \\ g_2(t-nT_s) - Pg_1(t-nT_s) - (1-P)g_2(t-nT_s) \\ \quad = -P[g_1(t-nT_s) - g_2(t-nT_s)] & \text{概率为}(1-P) \end{cases} \tag{4-7}$$

显然，$u(t)$ 是一个随机脉冲序列。

1. 稳态波 $v(t)$ 的功率谱密度

由于 $v(t)$ 是以 T_s 为周期的周期信号，$v(t)$ 表达式见式 (4-3)，可以将其展开成傅里叶级数

$$v(t) = \sum_{m=-\infty}^{\infty} C_m e^{j2\pi mf_s t} \tag{4-8}$$

其中

$$C_m = \frac{1}{T_s} \int_{-\frac{T_s}{2}}^{\frac{T_s}{2}} v(\tau) e^{-j2\pi mf_s \tau} d\tau \tag{4-9}$$

由于在 $(-T_s/2, T_s/2)$ 范围内（相当于 $n=0$），$v(t) = Pg_1(t) + (1-P)g_2(t)$，所以

$$C_m = \frac{1}{T_s} \int_{-\frac{T_s}{2}}^{\frac{T_s}{2}} [Pg_1(\tau) + (1-P)g_2(\tau)] e^{-j2\pi mf_s \tau} d\tau \tag{4-10}$$

又由于 $Pg_1(t)+(1-P)g_2(t)$ 只存在于 $(-T_s/2, T_s/2)$ 内，所以上式积分限可以改写为

$$C_m = \frac{1}{T_s} \int_{-\infty}^{\infty} [Pg_1(\tau)+(1-P)g_2(\tau)] e^{-j2\pi mf_s\tau} d\tau$$

$$= f_s[PG_1(mf_s)+(1-P)G_2(mf_s)] \tag{4-11}$$

其中

$$G_1(mf_s) = \int_{-\infty}^{\infty} g_1(\tau) e^{-j2\pi mf_s\tau} d\tau \tag{4-12}$$

$$G_2(mf_s) = \int_{-\infty}^{\infty} g_2(\tau) e^{-j2\pi mf_s\tau} d\tau \tag{4-13}$$

于是，根据周期信号功率谱密度与傅里叶系数的关系，可以得到稳态波的功率谱密度为

$$P_v(f) = \sum_{m=-\infty}^{\infty} |f_s[PG_1(mf_s)+(1-P)G_2(mf_s)]|^2 \delta(f-mf_s) \tag{4-14}$$

上式表明，稳态波的功率谱密度是冲击强度等于 $|C_m|^2$ 的离散线谱，根据离散谱可以确定随机序列是否包含直流分量和定时分量。

2. 交变波 $u(t)$ 的功率谱密度

由于 $u(t)$ 是一个功率型的随机脉冲序列，它的功率谱密度可以采用截短函数和统计平均的方法来求：

$$P_u(f) = \lim_{T \to \infty} \frac{E[|U_T(f)|^2]}{T} \tag{4-15}$$

式中：$U_T(f)$ 为 $u(t)$ 的截短函数 $u_T(t)$ 所对应的频谱函数；E 表示统计平均，T 为截取时间，设它等于 $(2N+1)$ 个码元长度，即

$$T=(2N+1)T_s \tag{4-16}$$

其中，N 是一个足够大的整数，在此条件下式(4-15)可以改写为

$$P_u(f) = \lim_{N \to \infty} \frac{E[|U_T(f)|^2]}{(2N+1)T_s} \tag{4-17}$$

由于截短函数

$$u_T(t) = \sum_{n=-N}^{N} u_n(t) = \sum_{n=-N}^{N} a_n[g_1(t-nT_s)-g_2(t-nT_s)] \tag{4-18}$$

其中

$$a_n = \begin{cases} 1-P & \text{概率为 } P \\ -P & \text{概率为 } (1-P) \end{cases} \tag{4-19}$$

则

$$U_T(f) = \int_{-\infty}^{\infty} u_T(\tau) e^{-j2\pi nf_s\tau} d\tau$$

$$= \sum_{n=-N}^{N} a_n \int_{-\infty}^{\infty} [g_1(\tau-nT_s)-g_2(\tau-nT_s)] e^{-j2\pi nf_s\tau} d\tau$$

$$= \sum_{n=-N}^{N} a_n e^{-j2\pi nT_s} [G_1(f)-G_2(f)] \tag{4-20}$$

其中

$$G_1(f) = \int_{-\infty}^{\infty} g_1(\tau) e^{-j2\pi f\tau} d\tau \tag{4-21}$$

$$G_2(f) = \int_{-\infty}^{\infty} g_2(\tau) e^{-j2\pi f\tau} d\tau \tag{4-22}$$

于是

$$|U_T(f)|^2 = U_T(f)U_T^*(f)$$
$$= \sum_{M=-N}^{N}\sum_{M=-N}^{N} a_m a_n e^{j2\pi(n-m)T_s}[G_1(f)-G_2(f)][G_1(f)-G_2(f)]^* \tag{4-23}$$

其统计平均为

$$E[|U_T(f)|^2] = \sum_{m=-N}^{N}\sum_{n=-N}^{N} E[a_m a_n] e^{j2\pi(n-m)T_s}[G_1(F)-G_2(f)][G_1^*(f)-G_2^*(f)] \tag{4-24}$$

当 $m=n$ 时

$$a_m a_n = a_n^2 = \begin{cases} (1-P)^2 & \text{概率为 } P \\ P^2 & \text{概率为}(1-P) \end{cases} \tag{4-25}$$

依此可得

$$E[a_n^2] = P(1-P)^2 + P^2(1-P) = P(1-P) \tag{4-26}$$

当 $m \neq n$ 时

$$a_m a_n = \begin{cases} (1-P)^2 & \text{概率为 } P^2 \\ -P(1-P) & \text{概率为 } 2P(1-P) \\ P^2 & \text{概率为}(1-P)^2 \end{cases} \tag{4-27}$$

依此可得

$$E[a_m a_n] = P^2(1-P)^2 + P^2(1-P)^2 + 2P(1-P)(P-1) = 0 \tag{4-28}$$

由上可知,交变波的统计平均值只在 $m=n$ 时存在,故有

$$E[|U_T(f)|^2] = \sum_{n=-N}^{N} E[a_n^2]|G_1(f)-G_2(f)|^2$$
$$= (2N+1)P(1-P)|G_1(f)-G_2(f)|^2 \tag{4-29}$$

将其带入式(4-17),可得交变波功率谱密度为

$$P_u(f) = \lim_{N\to\infty} \frac{(2N+1)P(1-P)|G_1(f)-G_2(f)|^2}{(2N+1)T_s}$$
$$= f_s P(1-P)|G_1(f)-G_2(f)|^2 \tag{4-30}$$

上式表明,交变波的功率谱是连续谱,它与 $g_1(t)$ 和 $g_2(t)$ 的频谱及概率 P 有关。

3. $s(t)$ 的功率谱密度

$s(t)$ 为稳态波和交变波之和,所以将稳态波和交变波的功率谱密度相加,就可得到 $s(t)$ 的功率谱密度,即

$$P_s(f) = \sum_{m=-\infty}^{\infty} |f_s[PG_1(mf_s)+(1-P)G_2(mf_s)]|^2 \delta(f-mf_s)$$
$$+ f_s P(1-P)|G_1(f)-G_2(f)|^2 \tag{4-31}$$

上式是双边功率谱密度表示式,写成单边功率谱密度表示,则有

$$P_s(f) = 2f_s P(1-P) \mid (G_1(f) - G_2(f)) \mid^2$$
$$+ f_s^2 \mid PG_1(0) + (1-P)G_2(0) \mid^2 \delta(f)$$
$$+ 2f_s^2 \sum_{m=1}^{\infty} \mid PG_1(mf_s) + (1-P)G_2(mf_s) \mid^2 \delta(f - mf_s) \quad f \geqslant 0 \quad (4-32)$$

由式(4-32)可以得出：

(1) 二进制随机序列的功率谱可能包含连续谱和离散谱。

(2) 连续谱总是存在的，因为 $g_1(t) \neq g_2(t)$，所以 $G_1(f) \neq G_2(f)$，并且概率 P 也不可能为 0 或 1，谱的形状取决于 $g_1(t)$、$g_2(t)$ 的频谱及出现的概率 P。

(3) 离散谱是否存在，取决于 $g_1(t)$、$g_2(t)$ 的频谱及出现的概率 P，一般情况下是存在的，但对于双极性信号，$g_1(t) = -g_2(t)$，且 $P = 1/2$ 时，由于

$$PG_1(mf_s) + (1-P)G_2(mf_s) = 0 \quad (4-33)$$

所以没有离散分量。

下面举例说明功率谱密度的计算。

例 4.2　单极性不归零码。设一个单极性二进制信号 $g_1(t)$ 是高度为 1、宽度为 T_s 的矩形脉冲，$g_2(t) = 0$，它们的傅里叶变换分别为 $G_1(f) = T_s\left(\dfrac{\sin\pi f T_s}{\pi f T_s}\right) = T_s S_a(\pi f T_s)$ 和 $G_2(f) = 0$，

而且有

$$G_1(mf) = T_s[S_a(\pi mf T_s)] = \begin{cases} T_s & m=0 \\ 0 & m \neq 0 \end{cases}$$

用公式计算

$$P_v(f) = f_s^2 \mid PG_1(0) \mid^2 \delta(f) = f_s^2 P^2 T_s^2 \delta(f) = P^2 \delta(f)$$
$$P_u(f) = f_s P(1-P) \mid G_1(f) \mid^2 = P(1-P)T_s S_a^2(\pi f T_s)$$

特例：$P = 0.5$ 时，

$$P_v(f) = 0.25\delta(f)$$
$$P_u(f) = 0.25 T_s S_a^2(\pi f T_s)$$

因此单极性不归零码的双边功率谱密度为

$$P_s(f) = 0.25\delta(f) + 0.25 T_s S_a^2(\pi f T_s)$$

频谱如图 4-7 所示。

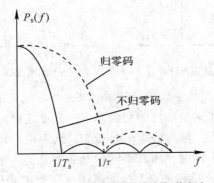

图 4-7　二进制基带信号功率谱密度

例 4.3 单极性归零码。假设 $g_1(t)$ 为半占空比、高度为 1 的矩形脉冲，即 $\tau/T_s = 1/2$，则

$$G_1(f) = \frac{T_s}{2}\mathrm{Sa}\left(\frac{\pi f T_s}{2}\right)$$

若 $P = 0.5$，代入式(4-32)可得单极性归零码的双边功率谱密度为

$$P_s(f) = \frac{T_s}{16}\mathrm{Sa}^2\left(\frac{\pi f T_s}{2}\right) + \frac{1}{16}\sum_{m=-\infty}^{\infty}\mathrm{Sa}^2\left(\frac{m\pi}{2}\right)\delta(f - mf_s)$$

当 $m = 0$ 时，$\mathrm{Sa}^2(m\pi/2) = \mathrm{Sa}^2(0) \neq 0$，因此离散谱中有直流分量；当 m 为奇数时，此时有离散谱，其中 $m = 1$ 时，$\mathrm{Sa}^2(m\pi/2) \neq 0$，表明有定时信号；当 m 为偶数时，$\mathrm{Sa}^2(m\pi/2) = 0$，此时无离散谱。单极性半占空比归零信号的带宽为 $B_s = 2f_s$。

例 4.4 双极性不归零码和双极性归零码。双极性码一般应用时都满足 $g_1(t) = -g_2(t)$，其中，$g_1(t)$ 代表"1"，$g_2(t)$ 代表"0"，$P = 0.5$，此时

$$P_s(f) = 4f_s P(1-P)\,|\,G_1(f)\,|^2 + \sum_{m=-\infty}^{\infty}|\,f_s(2P-1)G_1(mf_s)\,|^2\delta(f - mf_s)$$

$$= f_s\,|\,G_1(f)\,|^2$$

当 $g_1(t)$ 的高度为 1、宽度为 T_s 时，双极性不归零码的双边功率谱密度为

$$P_s(f) = T_s\mathrm{Sa}^2(\pi f T_s)$$

当 $g_1(t)$ 的高度为 1、宽度为 $T_s/2$ 即占空比为 0.5 时，双极性归零码的双边功率谱密度为

$$P_s(f) = \frac{T_s}{4}\mathrm{Sa}^2\left(\frac{\pi f T_s}{2}\right)$$

上面举的例子都是以矩形脉冲为基础的，但由于矩形脉冲的带宽为无穷大，故矩形脉冲不实用，也无法物理实现。从图 4-7 中可以看到，$P_s(f)$ 在第一个零点以后，还有不少的部分能量，如果信道带宽限制在 0 到第一个零点范围，势必引起波形传输的较大失真，如果采用以升余弦脉冲为基础的二进制码，即把宽度为 T_s 的矩形脉冲用宽度为 $2T_s$ 的升余弦脉冲代替(如图 4-8 所示)，则经分析计算可知它们的功率谱密度分布比矩形脉冲更集中在连续功率谱密度的第一个零点以内。如果信道带宽限制在第一个零点范围以内，传输波形就不会引起较大的失真。

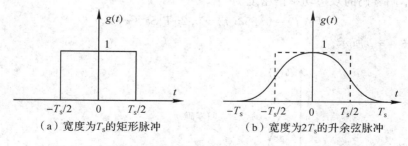

（a）宽度为T_s的矩形脉冲　　　（b）宽度为$2T_s$的升余弦脉冲

图 4-8　宽度为 T_s 的矩形脉冲和宽度为 $2T_s$ 的升余弦脉冲

通过上述讨论可知，分析随机脉冲序列的功率谱密度之后，就可知道信号功率的分布。根据主要功率集中在哪个频段，便可确定信号带宽，从而可以作为考虑信道带宽和传输网络的传输函数等的理论依据。同时利用其离散谱是否存在这一特点，可以明确能否从脉冲序列中直接提取所需的离散分量和采取怎样的方法从序列中获得所需的离散分量，以便在接收端利用这些分量获得位同步定时脉冲等。

4.4　数字基带信号的传输及码间干扰

4.4.1　基带传输系统模型

数字信息的基带波形可以有多种形式，其中较常见的基本波形是以其幅度有无或正负来表示数字信息的形式。本节在此基础上讨论基带脉冲传输的基本特点。

首先，我们来看一下基带信号传输系统的典型模型(如图 4 - 9 所示)，主要由信道信号形成器、信道、接收滤波器和抽样判决器组成。

图 4 - 9　基带传输系统方框图

(1) 信道信号形成器(发送滤波器)：其功能是产生适合于信道传输的基带信号波形。因为其输入一般是经过码型编码器产生的传输码，相应的基本波形通常是矩形脉冲，其频谱很宽，不利于传输。发送滤波器用于压缩输入信号频带，把传输码变换成适于信道传输的基带信号波形。

(2) 信道：是允许基带信号通过的媒质，通常为有线信道，如双绞线、同轴电缆等。信道的传输特性一般不满足无失真传输条件，因此会引起传输波形的失真。另外，信道还会引入噪声，假设它是均值为零的高斯白噪声。

(3) 接收滤波器：用来接收信号，尽可能滤除信道噪声和其他干扰，对信道特性进行均衡，使输出的基带波形有利于抽样判决。

(4) 抽样判决器：在传输特性不理想及其他干扰存在的情况下，在规定时刻由位定时脉冲对接收滤波器的输出波形进行抽样判决，以生成或再生基带信号。

(5) 定时脉冲和同步提取：用来抽样的位定时脉冲依靠同步提取电路从接收信号中提取，位定时的准确与否将直接影响判决效果。

传输信道是广义的，它可以是传输介质，也可以是带调制解调器的调制信道。

接收滤波器的作用是使噪声尽量地得到抑制，从而使信号通过。抽样判决器将收到的波形恢复成脉冲序列，最后经码型译码，得到发送端所要传输的原始信息码元。

4.4.2　码间串扰

数字通信的主要质量指标是传输速率和误码率，二者之间密切相关、互相影响。当信道一定时，传输速率越高，误码率越大。如果传输速率一定，那么误码率就成为数字信号传输中最主要的性能指标。从数字基带信号传输的物理过程来看，误码是由接收机抽样判决器错误判决所致，而造成误判的主要原因是码间串扰和信道噪声。码间串扰是由于系统传输总特性不理想，导致前后码元的波形畸变、展宽，并使前面波形出现很长的拖尾，蔓延到当前码元的抽样时刻上，从而对当前码元的判决造成干扰。码间串扰是数字通信系统中除噪声干扰之外最主要的干扰，它与加性的噪声干扰不同，是一种乘性的干扰。造成码间串扰的原因有很多，实际上，只要传输信道的频带是有限的，就会造成一定的码间串扰。

图 4-10 给出了码间串扰示意图。图 4-10(a)示出了 $\{a_n\}$ 序列中的单个"1"码，经过发送滤波器后，变成正的升余弦波形(见图 4-10(b))，此波形经信道传输产生了延迟和失真(如图 4-10(c))所示，可看到这个"1"码的拖尾延伸到了下一码元时隙内，并且抽样判决时刻也应向后推移至波形的最高峰处(设为 t_1)。

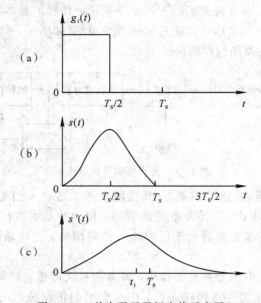

图 4-10　单个码元码间串扰示意图

假如传输的一组码元是 1110，采用双极性码，经发送滤波器后变为升余弦波形，如图 4-11(a)所示。经过信道后产生码间串扰，前 3 个"1"码的拖尾相继侵入到第 4 个"0"码的时隙中，如图 4-11(b)所示。

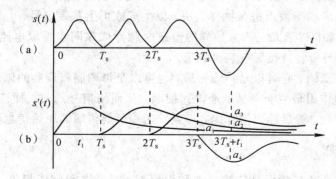

图 4-11　多个码元码间串扰示意图

4.4.3　码间串扰的消除

一个好的基带传输系统，应该在传输有用信号的同时能尽量抑制码间串扰和噪声。为便于讨论，先忽略信道噪声，同时把基带传输系统模型作一简化，如图 4-12 所示。

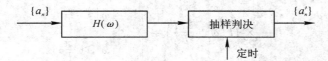

图 4-12　基带传输系统简化模型

图 4-12 中，$H(\omega) = G_T(\omega)C(\omega)G_R(\omega)$，为发送滤波器、信道、接收滤波器之总和，是整个系统的基带传输特性。如果无码间串扰，系统的冲激响应满足：

$$h(kT_s) = \begin{cases} 1 & k=0 \\ 0 & k \text{ 为其他整数} \end{cases} \qquad (4-34)$$

即抽样时刻($k=0$ 点)除当前码元有抽样值之外，其他各抽样点上的取值均应为 0。

根据 $h(t) \Leftrightarrow H(\omega)$ 的关系可知，要实现无码间串扰的传输波形 $h(t)$，转化为设计基带传输总特性 $H(\omega)$ 的问题，即

$$h(kT_s) = \frac{1}{2\pi} \int_{-\infty}^{\infty} H(\omega) e^{j\omega kT_s} \, d\omega \qquad (4-35)$$

满足上式的 $H(\omega)$ 即是能实现无码间串扰的基带传输函数。

最简单的无码间串扰的基带传输函数是理想低通滤波器的传输特性，即

$$H(\omega) = \begin{cases} K e^{-j\omega t_0} & |\omega| \leqslant \pi/T_s \\ 0 & |\omega| > \pi/T_s \end{cases} \qquad (4-36)$$

式中，K 为常数，代表带内衰减。理想低通滤波器波形如图 4-13 所示。

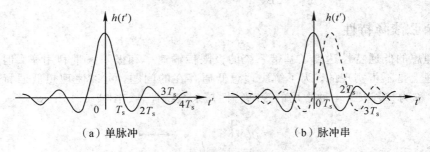

（a）单脉冲　　　　　　　　　　（b）脉冲串

图 4-13　理想低通传输系统特性

由图 4-13 可见，在 t' 轴上，抽样函数出现最大值的时间仍在坐标原点。如果传输一个脉冲串，那么在 $t'=0$ 有最大抽样值的这个码元在其他码元抽样时刻 kT_s($k=0, \pm 1, \pm 2,$ …)幅度值为 0，说明它对其相邻码元的抽样值无干扰。这就是说，对于带宽为 $B_N = \dfrac{W}{2\pi} = \dfrac{\pi/T_s}{2\pi} = \dfrac{1}{2T_s}$（Hz）的理想低通滤波器，只要输入数据以 $R_B = \dfrac{1}{T_s} = 2B_N$ 波特的速率传输，那么接收信号在各抽样点上就无码间串扰。反之，若数据以高于 $2B_N$ 波特的速率传输，则码间串扰不可避免，这是抽样值无失真的条件。

4.4.4　奈奎斯特准则

根据式(4-34)无码件串扰时域要求，可以得到无码件串扰时基带传输的频域特性应满足

$$\frac{1}{T_s} \sum_i H\left(\omega + \frac{2\pi i}{T_s}\right) = \begin{cases} 1 & |\omega| \leqslant \dfrac{\pi}{T_s} \\ 0 & |\omega| > \dfrac{\pi}{T_s} \end{cases} \tag{4-37}$$

或

$$\sum_i H\left(\omega + \frac{2\pi i}{T_s}\right) = \begin{cases} T_s & |\omega| \leqslant \dfrac{\pi}{T_s} \\ 0 & |\omega| > \dfrac{\pi}{T_s} \end{cases} \tag{4-38}$$

该条件称为奈奎斯特(Nyquist)第一准则。它为我们提供了检验一个给定的传输系统特性是否产生码间串扰的一种方法。基带总特性凡是能符合此要求的，均能消除码间串扰。满足奈奎斯特条件下有

$$R_B = 2f_m = \frac{1}{T_s} \tag{4-39}$$

式中，R_B 为奈奎斯特速率，f_m 为截止频率，T_m 为奈奎斯特间隔。

下面介绍几个特征参量：

(1) 奈奎斯特带宽：$B_N = \dfrac{W}{2\pi} = \dfrac{\pi/T_s}{2\pi} = \dfrac{1}{2T_s} = f_m = \dfrac{R_B}{2}$ (Hz)；

(2) 奈奎斯特速率：$R_B = 2B_N = \dfrac{1}{T_s} = 2f_m$；

(3) 奈奎斯特间隔：$T_s = \dfrac{1}{R_B} = \dfrac{1}{2B_N}$。

4.4.5 余弦滚降特性

虽然理想的低通特性达到了基带系统的极限传输速率和极限频带利用率，但这种理想特性在物理上是不可实现的。为了解决理想低通存在的问题，可以使理想低通特性的边沿缓慢下降，称为"滚降"。一种常用的滚降特性是余弦特性，如图 4-14 所示。

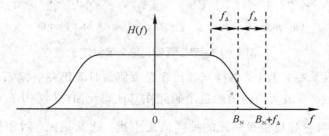

图 4-14 余弦滚降特性

只要 $H(f)$ 在滚降段中心频率处(与奈奎斯特带宽 B_N 相对应)呈奇对称的振幅特性，就可以满足奈奎斯特准则，从而实现无码间串扰传输。余弦特性传递函数为

$$H(\omega) = \begin{cases} T_s & 0 \leqslant |\omega| < \dfrac{(1-\alpha)\pi}{T_s} \\ \dfrac{T_s}{2}\left[1 + \sin\dfrac{T_s}{2\alpha}\left(\dfrac{\pi}{T_s} - \omega\right)\right] & \dfrac{(1-\alpha)\pi}{T_s} \leqslant |\omega| < \dfrac{(1+\alpha)\pi}{T_s} \\ 0 & |\omega| \geqslant \dfrac{(1+\alpha)\pi}{T_s} \end{cases} \tag{4-40}$$

其相应的时域表达式为

$$h(t) = \frac{\sin \pi t / T_{\mathrm{s}}}{\pi t / T_{\mathrm{s}}} \cdot \frac{\cos \alpha \pi t / T_{\mathrm{s}}}{1 - 4\alpha^2 t^2 / T_{\mathrm{s}}^2} \tag{4-41}$$

式中，α 为滚降系数，用于描述滚降程度，定义为 $\alpha = f_\Delta / B_{\mathrm{N}}$，其中 B_{N} 为奈奎斯特带宽，f_Δ 是超出奈奎斯特带宽的扩展量。

显然，$0 \leqslant \alpha \leqslant 1$，对应不同的 α 有不同的滚降特性。图 4-15 所示为滚降系数 α 等于 0、0.5、0.75、1 时的几种滚降特性和冲击响应。可见，滚降系数越大，$h(t)$ 的拖尾衰减越快，对位定时精度要求越低。但是滚降使得带宽增大为 $B = B_{\mathrm{N}} + f_\Delta = (1 + \alpha) B_{\mathrm{N}}$，所以频带利用率降低。

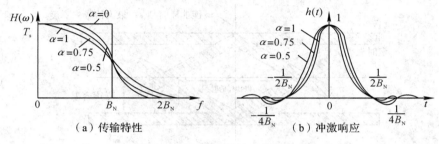

图 4-15　余弦滚降特性示例

4.5　眼　　图

4.5.1　眼图的定义

所谓眼图，是指通过用示波器观察接收端的基带信号波形来估计和调整系统性能的一种方法。这种方法的具体做法是：用一个示波器跨接在抽样判决器的输入端，然后调整示波器水平扫描周期，使其与接收码元的周期同步。此时可以从示波器显示的图形上观察码间干扰和信道噪声等因素的影响情况，从而估计系统的性能优劣情况。

4.5.2　眼图的形成

在实际数字互连系统中，完全消除码间串扰是十分困难的，而码间串扰对误码率的影响目前尚无法找到数学上便于处理的统计规律，还不能进行准确计算。为了衡量基带传输系统的性能优劣，在实验室中，通常用示波器观察接收信号波形来分析码间串扰和噪声对系统性能的影响，这就是眼图分析法。

在无码间串扰和噪声的理想情况下，波形无失真，每个码元将重叠在一起，最终在示波器上看到的是迹线又细又清晰的"眼睛"，"眼"开启度最大。当有码间串扰时，波形失真，码元不完全重合，眼图的迹线就会不清晰，引起"眼"部分闭合。若再加上噪声的影响，则使眼图的线条变得模糊，"眼"开启度更小了。因此，"眼"张开的大小表示了失真的程度，反映了码间串扰的强弱。由此可知，眼图能直观地表明码间串扰和噪声的影响，可评价一个基带传输系统性能的优劣。另外，也可以用此图形对接收滤波器的特性加以调整，以减小码间串扰和改善系统的传输性能。

4.5.3 眼图的模型

通常眼图可以用图 4-16 所示的图形来描述，由该图可以获得以下信息：

（1）最佳抽样时刻是"眼睛"张开最大的时刻。

（2）定时误差灵敏度是眼图斜边的斜率。斜率越大，对位定时误差就越敏感。

（3）图中阴影区的垂直高度表示抽样时刻上信号受噪声干扰的畸变程度。

（4）图中央的横轴位置对应于判决门限电平。

（5）抽样时刻，上下两个阴影区的间隔距离之半为噪声容限，若噪声瞬时值超过它就可能发生错判。

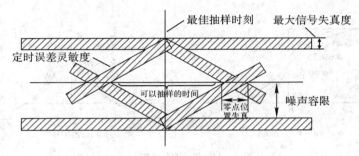

图 4-16 眼图的模型

示波器屏幕上所显示的数字通信符号，由许多波形部分重叠形成，其形状类似"眼"的图形。"眼"大表示系统传输特性好；"眼"小表示系统中存在符号间干扰。

4.6 均　　衡

实际的基带传输系统不可能完全满足无码间串扰传输条件，因而码间串扰是不可避免的。当串扰严重时，必须对系统的传输函数 $H(\omega)$ 进行校正，使其达到或接近无码间串扰要求的特性。这个对系统校正的过程称为均衡，实现均衡的滤波器称为均衡器。

均衡分为频域均衡和时域均衡。频域均衡是从频率响应考虑，使包括均衡器在内的整个系统的总传输函数满足无失真传输条件。而时域均衡则是直接从时间响应考虑，使包括均衡器在内的整个系统的冲激响应满足无码间串扰条件。

频域均衡在信道特性不变，且传输低速率数据时是适用的，而时域均衡可以根据信道特性的变化进行调整，能够有效地减小码间串扰，故在高速数据传输中得以广泛应用。本节仅介绍时域均衡原理。

4.6.1 时域均衡原理

时域均衡的原理框图如图 4-17 所示。

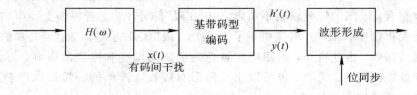

图 4-17 时域均衡原理框图

图 4 - 17 中，$H(\omega)$ 不满足无码间串扰条件时，其输出信号 $x(t)$ 将存在码间串扰。为此，在 $H(\omega)$ 之后插入一个称为横向滤波器的可调滤波器 $T(\omega)$，形成新的总传输函数 $H'(\omega)$，表示为

$$H'(\omega) = H(\omega)T(\omega) \tag{4-42}$$

根据奈奎斯特准则，只要 $H'(\omega)$ 满足

$$\sum_i H'\left(\omega + \frac{2\pi i}{T_s}\right) = \begin{cases} T_s & |\omega| \leqslant \dfrac{\pi}{T_s} \\ 0 & |\omega| > \dfrac{\pi}{T_s} \end{cases} \tag{4-43}$$

则抽样判决器输入端的信号 $y(t)$ 将不含码间串扰，即这个包含 $T(\omega)$ 在内的 $H'(\omega)$ 将可消除码间串扰。这就是时域均衡的基本原理。

可以证明

$$T(\omega) = \sum_{n=-\infty}^{\infty} C_n e^{-jnT_s\omega} \tag{4-44}$$

其中

$$C_n = \frac{T_s}{2\pi} \int_{-\frac{\pi}{T_s}}^{\frac{\pi}{T_s}} \frac{T_s}{\sum_i H\left(\omega + \dfrac{2\pi i}{T_s}\right)} e^{jn\omega T_s} d\omega \tag{4-45}$$

由上式可见，C_n、$T(\omega)$ 完全由 $H(\omega)$ 决定。

对式(4-44)进行傅里叶反变换，则可求出其单位冲激响应 $h_T(t)$ 为

$$h_T(t) = F^{-1}[T(\omega)] = \sum_{n=-\infty}^{\infty} C_n \delta(t - nT_s) \tag{4-46}$$

根据该式，可构造实现 $T(\omega)$ 的插入滤波器如图 4-18 所示，它实际上是由无限多个横向排列的延迟单元构成的抽头延迟线加上一些可变增益放大器组成的，因此称为横向滤波器。每个延迟单元的延迟时间等于码元宽度 T_s，每个抽头的输出经可变增益(增益可正可负)放大器加权后输出。这样，当有码间串扰的波形 $x(t)$ 输入时，经横向滤波器变换，相加器将输出无码间串扰波形 $y(t)$。

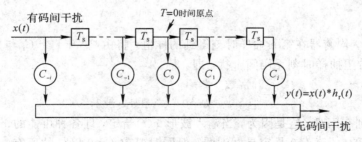

图 4 - 18　横向滤波器

上述分析表明，借助横向滤波器实现均衡是可能的，并且只要用无限长的横向滤波器，就能做到消除码间串扰的影响。然而，使横向滤波器的抽头无限多是不现实的，大多数情况下也是不必要的。因为实际信道往往仅是一个码元脉冲波形对邻近的少数几个码元产生串扰，故实际上只要有一二十个抽头的滤波器就可以了。抽头数太多会给制造和使用都带来困难。

4.6.2 有限长横向滤波器

设在基带系统接收滤波器与判决器之间插入一个具有 $2N+1$ 个抽头的有限长横向滤波器，如图 4-19 所示，它的输入为 $x(t)$，是被均衡的对象。若该有限长横向滤波器的单位冲激响应为 $e(t)$，相应的频率特性为 $E(\omega)$，则

$$e(t) = \sum_{i=-N}^{N} C_1 \delta(t-iT_s) \qquad (4-47)$$

$$E(\omega) = \sum_{i=-N}^{N} C_i e^{-j\omega iT_s} \qquad (4-48)$$

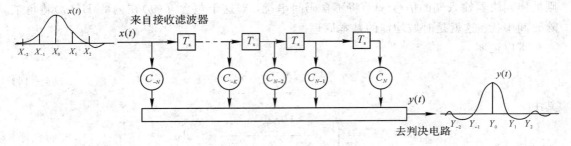

图 4-19 有限长横向滤波器

下面考察该横向滤波器的输出 $y(t)$ 的波形。因为 $y(t)$ 是输入 $x(t)$ 与冲激响应 $e(t)$ 的卷积，故利用 $e(t)$ 为冲激序列的特点，可得

$$y(t) = x(t) * e(t) = \sum_{i=-N}^{N} C_i x(t-iT_s) \qquad (4-49)$$

于是在抽样时刻 $t_k = kT_s + t_0$ 有

$$y(t_k) = y(kT_s + t_0) = \sum_{i=-N}^{N} C_i x(kT_s + t_0 - iT_s) = \sum_{i=-N}^{N} C_i x[(k-i)T_s + t_0] \qquad (4-50)$$

简写为

$$y_k = \sum_{i=-N}^{N} C_i x_{k-i} \qquad (4-51)$$

式(4-51)说明，均衡器在第 k 抽样时刻得到的样值，将由 $2N+1$ 个 C_i 与 x_{k-i} 的乘积之和来确定。我们希望抽样时刻无码间干扰，即

$$y_k = \begin{cases} 常数 & k=0 \\ 0 & k\neq 0,\ k=\pm1,\ \pm2,\ \cdots \end{cases} \qquad (4-52)$$

但完全做到有困难，这是因为，当输入波形 $x(t)$ 给定，即各种可能的 x_{k-i} 确定时，通过调整 C_i 使指定的 y_k 等于 0 是容易办到的，但同时要求 $k=0$ 以外的所有 y_k 都等于 0 却是件很难的事。

实际应用时，是用示波器观察均衡滤波器输出信号 $y(t)$ 的眼图，通过反复调整各个增益放大器的 C_i，使眼图的"眼睛"张开最大为止。

现在我们以只有三个抽头的横向滤波器为例，说明横向滤波器消除码间串扰的工作原理。

假定滤波器的一个输入码元 $x(t)$ 在抽样时刻 t_0 达到最大值 $x_0=1$，而在相邻码元的抽样时刻 t_{-1} 和 t_{+1} 上的码间串扰值为 $x_{-1}=1/4$，$x_0=1$，$x_1=1/2$，其余都为 0。采用三抽头均

衡器来均衡，经调试，得此滤波器的三个抽头增益调整为 $C_{-1} = -1/4$，$C_0 = +1$，$C_1 = -1/2$，则调整后的三路波形相加得到最后的输出波形 y_t，其在各抽样点上的值分别如下：

$$y_{-2} = \sum_{i=-1}^{1} C_i x_{-2-i} = C_{-1} x_{-1} + C_0 x_{-2} + C_1 x_{-3} = -\frac{1}{16}$$

$$y_{-1} = \sum_{i=-1}^{1} C_i x_{-1-i} = C_{-1} x_0 + C_0 x_{-1} + C_1 x_{-2} = 0$$

$$y_0 = \sum_{i=-1}^{1} C_i x_{0-i} = C_{-1} x_1 + C_0 x_0 + C_1 x_{-1} = \frac{3}{4}$$

$$y_1 = \sum_{i=-1}^{1} C_i x_{1-i} = C_{-1} x_2 + C_0 x_1 + C_1 x_0 = 0$$

$$y_2 = \sum_{i=-1}^{1} C_i x_{2-i} = C_{-1} x_3 + C_0 x_2 + C_1 x_1 = -\frac{1}{4}$$

由以上结果可见，输出波形的最大值 y_0 降低为 3/4，相邻抽样点上消除了码间串扰，即 $y_1 = y_{-1} = 0$，但在其他点上又产生了串扰，即 y_{-2} 和 y_2。这说明，用有限长的横向滤波器有效减小码间串扰是可能的，但完全消除是不可能的。

时域均衡的实现方法有多种，但从实现的原理上看，大致可分为预置式自动均衡和自适应式自动均衡。预置式均衡是在实际传输之前先传输预先规定的测试脉冲（如重复频率很低的周期性的单脉冲波形），然后按"迫零调整原理"（具体内容请参阅有关参考书）自动或手动调整抽头增益；自适应式均衡是在传输过程中连续测出距最佳调整值的误差电压，并据此电压去调整各抽头增益。一般地，自适应均衡不仅可以使调整精度提高，而且当信道特性随时间变化时又能有一定的自适应性，因此很受重视。这种均衡器过去实现起来比较复杂，但随着大规模、超大规模集成电路和微处理器的应用，其发展十分迅速。

4.7 基带通信系统仿真实例

4.7.1 基于 SystemView 的基带通信系统仿真

1. 仿真目的

（1）通过实验进一步了解数字基带传输系统的构成及其工作原理。

（2）观察数字基带传输系统接收端的眼图，掌握眼图的主要性能指标。

2. 仿真原理框图

基带数字信号传输原理框图如图 4-20 所示。

图 4-20　基带数字信号传输原理框图

3. 仿真参数

基带信号速率：128 波特；

采样频率：10 240 Hz；

每码元采样点数：80；

仿真点数：5000；

仿真时间：0～488.18359375e^{-3} s；

采样间隔：97.65625e^{-6} s；

脉冲波形：Root Cosine 型；

脉冲宽度：7.8125e^{-3} s。

4. 基于 SystemView 的仿真建模

基于 SystemView 的仿真建模如图 4-21 所示。

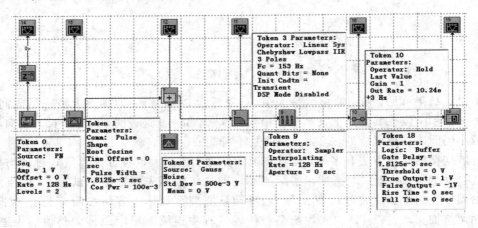

图 4-21　基于 SystemView 的基带数字通信仿真建模

主要模块参数配置如下：

（1）信号产生：由随机信号发生器 0 实现，参数设置如图 4-22 所示。

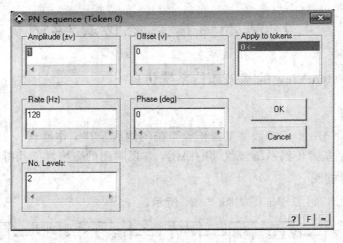

图 4-22　基于 SystemView 的仿真建模参数

（2）延迟单元：由延迟器 20 实现，由于脉冲成形和接收端低通滤波产生两个码元的延迟，每个码元 80 个采样点，为了使发送信号和接收判决信号对齐便于比较，将发送端信号延迟 160 个采样点。

（3）接收滤波器设计：由于采用了脉冲成形，传输波形并不是理想波形，低通滤波器截止频率按照信号频带宽度的 1.2 倍设计，即 128×1.2=153.6 Hz，型号为 Chebyshev。

5. 仿真结果与分析

发送端成形滤波前后信号时域、频域波形对比如图 4-23 所示。

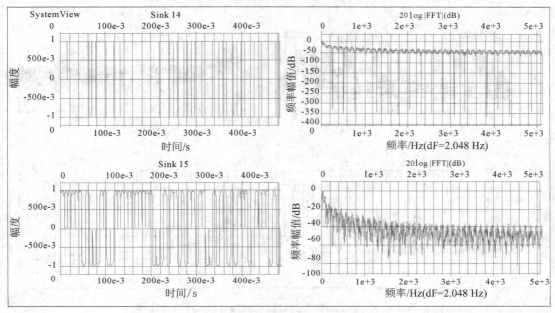

图 4-23　成形滤波前后信号波形图

由图 4-23 可见，经过成形滤波以后频域得到快速衰减，可以有效减小码间串扰。

加噪前后波形时域、频域对比图如图 4-24 所示。

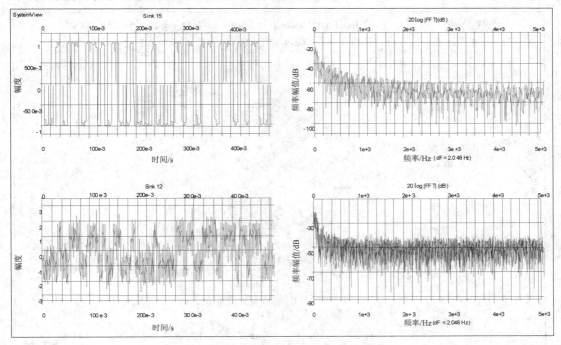

图 4-24　加噪前后波形时域、频域对比图

由图 4-24 可见噪声对信号时域和频域均产生了明显的影响。

图 4-25 为接收端滤波前后信号波形时域、频域对比图。图中右边为滤波前的接收信号，左边为滤波后的信号。从图中可以看出滤波器设计得当可以滤除大部分噪声。

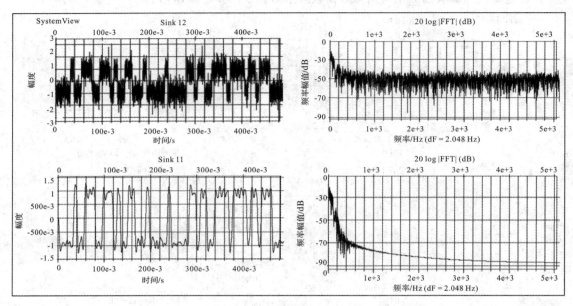

图 4-25　接收端滤波前后信号波形时域、频域对比图

眼图设置为起始时间 0.001 s，观察窗长度为两个码元时长。得到滤波后的眼图如图 4-26 所示。

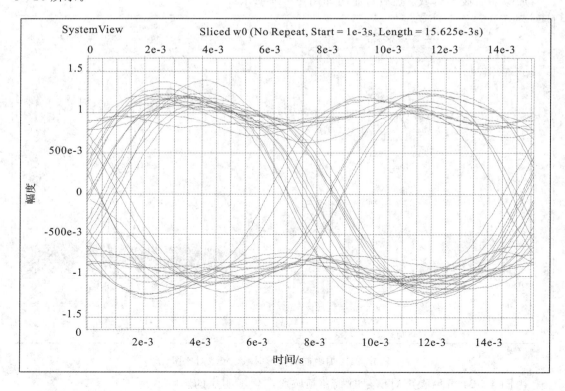

图 4-26　接收信号眼图

最后给出发送的原始信号和接收判决生成的信号比对，仿真结果如图 4 – 27 所示。图中，上半部分为延迟两个码元的原始序列，下半部分为经过基带数字传输判决回复的新序列。由图可见除了在原始信号序列开始处发生两个码元的延迟以外，两个序列波形完全相同，没有发生错误。

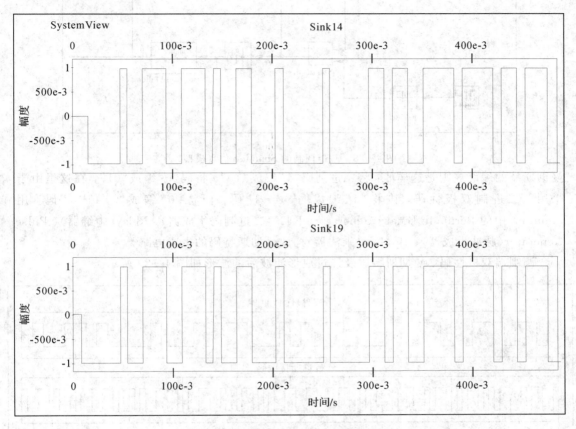

图 4 – 27　接收信号与原始信号对比图

4.7.2　基于 Matlab 的基带调制仿真

1. 仿真参数

基带速率：1 kb/s；

采样率：10 kHz；

每码元采样点数：10；

仿真点数：100；

脉冲波形：Root Cosine 型。

2. 仿真模型

仿真模型如图 4 – 28 所示。

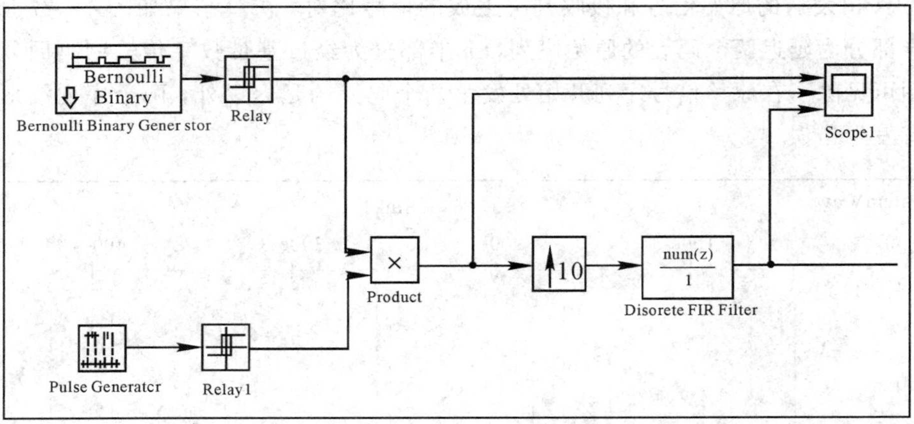

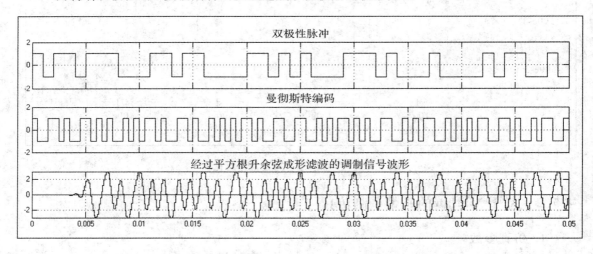

图 4 - 28　基带调制的 Simulink 仿真模型

曼彻斯特的编码规则是这样的：将二进制码"1"编成"10"，将码"0"编成"01"，在这里由于采用了二进制双极性码，则将"1"编成"＋1－1"码，而将"0"编成"－1＋1"码。用 Simulink 中的 Bernoulli Binary Generator(不归零二进制码生成器)、Relay(中继器)、Pulse Generator(脉冲生成器)、Product(乘法器)构成曼彻斯特码的生成电路。

　　调制端双极性码、曼彻斯特码及经过成形滤波后的波形如图 4 - 29 所示。

图 4 - 29　调制端双极性码、曼彻斯特码及经过成形滤波后的波形

由图 4 - 29 可知平方根升余弦滤波对信号产生了平滑滤波效果。

4.8　实　战　训　练

1. 实训目的

(1) 掌握数字基带信号的几种常用传输码型及其特点；

(2) 掌握眼图形成过程及其特点。

2. 实训内容和基本原理

采用 SystemView 或 Matlab/Simulink 软件，完成基带数字通信仿真实验，用示波器观察各个部分的仿真结果。

(1) 加噪前后波形时域、频域图；

(2) 接收信号眼图波形。

3. 实训报告要求

(1) 画出仿真电路图；

(2) 标注出每个电路模块参数的设计值；

(3) 分析基带数字通信模型仿真结果；

(4) 写出心得体会。

习　　题

4-1　数字基带系统传输的基本结构及各部分的功能如何？

4-2　数字基带信号有哪些常用的形式？它们各自有什么特点？它们的时域表示式如何？

4-3　研究数字基带信号功率谱的意义何在？怎么确定信号带宽？

4-4　构成 AMI 和 HDB$_3$ 码的规则是什么？它们各有什么优缺点？

4-5　什么是码间干扰？它是怎样产生的？对通信质量有什么影响？

4-6　什么是眼图？它有什么用处？

4-7　什么是均衡？什么是时域均衡？横向滤波器为什么能实现时域均衡？

4-8　设某二进制数字基带信号的基本脉冲为三角形脉冲，如题图 4-1 所示。图中 T_s 为码元间隔，数字信息"1"和"0"分别用 $g(t)$ 的有无表示，且"1"和"0"出现的概率相等。

(1) 求该数字基带信号的功率谱密度，并画出功率谱密度图；

(2) 能否从该数字基带信号中提取码元同步所需的频率 $f_s = 1/T_s$ 分量？若能，试计算该分量的功率。

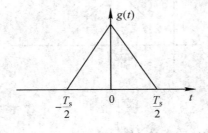

题图 4-1

4-9　设某二进制数字基带信号中，数字信息"1"和"0"分别由 $g(t)$ 及 $-g(t)$ 表示，且"1"与"0"出现的概率相等，$-g(t)$ 是升余弦频谱脉冲，这里

$$g(t) = \frac{1}{2} \cdot \frac{\cos\left(\dfrac{\pi t}{T_s}\right)}{1 - \dfrac{4t^2}{T_s^2}} \mathrm{Sa}\left(\cos\left(\frac{\pi t}{T_s}\right)\right)$$

（1）写出该数字基带信号的功率谱密度表示式，并画出功率谱密度图；

（2）从该数字基带信号中能否直接提取频率 $f_s = \dfrac{1}{T_s}$ 的分量？

（3）若码元间隔 $T_s = 10^{-3}$ s，试求该数字基带信号的传码率及频带宽度。

4-10　已知信息代码为101100101，试确定相应的双相码和CMI码，并分别画出它们的波形图。

4-11　设某数字基带系统的传输特性 $H(\omega)$ 如题图4-2所示，其中 α 为某个常数（$0 \leqslant \alpha \leqslant 1$）：

（1）试检验该系统能否实现无码间串扰的条件；

（2）试求该系统的最高码元传输速率为多大，这时的频带利用率为多大。

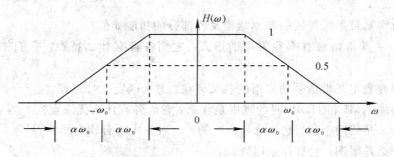

题图 4-2

4-12　某基带传输系统接收滤波器输出信号的基带脉冲为如题图4-3所示的三角形脉冲：

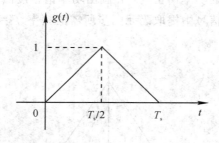

题图 4-3

（1）求该基带传输系统的传输函数 $H(\omega)$；

（2）假设信道的传输函数 $C(\omega) = 1$，发送滤波器和接收滤波器具有相同的传输函数，即 $G_T(\omega) = G_R(\omega)$，求 $G_T(\omega)$ 和 $G_R(\omega)$ 的表达式。

4-13　设基带传输系统的发送滤波器、信道及接收滤波器组成总特性为 $H(\omega)$，若要以 $T_s/2$ 波特的滤波进行数据传输，试检验题图4-4中各种 $H(\omega)$ 是否满足消除抽样点码间串扰的条件。

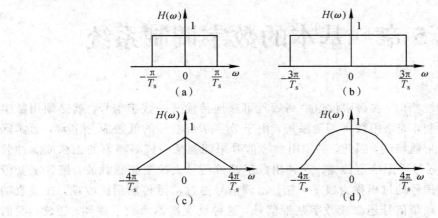

题图 4 - 4

4 - 14　设随机二进制序列中的 0 和 1 分别由 $g(t)$ 和 $-g(t)$ 组成，其出现概率分别为 P 和 $(1-P)$。

（1）求其功率谱密度及功率；

（2）若 $g(t)$ 为题图 4 - 5(a) 所示的波形，T_s 为码元宽度，则该序列是否存在离散分量 $f = \dfrac{1}{T_s}$？

（3）若 $g(t)$ 改为题图 4 - 5(b) 所示的波形，则该序列是否存在离散分量 $f = \dfrac{1}{T_s}$？

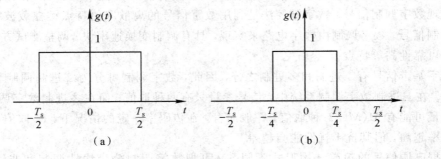

题图 4 - 5

第5章 基本的数字调制系统

　　与模拟通信系统相似，在带限信道中高效且可靠地传输某一数字信号，就必须用数字信号对载波进行调制，即采用数字调制系统。由于数字基带信号的低频成分丰富，而实际的通信信道又具有带通特性，因此，必须用数字信号来调制某一较高频率的正弦或脉冲载波，使已调信号能通过带限信道传输。这种用数字基带信号去控制高频载波，把数字基带信号变成数字频带信号的过程称为数字调制。已调信号通过信道传输到接收端，在接收端通过解调器把数字频带信号还原成数字基带信号，这种反变换称为数字解调。通常，我们把数字调制与解调合起来称为数字调制，把包括调制和解调过程的传输系统称为数字信号的频带传输系统或数字调制系统。

　　在微波无线通信、移动通信和光纤通信等通信系统中信道是带通型的，所以需要把数字基带信号的频谱搬移到相应的频段再送入信道传输。因此，数字基带信号的传输需采用频带传输系统。

　　由于高频正弦载波具有振幅、频率及相位三种参数，因此当数字基带信号分别去控制高频载波的这三种参数时，就形成了数字调制的三种基本方式，即振幅键控（ASK）、频移键控（FSK）和相移键控（PSK）。数字调制信号的产生通常可采用模拟调制法和数字键控法两种，模拟调制法是把数字基带信号当做模拟信号的特殊情况来处理，并利用模拟乘法器，从而实现数字调制信号。数字键控法是利用数字信号的离散取值特点键控载波，从而实现数字调制信号。数字调制由数字电路来实现，具有调制变换速率快、调整测试方便、体积小和设备可靠性高等特点。

　　数字基带信号有二进制和多进制之分，因此，数字调制可分为二进制调制和多进制调制两种。在二进制数字调制系统中，信号参量只有两种取值；而在多进制数字调制系统中，信号参量可能有 $M(M>2)$ 种取值。一般而言，在传码率一定的情况下，M 取值越大，信息传输速率越高，但其抗干扰性能会越差。

　　根据已调信号的频谱结构形式不同，又可把数字调制分为线性调制和非线性调制两种。线性调制是指已调信号的频谱结构与数字基带信号的频谱结构相同，只不过搬移了一个频率位置；非线性调制是指已调信号的频谱结构与数字基带信号的频谱结构不相同，因其频谱不是简单的频谱搬移。

　　数字调制的功能与要求如下：

　　（1）可实现频谱搬移。频谱搬移是将传送信息的基带信号搬移到相应频段的信道上进行传输，以实现信源信号与客观信道的特性相匹配。频谱搬移是调制、解调的最基本功能。

　　（2）抗干扰，即功率有效性高。调制要求已调波功率谱的主瓣占有尽可能多的信号能量，且波瓣窄，具有快速滚降特性；另外要求带外衰减大，旁瓣小，这样对其他通路干扰小。

　　（3）提高系统有效性，即频谱有效性；提高频带利用率，即单位频带内具有尽可能高的信息速率。

5.1　二进制振幅调制

5.1.1　二进制振幅调制的基本原理

二进制振幅调制又称为开关键控（On-Off Keying，OOK）或幅移键控（Amplitude Shift Keying，ASK），用单极性二进制信号键控正弦载波的开和关。OOK 是继模拟通信系统后首先采用的数字调制技术，该技术的一个应用实例是莫尔斯码无线电传输。模拟调幅信号是将基带信号乘以正弦型载波信号得到的，如果把数字基带信号看成是模拟基带信号的特例，则 2ASK 信号可表示为

$$e(t) = s(t)\cos\omega_c t \tag{5-1}$$

式中，$s(t)$ 为二进制基带脉冲序列，其基带脉冲波形可以是矩形脉冲，也可以是其他波形，如升余弦波形。当 $s(t)$ 为单极性矩形脉冲序列时，可表示为

$$s(t) = \sum_n a_n g(t - nT_s) \tag{5-2}$$

式中，$g(t)$ 是持续时间为 T_s 的矩形脉冲，而 a_n 的取值服从如下关系：

$$a_n = \begin{cases} 0 & \text{概率为 } P \\ 1 & \text{概率为 } (1-P) \end{cases} \tag{5-3}$$

通常，二进制振幅键控信号（2ASK）一般可采用两种方式产生，即模拟调制法和键控法，其模型框图如图 5-1 所示。

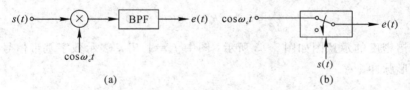

图 5-1　二进制振幅键控（2ASK）信号的产生模型

图 5-1 中，图(a)表示一般的模拟幅度调制方法，不过这里的 $s(t)$ 由式(5-2)确定；图(b)表示一种键控方法，这里的开关电路受 $s(t)$ 控制。当输入单极性矩形脉冲序列为 010010 时，产生的二进制振幅键控（2ASK）信号波形如图 5-2 所示。

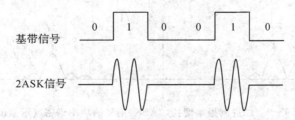

图 5-2　二进制振幅键控（2ASK）信号的波形示例

5.1.2　二进制振幅键控信号的功率谱密度与带宽

由于二进制振幅键控信号是随机的、功率型的信号，故研究其频谱特性时，应该讨论

它的功率谱密度。由式(5-1)和式(5-2)可知,一个 2ASK 信号可表示成

$$e(t) = s(t)\cos\omega_c t = \sum_n a_n g(t - nT_s)\cos\omega_c t \tag{5-4}$$

现设 $e(t)$ 的功率谱密度为 P_{2ASK},$s(t)$ 的功率谱密度为 $P_s(f)$,则由式(5-4)可得

$$P_{2ASK}(f) = \frac{1}{4}[P_s(f+f_c) + P_s(f-f_c)] \tag{5-5}$$

因 $s(t)$ 是单极性的随机矩形脉冲序列,则 $P_s(f)$ 可由式(5-6)确定。

$$P_s(f) = f_s P(1-P)|G(f)|^2 + f_s^2(1-P)^2 \sum_{m=-\infty}^{+\infty} |G(mf_s)|^2 \delta(f-mf_s) \tag{5-6}$$

式中,$G(f)$ 表示二进制序列中一个宽度为 T_b、高度为 1 的门函数 $g(t)$ 所对应的频谱函数。根据矩形波形 $g(t)$ 的频谱特点,对于所有 $m \neq 0$ 的整数,有 $G(mf_s) = 0$,故式(5-6)可化简为

$$P_s(f) = f_s P(1-P)|G(f)|^2 + f_s^2(1-P)^2 |G(0)|^2 \delta(f) \tag{5-7}$$

现将式(5-7)代入式(5-5),可得

$$P_{2ASK}(f) = \frac{1}{4} f_s P(1-P)[|G(f+f_c)|^2 + |G(f-f_c)|^2]$$

$$+ \frac{1}{4} f_s^2(1-P)^2 |G(0)|^2 [\delta(f+f_c) + \delta(f-f_c)] \tag{5-8}$$

式中,$G(f) = T_b \mathrm{Sa}(\pi T_b f)$,当 $P = 1/2$ 时,式(5-8)可写成

$$P_{2ASK}(f) = \frac{1}{16} T_b[\mathrm{Sa}^2 \pi T_b(f+f_c) + \mathrm{Sa}^2 \pi T_b(f-f_c)]$$

$$+ \frac{1}{16}[\delta(f+f_c) + \delta(f-f_c)] \tag{5-9}$$

此功率谱密度的示意图如图 5-3 所示,图中 $f_s = 1/T_b$,表示数字基带信号的基本脉冲是不归零矩形脉冲。

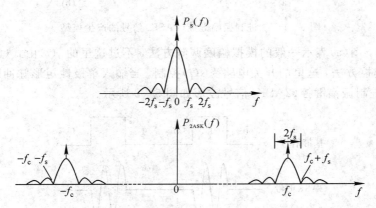

图 5-3 二进制振幅键控(2ASK)信号的功率谱密度示意图

由图 5-3 可见:

(1) 由于 2ASK 信号的功率谱密度 $P_{2ASK}(f)$ 是相应的单极性数字基带信号功率谱密度 $P_s(f)$ 形状不变地平移至 $\pm f_c$ 处形成的,所以 2ASK 信号的功率谱密度由连续谱和离散谱两部分组成。它的连续谱取决于数字基带信号基本脉冲的频谱 $G(f)$;它的离散谱是位于

$\pm f_c$ 处的一对频域冲激函数，这意味着 2ASK 信号中存在着可作载频同步的载波频率 f_c 的成分。

（2）基于同样的原因，可以知道，上面所述的 2ASK 信号实际上相当于模拟调制中的调幅（AM）信号。因此，由图 5 - 3 可以看出，2ASK 信号的带宽 B_{2ASK} 是单极性数字基带信号带宽 B 的两倍，即

$$B_{2ASK} = 2B_{基} = \frac{2}{T_b} = 2f_s = 2R_B \qquad (5-10)$$

式中，R_B 为 2ASK 系统的传码率，故 2ASK 系统的频带利用率为

$$\eta_B = \frac{1/T_b}{2/T_b} = \frac{1}{2} \ (\text{Baud/Hz}) \qquad (5-11)$$

这意味着用 2ASK 方式传送码元速率为 R_B 的数字信号时，要求该系统的带宽至少为 $2R_B(\text{Hz})$。2ASK 信号的主要优点是易于实现，其缺点是抗干扰能力不强，主要应用于低速数据传输系统。

5.1.3　二进制振幅键控信号的解调与系统误码率

1. 2ASK 信号的解调

2ASK 信号的解调有两种方法：包络解调法和相干解调法。包络解调法的原理方框图如图 5 - 4 所示。图中，BPF 表示带通滤波器，它恰好使 2ASK 信号完整地通过，包络检测后，输出其包络。LPF 表示低通滤波器，它的作用是滤除高频杂波，使基带包络信号通过。抽样判决器包括抽样、判决及码元形成，有时又称为译码器。定时抽样脉冲是很窄的脉冲，通常位于每个码元的中央位置，其重复周期等于码元的宽度。不计噪声影响时，带通滤波器输出为 2ASK 信号，即 $y(t)=s(t)\cos\omega_c t$，包络检测器输出为 $s(t)$，经抽样、判决后将码元再生，即可恢复出数字序列 $\{a_n\}$。

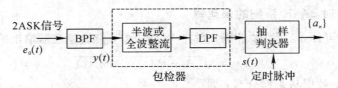

图 5 - 4　二进制振幅键控（2ASK）信号的包络解调法原理方框图

相干解调法的原理方框图如图 5 - 5 所示。相干解调就是同步解调。同步解调时，接收机要产生一个与发送载波同频同相的本地载波信号，称其为同步载波或相干载波，利用同步载波与收到的 2ASK 信号相乘，乘法器的输入为 $y(t)$，乘法器的输出为 $z(t)$，$z(t)$ 由下式确定：

$$z(t) = y(t) \cdot \cos\omega_c t = s(t) \cdot \cos^2\omega_c t = \frac{1}{2}s(t) + \frac{1}{2}s(t)\cos2\omega_c t \qquad (5-12)$$

式中，第一项是基带信号，第二项是以 $2\omega_c$ 为载波的成分，两者频谱相差很远，经低通滤波器（LPF）后，即可输出信号。低通滤波器的截止频率选为基带数字信号的最高频率。由于噪声影响及传输特性的不理想，低通滤波器输出波形将会存在失真，经抽样判决器后即可再生出数字基带信号。

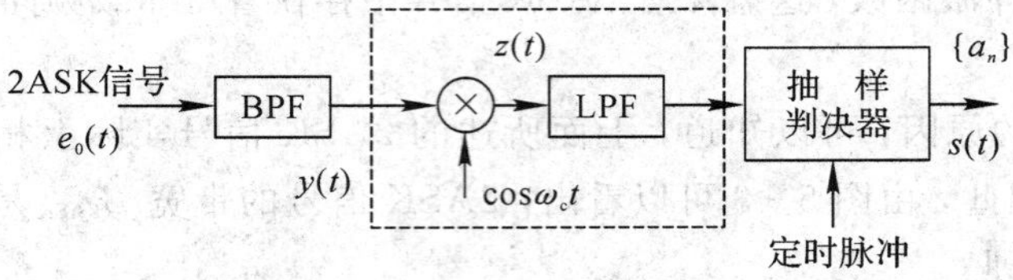

图 5 - 5　二进制振幅键控(2ASK)信号的相干解调法原理方框图

假设不考虑 2ASK 信号经过信道传输时存在的码间串扰,只考虑信道加性噪声,且它包括实际信道中的噪声,也包括接收设备噪声折算到信道中的等效噪声。假定此噪声是均值为零的高斯白噪声 $n_i(t)$,它的功率谱密度为

$$P_n(f) = \frac{n_0}{2} \qquad -\infty < f < +\infty \qquad (5-13)$$

由于信道加性噪声被认为只对信号的接收产生影响,若接收机 BPF 输入端的有用信号为 $u_i(t)$,这里

$$u_i(t) = \begin{cases} A\cos\omega_c t & \text{发"1"时} \\ 0 & \text{发"0"时} \end{cases} \qquad (5-14)$$

只考虑噪声时,噪声 $n_i(t)$ 与有用信号 $u_i(t)$ 的合成信号为 $y_i(t)$,有

$$y_i(t) = \begin{cases} u_i(t) + n_i(t) & \text{发"1"时} \\ n_i(t) & \text{发"0"时} \end{cases} \qquad (5-15)$$

经过带通滤波器 BPF 后,有用信号被滤出,而高斯白噪声变成了窄带高斯噪声 $n(t)$,此时的合成信号为 $y(t)$。当窄带高斯噪声信号 $n(t) = n_c(t)\cos\omega_c t - n_s(t)\sin\omega_c t$ 时,$y(t)$ 可写成

$$y(t) = \begin{cases} [A + n_c(t)]\cos\omega_c t - n_s(t)\sin\omega_c t & \text{发"1"时} \\ n_c(t)\cos\omega_c t - n_s(t)\sin\omega_c t & \text{发"0"时} \end{cases} \qquad (5-16)$$

2. 包络解调时 2ASK 系统的误码率

由式(5-16)可知,若发送"1"码,则在$(0, T_s)$内,带通滤波器输出的包络为

$$V(t) = \sqrt{[A + n_c(t)]^2 + n_s^2(t)} \qquad (5-17)$$

其一维概率密度函数服从莱斯分布,即

$$f_1(v) = \frac{v}{\sigma_n^2} I_0\left(\frac{Av}{\sigma_n^2}\right)\exp\left(-\frac{v^2 + A^2}{2\sigma_n^2}\right) \qquad (5-18)$$

式中,I_0 是零阶贝赛尔函数,A 为信号幅度,σ_n^2 为 $n(t)$ 的方差。

若发送"0"码,则在$(0, T_s)$内,带通滤波器输出的包络为

$$V(t) = \sqrt{n_c^2(t) + n_s^2(t)} \qquad (5-19)$$

其一维概率密度函数服从瑞利分布,即

$$f_0(v) = \frac{v}{\sigma_n^2}\exp\left(-\frac{v^2}{2\sigma_n^2}\right) \qquad (5-20)$$

式中,σ_n^2 为 $n(t)$ 的方差。

包络解调时 2ASK 系统的误码率等于系统发"1"和发"0"两种情况下产生的误码率之和。假设信号的幅度为 A,信道中存在着高斯白噪声,当带通滤波器恰好让 2ASK 信号通

过时，发"1"时包络的一维概率密度函数为莱斯分布，其主要能量集中在"1"附近；而发"0"时包络的一维概率密度函数为瑞利分布，信号能量主要集中在"0"附近，但这两种分布在 $A/2$ 附近会产生重叠，如图 5-6 所示。

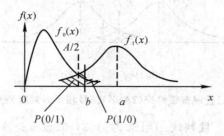

图 5-6　二进制振幅键控(2ASK)信号包络解调时概率分布曲线

若发"1"的概率为 $P(1)$，发"0"的概率为 $P(0)$，并且当 $P(1)=P(0)=1/2$ 时，取样判决器的判决门限电平取为 $A/2$，当包络的取样值大于 $A/2$ 时，判为"1"；当抽样值小于或等于 $A/2$ 时，判为"0"。若发"1"错判为"0"的概率为 $P(0/1)$，发"0"错判为"1"的概率为 $P(1/0)$，则系统的总误码率为

$$P_{\mathrm{e}}=P(1)P(0/1)+P(0)P(1/0)=\frac{1}{2}\left[P(0/1)+P(1/0)\right] \tag{5-21}$$

实际上，P_{e} 就是图 5-6 中两块阴影面积之和的一半。当采用包络解调时，通常是工作在大信噪比的情况下，这时可近似地得出系统误码率为

$$P_{\mathrm{e}}=\frac{1}{2}\int_{-\infty}^{A/2}f_1(v)\mathrm{d}v+\frac{1}{2}\int_{A/2}^{+\infty}f_0(v)\mathrm{d}v=\frac{1}{2}\mathrm{e}^{-\frac{r}{4}} \tag{5-22}$$

式中，$r=A^2/(2\sigma_{\mathrm{n}}^2)$ 表示输入信噪比。式(5-22)表明，在 $r\gg1$ 的条件下，即大信噪比时包络解调 2ASK 系统的误码率随输入信噪比 r 的增加，近似地按指数规律下降。

3. 相干解调时 2ASK 系统的误码率

由图 5-5 可知，当式(5-16)所示波形经过相干解调的 2ASK 系统的乘法器后，乘法器的输出信号为

$$z(t)=\begin{cases}[A+n_{\mathrm{c}}(t)]\cos^2\omega_{\mathrm{c}}t-n_{\mathrm{s}}(t)\cos\omega_{\mathrm{c}}t\sin\omega_{\mathrm{c}}t & \text{发"1"时}\\ n_{\mathrm{c}}(t)\cos^2\omega_{\mathrm{c}}t-n_{\mathrm{s}}(t)\cos\omega_{\mathrm{c}}t\sin\omega_{\mathrm{c}}t & \text{发"0"时}\end{cases} \tag{5-23}$$

经过低通滤波器(LPF)后，得

$$x(t)=\begin{cases}[A+n_{\mathrm{c}}(t)] & \text{发"1"时}\\ n_{\mathrm{c}}(t) & \text{发"0"时}\end{cases} \tag{5-24}$$

式中未计入系数 1/2，这是因为该系数可以由电路的增益加以补偿。由于 $n_{\mathrm{c}}(t)$ 是高斯过程，因此当发送"1"码时，过程 $A+n_{\mathrm{c}}(t)$ 的一维概率密度为

$$f_1(x)=\frac{1}{\sqrt{2\pi}\sigma_{\mathrm{n}}}\exp\left[-\frac{(x-A)^2}{2\sigma_{\mathrm{n}}^2}\right] \tag{5-25}$$

当发送"0"码时，过程 $n_{\mathrm{c}}(t)$ 的一维概率密度为

$$f_0(x)=\frac{1}{\sqrt{2\pi}\sigma_{\mathrm{n}}}\exp\left[-\frac{x^2}{2\sigma_{\mathrm{n}}^2}\right] \tag{5-26}$$

2ASK 信号相干解调时概率分布曲线如图 5-7 所示。

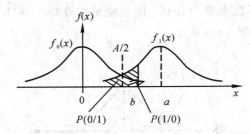

图 5-7 二进制振幅键控(2ASK)信号相干解调时概率分布曲线

当 $P(0)=P(1)=1/2$，且判决门限选为 $A/2$，假设 $x>A/2$ 判为"1"，$x\leqslant A/2$ 判为"0"，发送"1"码判为"0"的概率为 $P(0/1)$，发送"0"码判为"1"的概率为 $P(1/0)$，则相干检测时系统的误码率为

$$P_e = P(1)P(0/1) + P(0)P(1/0) = \frac{1}{2}\int_{-\infty}^{A/2} f_1(x)\mathrm{d}x + \frac{1}{2}\int_{A/2}^{+\infty} f_0(x)\mathrm{d}x \quad (5-27)$$

将式(5-25)和式(5-26)代入式(5-27)，可得

$$P_e = \frac{1}{2}\mathrm{erfc}\left(\frac{A}{2\sqrt{2}\,\sigma_n}\right) = \frac{1}{2}\mathrm{erfc}\left(\frac{\sqrt{r}}{2}\right) \quad (5-28)$$

式中 $r=A^2/(2\sigma_n^2)$ 表示输入信噪比。当输入信噪比 $r\gg1$ 时，式(5-28)可近似为

$$P_e \approx \frac{1}{\sqrt{\pi r}}\mathrm{e}^{-\frac{r}{4}} \quad (5-29)$$

比较式(5-29)和式(5-22)可以看出，在相同的大信噪比 r 下，2ASK 系统相干解调时的误码率总是低于包络解调时的误码率，但两者的误码性能相差并不大。然而，包络解调时不需要稳定的本地相干载波信号，故实现时电路要简单得多。

现将 2ASK 系统的包络解调与相干解调相比较，可以得出以下几点结论：

(1) 相干解调比包络解调容易设置最佳判决门限电平。因为相干解调时最佳判决门限仅是信号幅度的函数，而包络解调时最佳判决门限是信号和噪声的函数。

(2) 最佳判决门限时，输入信噪比 r 相同，相干解调的误码率小于包络解调的误码率；当系统误码率相同时，相干解调比包络解调对信号的输入信噪比要求低。因此采用相干解调的 2ASK 系统的抗噪声性能优于包络解调的 2ASK 系统。

(3) 相干解调时需要插入相干载波，而包络解调时不需要。因此包络解调的 2ASK 系统要比相干解调的 2ASK 系统设备简单。

例 5.1 设某 2ASK 信号的码元速率 $R_B=4.8\times10^6$ Baud，采用包络解调或相干解调。已知接收端输入信号的幅度 $A=1$ mV，信道中加性高斯白噪声的单边功率谱密度 $n_0=2\times10^{-15}$ W/Hz。试求：

(1) 包络解调时系统的误码率；

(2) 相干解调时系统的误码率。

解 (1) 因为 2ASK 信号的码元速率 $R_B=4.8\times10^6$ Baud，所以接收端带通滤波器的带宽近似为

$$B \approx 2R_B = 9.6\times10^6 \,(\mathrm{Hz})$$

带通滤波器输出噪声的平均功率为

$$\sigma_n^2 = n_0 B = 1.92 \times 10^{-8} (\mathrm{W})$$

解调器输入信噪比为

$$r = \frac{A^2}{2\sigma_n^2} = \frac{10^{-6}}{2 \times 1.92 \times 10^{-8}} \approx 26$$

由式(5-22)可得包络解调时系统的误码率为

$$P_e = \frac{1}{2} e^{-\frac{r}{4}} = \frac{1}{2} e^{-\frac{26}{4}} = 7.5 \times 10^{-4}$$

(2) 同理，由式(5-29)可得相干解调时系统的误码率为

$$P_e \approx \frac{1}{\sqrt{\pi r}} e^{-\frac{r}{4}} = \frac{1}{\sqrt{3.1416 \times 26}} e^{-\frac{26}{4}} = 1.67 \times 10^{-4}$$

5.2　二进制频率调制

5.2.1　二进制频率调制的基本原理

二进制频率调制又称为二进制频移键控，记为 2FSK。二进制频移键控是采用两个不同频率的载波来传送数字消息的，即用所传送的数字消息控制载波的频率。2FSK 信号便是符号"1"对应于载频 f_1，而符号"0"对应于载频 f_2 的已调波形，而且 f_1 与 f_2 之间的改变是瞬间完成的。

二进制频移键控信号的产生可采用模拟调频法来实现，也可采用频率键控法来实现。模拟调频法是采用数字基带矩形脉冲控制一个振荡器的某些参数，直接改变振荡频率，使输出得到不同频率的已调信号。用此方法产生的 2FSK 信号对应着两个频率的载波，在码元转换时刻，两个载波相位能够保持连续，所以称其为相位连续的 2FSK 信号。模拟调频法虽易于实现，但频率稳定度较差，因而实际应用较少。模拟调频法的原理方框图如图 5-8 所示。图中 $s(t)$ 表示数字信息的二进制矩形脉冲序列，$e(t)$ 即为 2FSK 信号。

频率键控法又称为频率转换法，它采用数字矩形脉冲控制电子开关，使电子开关在两个独立的振荡器之间进行转换，从而在输出端得到不同频率的已调信号。如果在两个码元转换时刻，前后码元的相位不连续，则产生相位不连续的 2FSK 信号，其原理方框图如图 5-9 所示。

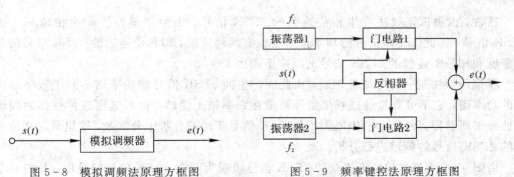

图 5-8　模拟调频法原理方框图　　　　　图 5-9　频率键控法原理方框图

由图 5-9 可知，当数字基带信号为"1"时，正脉冲使门电路 1 接通，门电路 2 断开，输出频率为 f_1；当数字基带信号为"0"时，负脉冲使门电路 1 断开，门电路 2 接通，输出频率为 f_2；如果产生 f_1 和 f_2 的两个振荡器是独立的，则输出的 2FSK 信号的相位是不连续的。这种方法的特点是信号转换速度快、波形好、频率稳定度高、电路较简单，所以得到了广泛应用。当输入的数字基带信号为 1001 时，2FSK 信号的波形图如图 5-10 所示，图中采用频率为 f_1 的信号代表"1"码，采用频率为 f_2 的信号代表"0"码。

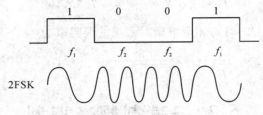

图 5-10 2FSK 信号的波形图

假设数字基带信号 $s(t)$ 为单极性矩形脉冲序列，并采用式（5-2）表示，则 2FSK 信号的数学表达式可以表示为

$$e(t) = \left[\sum_n a_n g(t - nT_s) \right] \cos(2\pi f_1 t + \varphi_n) + \left[\sum_n \overline{a}_n g(t - nT_s) \right] \cos(2\pi f_2 t + \theta_n)$$

$$(5-30)$$

式中，$g(t)$ 为单个矩形脉冲；T_s 为脉宽；φ_n、θ_n 分别是第 n 个信号码元的初相位；f_1、f_2 分别是两个载波的频率；a_n 的取值为

$$a_n = \begin{cases} 0 & \text{概率为 } P \\ 1 & \text{概率为 } (1-P) \end{cases}$$

$$(5-31)$$

$\overline{a}_n$ 是 a_n 的反码，即若 $a_n = 0$，则 $\overline{a}_n = 1$，反之，若 $a_n = 1$，则 $\overline{a}_n = 0$，即

$$\overline{a}_n = \begin{cases} 1 & \text{概率为 } P \\ 0 & \text{概率为 } (1-P) \end{cases}$$

$$(5-32)$$

一般地，频率键控法得到的 φ_n、θ_n 与序号 n 无关，反映在 $e(t)$ 上，仅表现出当 f_1 与 f_2 改变时其相位是不连续的；而采用模拟调频法时，由于 f_1 与 f_2 改变时 $e(t)$ 的相位是连续的，故 φ_n、θ_n 不仅与第 n 个信息码元有关，而且 φ_n 与 θ_n 之间也应保持一定的关系。

5.2.2 二进制频移键控信号的功率谱密度与带宽

通常，由模拟调频法产生相位连续的 2FSK 信号，由频率键控法产生相位不连续的 2FSK 信号，因此 2FSK 信号的功率谱密度也有两种情况，即相位连续的 2FSK 信号的功率谱密度和相位不连续的 2FSK 信号的功率谱密度。

模拟调频法是一种非线性调制，由此而产生的 2FSK 信号的功率谱不同于数字基带信号的功率谱，它不可直接通过基带信号频谱在频率轴上搬移，也不能用这种搬移后频谱的线性叠加而获得。因此，对相位连续的 2FSK 信号频谱的分析十分复杂，这里只对相位不连续的 2FSK 信号的频谱进行分析。

由图 5-9 可知，相位不连续的 2FSK 信号可视为两个 2ASK 信号的叠加，其中一个载波为 f_1，另一个载波为 f_2，其信号表示式见式（5-30），则相位不连续的 2FSK 信号的功率

谱密度可写为

$$P_0(f) = P_1(f) + P_2(f) \tag{5-33}$$

因为相位对功率谱不产生影响，可以使式(5-30)中的 φ_n、θ_n 等于 0，则

$$P_1(f) = \frac{1}{4}[P_s(f+f_1) + P_s(f-f_1)] \tag{5-34}$$

$$P_2(f) = \frac{1}{4}[P_s(f+f_2) + P_s(f-f_2)] \tag{5-35}$$

将式(5-34)、式(5-35)、式(5-7)代入式(5-33)，可得出相位不连续的 2FSK 信号的总功率谱为

$$\begin{aligned}
P_0(f) &= \frac{1}{4}f_b P(1-P)[\,|G(f+f_1)|^2 + |G(f-f_1)|^2\,] \\
&\quad + \frac{1}{4}f_b^2(1-P)^2 G^2(0)[\delta(f+f_1) + \delta(f-f_1)] \\
&\quad + \frac{1}{4}f_b P(1-P)[\,|G(f+f_2)|^2 + |G(f-f_2)|^2\,] \\
&\quad + \frac{1}{4}f_b^2(1-P)^2 G^2(0)[\delta(f+f_2) + \delta(f-f_2)]
\end{aligned} \tag{5-36}$$

当 $P=\dfrac{1}{2}$，$G(0)=T_b$ 时，则信号的单边功率谱为

$$P_0(f) = \frac{T_b}{8}\{\mathrm{Sa}^2[\pi(f-f_1)T_b] + \mathrm{Sa}^2[\pi(f-f_2)T_b]\} + \frac{1}{8}[\delta(f-f_1) + \delta(f-f_2)] \tag{5-37}$$

相位不连续的 2FSK 信号的单边功率谱密度曲线如图 5-11 所示，由图可见：

(1) 相位不连续的 2FSK 信号的功率谱密度与 2ASK 信号的功率谱密度相似，同样由离散谱和连续谱两部分组成。其中，连续谱与 2ASK 信号的功率谱密度相同，而离散谱是位于 $\pm f_1$、$\pm f_2$ 处的两对冲激函数，这表明 2FSK 信号含有载波 f_1、f_2 的分量。

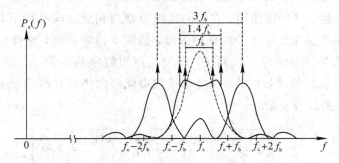

图 5-11　相位不连续的 2FSK 信号的功率谱密度曲线

(2) 2FSK 信号的频带宽度为其功率谱密度第一个零点之间的频率间隔，即

$$B_{2FSK} = |f_2 - f_1| + 2R_B = (2+h)R_B \tag{5-38}$$

式中，$R_B = f_b$ 表示数字基带信号的带宽，$h = |f_2 - f_1|/R_B$ 为偏移率(又称为调制指数)。

(3) 为便于 2FSK 信号的解调，要求 2FSK 信号的两个载频 f_1、f_2 之间要有足够的间隔。对于采用带通滤波器来分路的解调方法，通常取 $|f_2 - f_1| = (5\sim7)R_B$。于是 2FSK 信

号的带宽为

$$B_{2FSK} \approx (5 \sim 7)R_B \qquad (5-39)$$

此时，2FSK 系统的频带利用率为

$$\eta = \frac{f_b}{B_{2FSK}} = \frac{R_B}{B_{2FSK}} = \frac{1}{5 \sim 7} \ (\text{Baud/Hz}) \qquad (5-40)$$

例 5.2 若一相位不连续的 2FSK 信号，发"1"码时的波形为 $A\cos(2000\pi t + \theta_1)$，发"0"码时的波形为 $A\cos(8000\pi t + \theta_0)$，码元速率为 600 波特。试问系统的频带宽度最小为多少？

解 因为发"1"码时，

$$f_1 = \frac{2000\pi}{2\pi} = 1000 \ (\text{Hz})$$

发"0"码时，

$$f_2 = \frac{8000\pi}{2\pi} = 4000 \ (\text{Hz})$$

所以，根据式(5-38)得系统的频带宽度最小为

$$B = |f_2 - f_1| + 2R_B = |4000 - 1000| + 2 \times 600 = 4200 \ (\text{Hz})$$

5.2.3 二进制频移键控信号的解调与系统误码率

2FSK 信号的解调方法较多，可以分为线性鉴频法和分离滤波法两大类。线性鉴频法又可分为模拟鉴频法、过零检测法、差分检测法等；分离滤波法又包括相干检测法、非相干检测法、动态滤波法等。通常，当 2FSK 信号的频偏 $|f_2 - f_1|$ 较大时，多采用分离滤波法；而当 $|f_2 - f_1|$ 较小时，多采用线性鉴频法。这里主要介绍相干检测法、非相干检测法和过零检测法。

1. 相干检测法

相干检测法又称为同步检测法，其原理方框图如图 5-12 所示。图中，BPF_1、BPF_2 为两个带通滤波器，起信号分路作用。它们的输出分别与相应的同步相干载波相乘，再分别经低通滤波器取出含基带数字信号的低频信号，滤除 2 倍频信号，抽样判决器在位定时脉冲到来时对两个低频信号进行比较判决，即可还原出数字基带信号。与 2ASK 系统相仿，相干检测法能提供较好的接收性能，但要求接收端能够提供具有准确频率和相位的相干参考载波信号，故设备较为复杂。

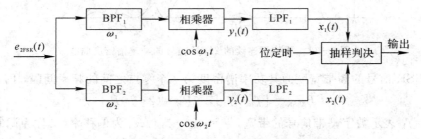

图 5-12 2FSK 信号相干检测法原理方框图

2. 非相干检测法

非相干检测法又称为包络检测法，其原理方框图如图 5-13 所示。图中，BPF$_1$、BPF$_2$ 为两个窄带的分路滤波器，其作用是分别滤出频率为 f_1 及 f_2 的高频脉冲，经包络检波后分别取出它们的包络。把两路输出同时送到抽样判决器进行比较，从而恢复出原数字基带信号。其各点波形如图 5-14 所示。

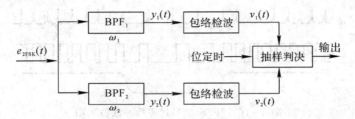

图 5-13　2FSK 信号非相干检测法原理方框图

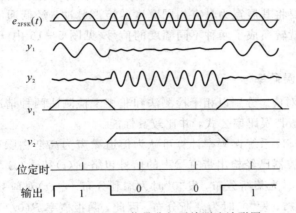

图 5-14　2FSK 信号非相干检测法波形图

假设频率 f_1 代表数字信号"1"，f_2 代表数字信号"0"，则抽样判决器的判决准则为

$$S'(t)=\begin{cases} 1 & \text{当 } v_1 > v_2 \text{ 时} \\ 0 & \text{当 } v_1 < v_2 \text{ 时} \end{cases} \tag{5-41}$$

式中，v_1、v_2 分别为抽样时刻两个包络检波器的输出值。

3. 过零检测法

过零检测法又称为零交点法或计数法，它的基本思想是，利用不同频率的正弦波在一个码元间隔内过零点数目的不同，来检测已调波中频率的差异。它由限幅器、微分电路、整流电路、脉冲展宽电路、低通滤波器等组成，其原理方框图如图 5-15 所示。其各点波形如图 5-16 所示。

图 5-15　2FSK 信号过零检测法原理方框图

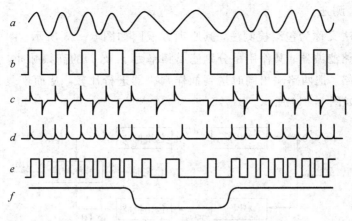

图 5-16　2FSK 信号过零检测法波形图

图 5-16 中限幅器将接收的数字基带信号整形为矩形脉冲，送入微分整流器，得到尖脉冲(尖脉冲的个数代表过零点数)。在一个码元间隔内尖脉冲数目的多少直接反映出载波频率的高低，所以只要将其展宽为具有相同宽度的矩形脉冲，经低通滤波器滤除高次谐波后，两种不同的频率就转换成了两种不同幅度的信号(见图 5-16 中 f 点的波形)，即可恢复原数字信号。

4. 2FSK 系统的误码率

与 2ASK 系统相对应，分别以相干检测法和非相干检测法两种情况来讨论 2FSK 系统的抗噪声性能，推导出其误码率公式，并比较其性能。

非相干检测时 2FSK 系统误码率计算可认为信道噪声为高斯白噪声，两路带通信号分别经过各自的包络检波器已经检出带有噪声的信号包络 $v_1(t)$ 和 $v_2(t)$。$v_1(t)$ 对应频率 f_1 的概率密度函数：发"1"时为莱斯分布，发"0"时为瑞利分布。$v_2(t)$ 对应频率 f_2 的概率密度函数：发"1"时为瑞利分布，发"0"时为莱斯分布。因此，漏报概率 $P(0/1)$ 就是发"1"时 $v_1 < v_2$ 的概率，即

$$P(0/1) = P(v_1 < v_2) = \frac{1}{2}\mathrm{e}^{-\frac{r}{2}} \tag{5-42}$$

虚报概率 $P(1/0)$ 就是发"0"时 $v_1 > v_2$ 的概率，即

$$P(1/0) = P(v_1 > v_2) = \frac{1}{2}\mathrm{e}^{-\frac{r}{2}} \tag{5-43}$$

非相干检测时 2FSK 系统的误码率为

$$P_e = P(1)P(0/1) + P(0)P(1/0) = \frac{1}{2}\mathrm{e}^{-\frac{r}{2}}\left[P(1) + P(0)\right] = \frac{1}{2}\mathrm{e}^{-\frac{r}{2}} \tag{5-44}$$

相干检测时 2FSK 系统的误码率与非相干检测时的不同之处在于带通滤波器后接有乘法器和低通滤波器，低通滤波器输出的就是带有噪声的有用信号，它们的概率密度函数均属于高斯分布。其漏报概率 $P(0/1)$ 为

$$P(0/1) = P(v_1 < v_2) = \frac{1}{\sqrt{2\pi}\sigma_\mathrm{n}}\int_{-\infty}^{0}\mathrm{e}^{-(x-A)^2/2\sigma_\mathrm{n}^2}\,\mathrm{d}x = \frac{1}{2}\mathrm{erfc}\left(\sqrt{\frac{r}{2}}\right) \tag{5-45}$$

同理，虚报概率 $P(1/0)$ 为

$$P(1/0) = P(v_1 < v_2) = \frac{1}{\sqrt{2\pi}\sigma_n} \int_{-\infty}^{0} e^{-(x-A)^2/2\sigma_n^2} dx$$

$$= \frac{1}{2} \text{erfc}\left(\sqrt{\frac{r}{2}}\right) \tag{5-46}$$

相干检测时 2FSK 系统的误码率为

$$P_e = P(1)P(0/1) + P(0)P(1/0) = \frac{1}{2}\text{erfc}\left(\sqrt{\frac{r}{2}}\right)[P(1) + P(0)]$$

$$= \frac{1}{2}\text{erfc}\left(\sqrt{\frac{r}{2}}\right) \tag{5-47}$$

在大信噪比条件下，式(5-47)可写成

$$P_e = \frac{1}{\sqrt{2\pi r}} e^{-\frac{r}{2}} \tag{5-48}$$

比较式(5-48)和式(5-44)可以看出，在大信噪比条件下，频移键控的非相干检测系统和相干检测系统相比，在性能上相差是很小的，但采用相干检测时设备却要复杂得多。因此，在能够满足输入信噪比要求的场合时，非相干检测法比相干检测法更为常用。

比较式(5-47)和式(5-44)可以看出，采用相干检测法与非相干检测法时，2FSK 系统的误码率具有以下特征：

(1) 两种解调方法均工作在最佳门限电平。

(2) 当输入信噪比 r 一定时，相干解调的误码率小于非相干解调的误码率；当系统的误码率一定时，相干解调比非相干解调对输入信号的信噪比 r 要求低。所以相干解调 2FSK 系统的抗噪声性能优于非相干解调。但当 r 很大时，两者相差不明显。

(3) 相干解调时，需要插入两个相干载波，因此电路较为复杂，但非相干解调时无需相干载波，因而电路较为简单。一般地，大信噪比时常用非相干解调，即包络检测法，小信噪比时采用相干解调法，即同步检测法。

例 5.3　采用 2FSK 方式在有效带宽为 2400 Hz 的信道上传送二进制数字信息。已知 2FSK 信号的两个载波频率为：$f_1 = 2025$ Hz，$f_2 = 2225$ Hz，码元速率 $R_B = 300$ Baud，信道输出端的信噪比为 6 dB。试求：

(1) 2FSK 信号的带宽；

(2) 采用包络检测法解调时系统的误码率；

(3) 采用同步检测法解调时系统的误码率。

解　(1) 根据式(5-38)，该 2FSK 信号的带宽为

$$B = |f_2 - f_1| + 2R_B = |2225 - 2025| + 2 \times 300 = 800 \text{ (Hz)}$$

(2) 因码元速率为 300 Baud，所以系统上、下支路带通滤波器 BPF_1、BPF_2 的带宽近似为 $B \approx 2R_B = 600$ Hz。又因为信道的有效带宽为 2400 Hz，它是上、下支路带通滤波器 BPF_1、BPF_2 带宽的 4 倍，所以带通滤波器输出信噪比 r 比输入信噪比提高了 4 倍。又由于输入信噪比为 6 dB(即 4 倍)，故带通滤波器的输出信噪比 $r = 16$。

根据式(5-44)，可得包络检测法解调时系统的误码率为

$$P_e = \frac{1}{2} e^{-\frac{r}{2}} = \frac{1}{2} e^{-8} = 1.68 \times 10^{-4}$$

(3) 同理，根据式(5-47)，可得同步检测法解调时系统的误码率为

$$P_e = \frac{1}{2}\operatorname{erfc}\left(\sqrt{\frac{r}{2}}\right) = \frac{1}{2}\operatorname{erfc}(\sqrt{8}) = 3.17 \times 10^{-5}$$

5.3 二进制绝对相位调制

5.3.1 二进制绝对相位调制的基本原理

数字相位调制又称为相移键控，它们是利用载波振荡相位的变化来传送数字信息的，通常可分为绝对相移键控（PSK）和相对相移键控（DPSK）两种。其中，二进制绝对相移键控记作 2PSK，二进制相对相移键控记作 2DPSK。

相位偏移是指某一码元所对应的已调波与参考载波的初相差，而绝对相移是利用载波的相位偏移来直接表示数据信号的相移方式。假设规定已调载波与未调载波同相表示数字信号"0"，与未调载波反相表示数字信号"1"，则调制后形成的信号称为二进制绝对相移键控信号，即 2PSK 信号，其波形如图 5-17 所示。图中 $s(t)$ 为双极性数字基带信号，为便于作图及显示，图中假定 $s(t)$ 的周期与载波信号的周期相同，但实际应用时载波信号的周期要远远低于基带信号的周期。

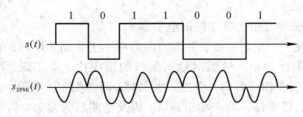

图 5-17　2PSK 信号的波形图

若双极性数字基带信号 $s(t)$ 表示为

$$s(t) = \sum_n a_n g(t - nT_s) \tag{5-49}$$

则 2PSK 信号的表达式可写为

$$e(t) = s(t)\cos\omega_c t = \sum_n a_n g(t - nT_s)\cos\omega_c t \tag{5-50}$$

式中：$g(t)$ 是高度为 1、宽度为 T_b 的门函数；a_n 满足

$$a_n = \begin{cases} +1 & \text{概率为 } P \\ -1 & \text{概率为 } (1-P) \end{cases} \tag{5-51}$$

有时，2PSK 信号的表达式也可表示为

$$e(t) = \begin{cases} \cos\omega_c t & \text{概率为 } P \\ -\cos\omega_c t & \text{概率为 } (1-P) \end{cases} \tag{5-52}$$

由式（5-52）可知，当发送二进制符号"0"时，已调信号与载波同相，即相位差为 0；当发送二进制符号"1"时，已调信号与载波反相，即相位差为 π。其信息与相位的关系可表示为

$$\phi_n = \begin{cases} 0 & \text{发送符号为"0"} \\ \pi & \text{发送符号为"1"} \end{cases} \tag{5-53}$$

在实际应用中，一般取码元宽度 T_b 为载波周期 T_c 的整数倍，但为了作图方便，一般取码元宽度 T_b 等于载波周期 T_c，取未调载波的初相位为 0。值得注意的是，在相移键控中往

往用矢量偏移(指某一码元初相与参考码元的末相差)表示相位信号,二进制绝对相移键控
(2PSK)信号的矢量图如图 5-18 所示。在 2PSK 中,假定未调载波 $\cos\omega_c t$ 为参考相位,则
矢量 A 表示所有已调信号中具有 0 相的码元波形,它代表码元"0";矢量 B 表示所有已调信
号中具有反相的码元波形,它代表码元"1"。

图 5-18 2PSK 信号的矢量图

产生 2PSK 信号的方法有相干调制法和数字键控法两种。利用相干调制法将双极性数
字基带信号 $s(t)$ 与载波直接相乘就可以实现 2PSK 信号,当输入的数字基带信号是单极性
时,先要采用电平转换电路将其变成双极性信号,再与载波信号相乘,其原理框图如图
5-19 所示。数字键控法产生 2PSK 信号的原理框图如图 5-20 所示,它是用数字基带信号
$s(t)$ 控制电子开关,选择不同相位的载波输出。此时 $s(t)$ 通常是单极性的,当 $s(t)=0$ 时,
输出 $e(t)=\cos\omega_c t$;当 $s(t)=1$ 时,输出 $e(t)=-\cos\omega_c t$。

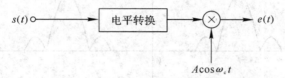

图 5-19 相干调制法产生 2PSK 信号的原理框图

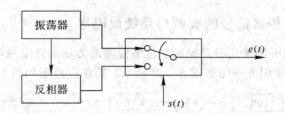

图 5-20 数字键控法产生 2PSK 信号的原理框图

5.3.2 二进制绝对相移信号的功率谱密度与带宽

比较式(5-50)与式(5-4)可见,它们形式上是完全相同的,所不同的只是 a_n 的取值。
所以求 2PSK 信号的功率谱密度时,可以采用与求 2ASK 信号功率谱密度相同的方法。于
是,2PSK 信号的功率谱密度可以写成

$$P_{2PSK}(f)=\frac{1}{4}[P_s(f+f_c)+P_s(f-f_c)] \tag{5-54}$$

由于 $s(t)$ 为双极性矩形基带信号,故上式可变为

$$P_{2PSK}(f)=f_s P(1-P)[|G(f+f_c)|^2+|G(f-f_c)|^2]$$
$$+\frac{1}{4}f_s^2(1-2P)^2|G(0)|^2[\delta(f+f_c)+\delta(f-f_c)] \tag{5-55}$$

若双极性基带信号的"1"与"0"出现的概率相等(即 $P=1/2$),则式(5-55)变成

$$P_{2PSK}(f)=\frac{1}{4}f_s[|G(f+f_c)|^2+|G(f-f_c)|^2] \tag{5-56}$$

又因为 $g(t)$ 的频谱 $G(f)$ 为

$$G(f) = T_b \mathrm{Sa}(\pi T_b f)$$

所以式(5-56)可写成

$$P_{2PSK}(f) = \frac{1}{4} T_b \left[\mathrm{Sa}^2 \pi T_b (f + f_c) + \mathrm{Sa}^2 \pi T_b (f - f_c) \right] \tag{5-57}$$

由以上分析可知，2PSK 信号的功率谱密度同样由离散谱与连续谱两部分组成，但当双极性基带信号以相等的概率(即 $P = 1/2$)出现时，将不存在离散部分。同时，还可以看出，其连续部分与 2ASK 信号的连续谱基本相同(仅相差一个常数因子)，2PSK 信号功率谱密度曲线如图 5-21 所示。因此，2PSK 信号的带宽也与 2ASK 信号的带宽相同，即为数字基带信号带宽 $B_基$ 的两倍。

$$B_{2PSK} = 2B_基 = \frac{2}{T_b} = 2f_s = 2R_B \tag{5-58}$$

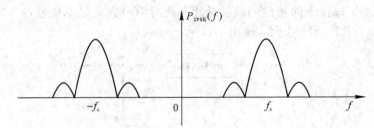

图 5-21 2PSK 信号的功率谱密度曲线

5.3.3 二进制绝对相移信号的解调与系统误码率

2PSK 信号的解调不能采用分路滤波、包络检测的方法，只能采用相干解调的方法(又称为极性比较法)，其原理方框图如图 5-22 所示，其各点波形如图 5-23 所示。

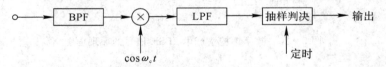

图 5-22 2PSK 信号解调原理方框图

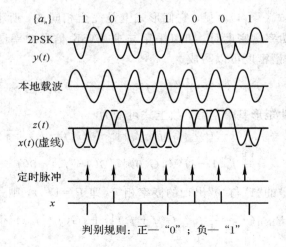

图 5-23 2PSK 信号解调波形图

为了对接收的 2PSK 信号中的数据进行正确的解调，要求在接收端知道载波的相位和频率信息，同时还要在正确时间点对信号进行抽样并判决。这就是常说的载波恢复与位定时提取，通常采用锁相环来实现，其原理方框图如图 5-24 所示。

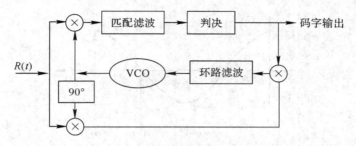

图 5-24　2PSK 信号判决反馈环原理方框图

判决反馈环鉴相器具有图 5-25 所示的特性。

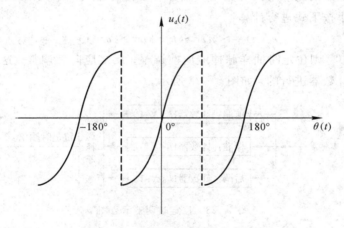

图 5-25　判决反馈环鉴相特性

从图 5-25 中可以看出，鉴相特性曲线以 180°为周期，在相位为 0°、180°处过 0 点，即判决反馈环具有 0°、180°两个相位平衡点，因而采用判决反馈环存在相位模糊点。

对于接收的 BPSK 信号，与本地相干载波相乘并经匹配滤波之后，在什么时刻对该信号进行抽样、判决，这一功能主要由位定时来实现。

解调器输出的基带信号如图 5-26 所示，抽样时钟 B 偏离信号能量的最大点，使信噪比下降。由于位定时存在相位差，使误码率有所增加。而抽样时钟 A 在信号最大点处进行抽样，保证了输出信号具有最大的信噪比性能，从而也使误码率较小。

在刚接收到 BPSK 信号之后，位定时一

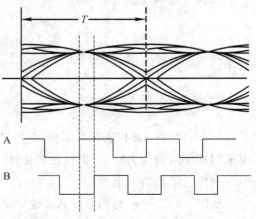

图 5-26　2PSK 信号的位定时恢复

般不处于正确的抽样位置，必须采用一定的算法对抽样点进行调整，这个过程称为位定时恢复。常用的位定时恢复方法有滤波法、数字锁相环法等。

以 2 倍码元速率抽样为例，信号取样如图 5 - 27 所示。$S(n-1)$、$S(n+1)$ 为调整后的最佳样点，$S(n)$ 为码元中间点。

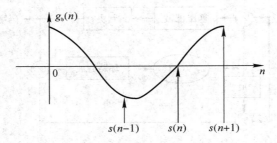

图 5 - 27　位定时误差提取示意图

首先位定时误差的提取时刻为其基带信号存在过零点，即如图 5 - 27 中的情况所示。位定时误差的大小按下式进行计算：

$$e_b(n) = S(n)[S(n-1) - S(n+1)] \tag{5-59}$$

如果 $e_b(n) > 0$，则位定时抽样脉冲应向前调整；反之应向后调整。这个调整过程主要是通过调整分频计数器进行的，如图 5 - 28 所示。

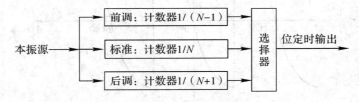

图 5 - 28　位定时调整示意图

需要注意的是，一般在实际应用中还需对位定时的误差信号进行滤波（位定时环路滤波），这样可提高环路的抗噪声性能。

假设发送端发出的信号为

$$S_T(T) = \begin{cases} u_{1T}(t) & \text{发送"1"码时} \\ u_{0T}(T) = -u_{1T}(t) & \text{发送"0"码时} \end{cases} \tag{5-60}$$

其中，

$$u_{1T}(t) = \begin{cases} A\cos\omega_c t & 0 < t < T_s \\ 0 & \text{其他 } t \end{cases} \tag{5-61}$$

式(5-60)中，$S_T(t)$ 代表绝对移相信号，"1"及"0"表示原始数字信息（绝对码）。此移相信号可采用相干解调的方法（即极性比较法）恢复原始数字信息，其原理框图已示于图5-22，并假设判决门限值为 0 电平。

从图 5-22 所示的相干解调系统可以看出，在一个信号码元的持续时间内，低通滤波器（LPF）的输出波形可表示为

$$x(t) = \begin{cases} A + n_c(t) & \text{发送"1"码时} \\ -A + n_c(t) & \text{发送"0"码时} \end{cases} \tag{5-62}$$

由于噪声 $n_c(t)$ 叠加的结果使 $x(t)$ 在抽样判决时刻变为小于 0 值时，才发生将"1"码判为"0"码的错误，于是将"1"码判为"0"码的错误概率 P_{e1} 为

$$P_{e1} = P(x < 0，发送"1"码时) \tag{5-63}$$

同理，将"0"码判为"1"码的错误概率 P_{e2} 为

$$P_{e2} = P(x > 0，发送"0"码时) \tag{5-64}$$

由于这时的 x 是均值为 a、方差为 σ_n^2 的正态随机变量，因此

$$P_{e1} = \int_{-\infty}^{0} \frac{1}{\sqrt{2\pi}\,\sigma_n} e^{-(x-a)^2/2\sigma_n^2} \mathrm{d}x = \frac{1}{2} \mathrm{erfc}(\sqrt{r}) \tag{5-65}$$

式中，$r = \dfrac{a^2}{2\sigma_n^2}$。

因为 $P_{e2} = P_{e1}$，所以 2PSK 信号采用相干检测时的系统误码率为

$$P_e = P(1) \cdot P_{e1} + P(0) \cdot P_{e2} = \frac{1}{2}\mathrm{erfc}(\sqrt{r})[P(1) + P(0)]$$

$$= \frac{1}{2}\mathrm{erfc}(\sqrt{r}) \tag{5-66}$$

在大信噪比条件下，式(5-66)可写成

$$P_e = \frac{1}{2\sqrt{\pi r}} e^{-r} \tag{5-67}$$

在绝对调相方式中，发送端是以某一个相位作基准，然后用载波相位相对于基准相位的绝对值(0 或 π)来表示数字信号，因而在接收端也必须有这样一个固定的基准相位作参考。如果这个参考相位发生变化(0 →π 或 π→0)，则恢复的数字信号也就会发生错误("1"→"0"或"0"→"1")。这种现象通常称为 2PSK 方式的"倒 π 现象"或"反向工作"。为了克服这种现象，实际中一般不采用 2PSK 方式，而采用相对调相 2DPSK 方式。

5.4　二进制相对相位调制

5.4.1　二进制相对相位调制的基本原理

相对相移是利用载波的相对相位变化来表示数字信号的相移方式。所谓相对相位，是指码元初相与前一码元末相的相位差(即向量偏移)。为了讨论问题方便，也可用相位偏移来描述。在这里，相位偏移指的是本码元的初相与前一码元(参考码元)的初相的相位之差。在实际系统设计时，一般均保证载波频率是码元速率的整数倍，因此向量偏移与相位偏移是等效的。

为了解决 2PSK 信号解调过程的"倒 π 现象"，人们提出了二进制相对相位调制，通常称为二进制差分相位键控(2DPSK)。所谓 2DPSK 信号就是用前后相邻码元的载波相对相位变化来表示数字信息，其数学表达式与 2PSK 信号的表达式(5-50)完全相同，所不同的

只是式中的 $s(t)$ 信号表示的是差分码数字序列。假设前后相邻码元的载波相位差为 $\Delta\phi$，可定义一种数字信息与 $\Delta\phi$ 之间的关系为

$$\Delta\phi=\begin{cases} 0 & \text{表示数字信息"0"} \\ \pi & \text{表示数字信息"1"} \end{cases} \qquad (5-68)$$

同样地，数字基带信息与 $\Delta\phi$ 之间的关系也可表示为

$$\Delta\phi=\begin{cases} 0 & \text{表示数字信息"1"} \\ \pi & \text{表示数字信息"0"} \end{cases} \qquad (5-69)$$

假设输入的数字基带序列为 10010110，且采用式(5-68)的规律，则已调 2DPSK 信号的波形如图 5-29 所示。

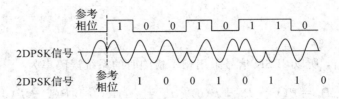

图 5-29　2DPSK 信号的波形图

2DPSK 信号波形除按式(5-68)或式(5-69)的规律来画外，还可将输入的原始信息作为绝对码并转换为相对码后，按式(5-53)的规律来画。下面讨论绝对码和相对码的概念。

绝对码是以基带信号码元的电平直接表示数字信息的，比如将高电平代表"1"，低电平代表"0"。相对码又称为差分码，是指用基带信号码元的电平相对前一码元的电平有无变化来表示数字信息的，比如将相对电平有跳变表示"1"，无跳变表示"0"，由于初始参考电平有两种可能，因此相对码也有两种波形。

绝对码和相对码是可以互相转换的。实现的方法就是使用模二加法器和延迟器(延迟一个码元宽度 T_b)，如图 5-30(a)、(b)所示。图 5-30(a)是把绝对码变成相对码的方法，称为差分编码器，完成的功能是 $b_n=a_n\oplus b_{n-1}$($n-1$ 表示 n 的前一个码元)。图 5-30(b)是把相对码变成绝对码的方法，称其为差分译码器，完成的功能是 $a_n=b_n\oplus b_{n-1}$。

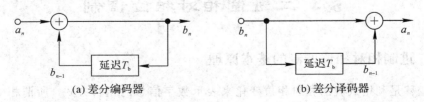

(a) 差分编码器　　　　　　　　　　　　(b) 差分译码器

图 5-30　绝对码与相对码的互相转换原理框图

例 5.4　已知数字信号 $\{a_n\}=1011010$，分别以下列两种情况画出 2PSK、2DPSK 及相对码 $\{b_n\}$ 的波形(假定起始参考码元为 1)。

(1) 码元速率为 1200 Baud，载波频率为 1200 Hz；

(2) 码元速率为 1200 Baud，载波频率为 2400 Hz。

解　(1) 因为数字信号的码元速率与载波频率在数值上相等，所以一个码元周期内包含一个周期的载波信号。另由 $b_n=a_n\oplus b_{n-1}$ 可计算出相对码(假定起始参考码元为 1)为

0010011。其 2PSK、2DPSK 及相对码的波形如图 5-31 所示。

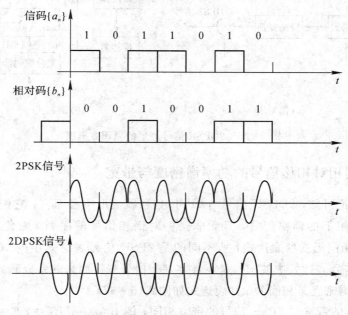

图 5-31　2PSK/2DPSK 信号波形（$R_B = 1200$ B，$f_c = 1200$ Hz）

（2）因为数字信号的码元速率在数值上是载波频率的一半，所以一个码元周期内包含两个周期的载波信号。另由 $b_n = a_n \oplus b_{n-1}$ 可计算出相对码（假定起始参考码元为 1）为 0010011。其 2PSK、2DPSK 及相对码的波形如图 5-32 所示。

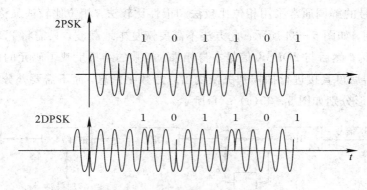

图 5-32　2PSK/2DPSK 信号波形（$R_B = 1200$ B，$f_c = 2400$ Hz）

由于 2DPSK 信号对绝对码来说是相对移相信号，对相对码来说则是绝对移相信号，因此，只需在 2PSK 调制器前加一个差分编码器，就可产生 2DSPK 信号。同样地，产生 2DPSK 信号有两种方法，即模拟法和键控法。其原理方框图如图 5-33 所示。

图 5-33(a) 表示用模拟法产生 2DPSK 信号，图中，数字基带信号 $\{a_n\}$ 经差分编码器，把绝对码转换为相对码 $\{b_n\}$，再用直接调相法产生 2DPSK 信号。图 5-33(b) 表示用键控法产生 2DPSK 信号，图中，差分编码器将绝对码 $\{a_n\}$ 变成相对码 $\{b_n\}$，然后用相对码 $\{b_n\}$ 去控制电子开关，选择 0 相载波信号与 π 相载波信号，从而产生 2DPSK 信号。

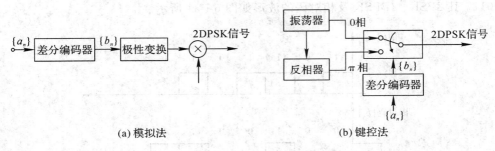

(a) 模拟法　　　　　　　　　　　(b) 键控法

图 5-33　2DPSK 信号产生的原理方框图

5.4.2　二进制相对相移信号的功率谱密度与带宽

由前面的讨论可知，2DPSK 信号与 2PSK 信号就波形本身而言，它们都可以等效成双极性基带信号作用下的调幅信号，且无非是一对倒相信号的序列。因此，2DPSK 信号和 2PSK 信号具有相同形式的表达式，所不同的是 2PSK 信号表达式中的 $s(t)$ 是数字基带信号，而 2DPSK 信号表达式中的 $s(t)$ 是由数字基带信号变换而来的差分码数字信号，即相对码。它们的功率谱密度是相同的，其表达式如同式(5-57)。

2DPSK 信号的带宽与 2PSK 信号的带宽相同，即 $B_{2DPSK}=2B_{基}=2f_s=2R_B$。

5.4.3　二进制相对相移信号的解调与系统误码率

2DPSK 信号的解调方法基本上同 2PSK 信号，但解调后的信号为相对码，需进行码型变换，将相对码变换为绝对码。

2DPSK 信号的解调通常采用相位比较法和极性比较法。相位比较法又称为差分检测法或差分相干解调，如图 5-34 所示。此方法不需要恢复本地载波，只需将 2DPSK 信号延迟一个码元间隔 T_b，然后与 2DPSK 信号本身相乘。相乘的结果反映了码元的相对相位关系，经过低通滤波器后可直接进行抽样判决恢复出原始数字信息，而不需要差分译码。图 5-34 中 $a\sim f$ 点的波形分别如图 5-35(a)~(f)所示。

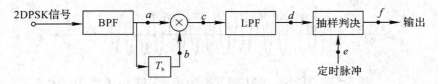

图 5-34　相位比较法解调 2DPSK 信号

由图 5-34 可知，采用差分检测法解调 2DPSK 信号时，其误码率的分析，由于存在信号延迟 T_b 及相乘的问题，因此需要同时考虑两个相邻的码元。经过低通滤波器后可以得到混有窄带高斯噪声的有用信号，判决器对这一信号进行抽样判决，判决准则为：抽样值大于 0 时判为"0"，抽样值小于或等于 0 时判为"1"，且 0 是最佳判决电平。

发"0"时(前后码元同相)错判为 1 的概率为

$$P(1/0)=P(x>0)=\frac{1}{2}e^{-r} \tag{5-70}$$

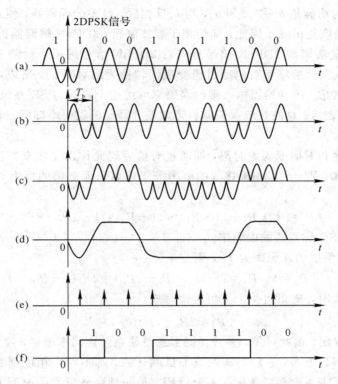

图 5 - 35　相位比较法解调 2DPSK 信号各点波形图

发"1"时(前后码元反相)错判为 0 的概率为

$$P(0/1)=P(x<0)=\frac{1}{2}e^{-r} \tag{5-71}$$

于是，差分检测时 2DPSK 系统的误码率为

$$P_e=P(1)\cdot P(0/1)+P(0)\cdot P(1/0)=\frac{1}{2}e^{-r} \tag{5-72}$$

2DPSK 信号的另一种解调方法是极性比较法，它是采用 2PSK 解调加差分译码。其原理方框图如图 5 - 36 所示。2DPSK 解调器通过 2PSK 解调器将输入的 2DPSK 信号还原成相对码$\{b_n\}$，再由差分译码器把相对码转换成绝对码，输出$\{a_n\}$。2PSK 解调器的原理方框图可参见图 5 - 22。前面提到，2PSK 解调器存在"倒 π"问题，但 2DPSK 解调器不会出现"倒 π"问题。这是由于当 2PSK 解调器的相干载波倒相时，使输出的 b_n 变为 $\overline{b_n}$(b_n的反码)。

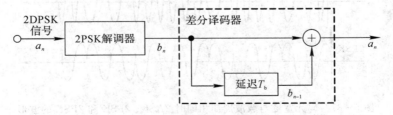

图 5 - 36　极性比较法解调 2DPSK 信号原理方框图

然而差分译码器的功能是 $b_n \oplus b_{n-1} = a_n$，当 b_n 反相后，经差分译码器，使 $\overline{b_n} \oplus \overline{b_{n-1}} = a_n$ 仍成立，因而仍能正确恢复出 a_n。因此，即使相干载波倒相，2DPSK 解调器仍然能正常工作。

由于极性比较法解调 2DPSK 信号是先对 2DPSK 信号用相干检测 2PSK 信号办法解调，得到相对码 b_n，然后将相对码通过码变换器转换为绝对码 a_n，所以，此时的系统误码率可从两部分来考虑。码变换器输入端的误码率可用相干解调 2PSK 系统的误码率来表示，即采用式(5-66)表示；总的系统误码率再考虑差分译码的误码率即可。下面来计算差分译码器的误码率。

差分译码器将相对码变为绝对码，即通过对前后码元作出比较来判决，如果前后码元都错了，判决反而不错。所以正确接收的概率等于前后码元都错的概率与前后码元都不错的概率之和，即

$$P_s = P_e \cdot P_e + (1 - P_e) \cdot (1 - P_e) = 1 - 2P_e + 2P_e^2 \tag{5-73}$$

式中，P_e 表示 2PSK 解调器的误码率。

假设 2DPSK 系统的误码率为 P'_e，则

$$P'_e = 1 - P'_s = 1 - (1 - 2P_e + 2P_e^2) = 2P_e(1 - P_e) \tag{5-74}$$

在信噪比很大时，P_e 很小，上式可近似写成

$$P'_e \approx 2P_e = \mathrm{erfc}(\sqrt{r}) \tag{5-75}$$

式中 r 为输入信噪比。由此可见，差分译码器总是使系统误码率增加，通常认为增加一倍。

比较这两种解调方案，它们的解调波形虽然一致，都不存在相位倒置问题，但相位比较法解调电路中不需本地参考载波和差分译码，是一种经济可靠的解调方案，得到了广泛的应用。要注意的是调制端的载波频率应设置成码元速率的整数倍。

例 5.5 设数字信息码流为 10110111001，画出以下情况的 2ASK、2FSK 和 2PSK 的波形。

(1) 码元宽度与载波周期相同。

(2) 码元宽度是载波周期的两倍。

解 (1) 码元宽度与载波周期相同时 2ASK、2FSK 和 2PSK 的波形如图 5-37 所示。

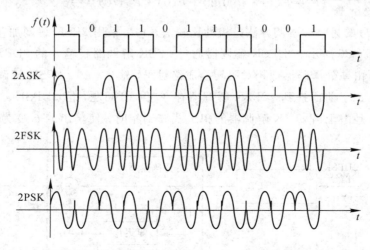

图 5-37　码元宽度与载波周期相同时 2ASK、2FSK 和 2PSK 的波形

（2）码元宽度是载波周期的两倍时 2ASK、2FSK 和 2PSK 的波形如图 5-38 所示。

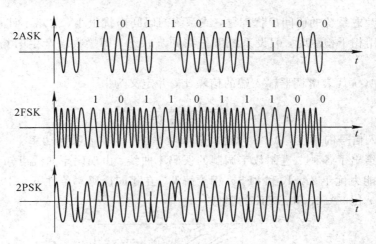

图 5-38　码元宽度是载波周期的两倍时 2ASK、2FSK 和 2PSK 的波形

5.5　二进制数字调制系统性能比较

与基带传输方式相似，数字频带传输系统的传输性能也可以用误码率来衡量。对于各种调制方式及不同的检测方法，我们将二进制数字调制系统误码率公式总结于表 5-1 中。

表 5-1　二进制数字调制系统误码率公式

调制方式		误码率公式
2ASK	相干检测	$p_e = \dfrac{1}{2}\text{erfc}\left(\sqrt{\dfrac{r}{4}}\right)$
	非相干检测	$p_e \approx \dfrac{1}{2}e^{-\frac{r}{4}}$
2PSK	相干检测	$p_e = \dfrac{1}{2}\text{erfc}(\sqrt{r})$
2DPSK	相位比较法	$p_e = \dfrac{1}{2}e^{-r}$
	极性比较法	$p_e \approx \text{erfc}(\sqrt{r})$
2FSK	相干检测	$p_e = \dfrac{1}{2}\text{erfc}\left(\sqrt{\dfrac{r}{2}}\right)$
	非相干检测	$p_e = \dfrac{1}{2}e^{-\frac{r}{2}}$

表 5-1 中的公式是在下列条件下得到的：

（1）二进制数字信号"1"和"0"是独立的且等概率出现的；

（2）信道加性噪声 $n(t)$ 是零均值高斯白噪声，单边功率谱密度为 n_0；

（3）通过接收滤波器（系统函数为 $H_R(w)$）后的噪声为窄带高斯噪声，其均值为零，方差为 σ_n^2，则

$$\sigma_n^2 = \frac{1}{2\pi}\int_{-\infty}^{+\infty}\frac{n_0}{2}\mid H_R(w)\mid^2 dw \tag{5-76}$$

（4）没有考虑系统的码间串扰问题，或系统的码间串扰很小，忽略不计；

（5）当采用相干检测时，假设系统工作在同步状态，即接收端产生的相干载波其相位误差为0。

表5-1中，r代表解调器输入端的信噪比，并定义为

$$r = \frac{A^2/2}{\sigma_n^2} = \frac{A^2}{2\sigma_n^2} \tag{5-77}$$

式中，A为输入信号的幅度，$A^2/2$为输入信号功率，σ_n^2为输入噪声功率。

图5-39给出了各种二进制数字调制的误码率曲线。由误码率曲线可知，2PSK相干解调的抗白噪声能力优于2ASK和2FSK相干解调。在相同误码率条件下，2PSK相干解调所要求的信噪比r比2ASK和2FSK的要低。

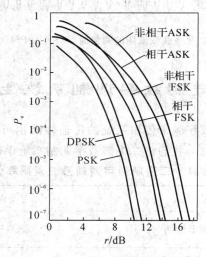

图5-39 二进制数字调制的误码率曲线

总的来说，二进制数字调制系统的误码率与下列因素有关：信号形式（调制方式）、噪声的统计特性、解调及译码判决方式。但无论采用何种方式、何种检测方法，其共同点是输入信噪比r增大时，系统的误码率就降低，系统性能提高；反之，误码率增加，系统性能降低。具体表现如下：

（1）对于同一调制方式不同检测方法，相干检测的抗噪声性能优于非相干检测。但是，随着输入信噪比r的增大，相干检测与非相干检测时误码率性能的相对差别越不明显，误码率曲线越靠拢。

（2）相干检测时，在误码率相同的条件下，输入信噪比r的要求是：2PSK比2FSK小3 dB，2FSK比2ASK小3 dB。

（3）非相干检测时，在误码率相同的条件下，输入信噪比r的要求是：2DPSK比2FSK小3 dB，2FSK比2ASK小3 dB。

（4）在2FSK系统中，不需要人为设置判决门限，仅根据两路解调信号的大小作出判决；2PSK和2DPSK系统的最佳判决门限电平为0，稳定性也好；ASK系统的最佳门限电平与信号幅度有关，当信道特性发生变化时，最佳判决门限电平会相应地发生变化，不容

易设置，还可能导致误码率增加。

（5）当信息传码率相同时，2PSK、2DPSK、2ASK 系统具有相同的带宽，而 2FSK 系统的调制指数 h 通常大于 0.9，此时 2FSK 系统的传输带宽比 2PSK、2DPSK、2ASK 系统的宽，即 2FSK 系统的频带利用率最低。

（6）设备复杂性。三种调制方式的发送设备其复杂性相差不多。接收设备中采用相干解调的设备要比非相干解调时复杂，所以除在高质量传输系统中采用相干解调外，一般应尽量采用非相干解调方法。

综上所述，在选择调制解调方式时，就系统的抗噪声性能而言，2DSPK 系统的抗噪性能不及 2PSK 系统，且 2PSK 系统最好，但 2PSK 系统会出现"倒 π"问题，所以 2DPSK 系统更实用。如果对数据传输率要求不高（1200 b/s 或以下），特别是在衰落信道中传送数据，则 2FSK 系统又可作为首选。

5.6　多进制数字调制系统

在每个符号间隔 T_s 内，可能发送 M 种符号，且 $M=2^n$（n 为大于 1 的整数），即 M 是一个大于 2 的整数，这种状态数大于 2 的调制信号称为多进制数字基带信号。用多进制（$M>2$）数字基带信号去控制载波不同参数的调制，在接收端进行相反的变换，这种过程称为多进制数字调制与解调，或简称为多进制数字调制。

多进制数字调制系统具有以下优点：

（1）在码元速率相同的条件下，可以提高信息速率（传信率）。当码元速率相同时，M 进制数字调制系统的信息速率是二进制的 $\log_2 M$ 倍。

（2）在传信率相同的情况下与二进制数字调制系统相比较，相当于节省了带宽，即频带利用率高。

（3）在信息速率相同的条件下，可降低码元速率，以提高传输的可靠性。当信息速率相同时，M 进制的码元宽度是二进制的 $\log_2 M$ 倍，这样可以增加每个码元的能量和减小码间串扰的影响。

采用多进制数字调制系统的缺点有：设备较复杂，判决电平增多，误码率高于相应的二进制数字调制系统。

与二进制数字调制类似，当已调信号携带信息的参数分别为载波的幅度、频率或相位时，多进制数字调制可包括多进制数字振幅调制、多进制数字频率调制、多进制绝对相位调制及多进制相对相位调制。下面将分别进行讨论。

5.6.1　多进制数字振幅调制

多进制数字振幅调制又称为多进制振幅键控，简写为 MASK。在 MASK 信号中，载波振幅有 M 种取值，每个符号间隔 T_s 内发送一种幅度的载波信号，其结果由多电平的随机基带矩形脉冲序列对载波信号进行振幅调制而形成。其波形图如图 5-40 所示。图中，$M=4$，图（a）表示四进制数字基带信号，图（b）表示 4ASK 信号，图（c）显示 4ASK 信号由 4 个不同振幅的 2ASK 信号叠加而成。

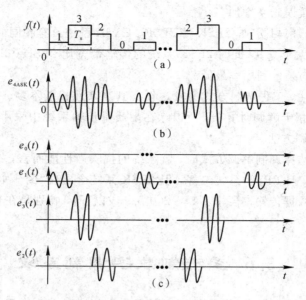

图 5-40 MASK 信号波形图（$M=4$）

MASK 信号的功率谱与 2ASK 信号的功率谱完全相同，它是由 $M-1$ 个 2ASK 信号的功率谱叠加而成的，所以叠加后的频谱结构较为复杂，但就信号的带宽而言，MASK 信号与其分解的任意一个 2ASK 信号的带宽是相同的。MASK 信号的带宽可表示为

$$B_{\text{MASK}} = 2f_s = \frac{2}{T_s} \tag{5-78}$$

式中，f_s 是 M 进制数字基带信号的码元速率，T_s 是其码元周期。

当以码元速率考虑频带利用率 η_{MASK} 时，有

$$\eta_{\text{MASK}} = \frac{f_s}{B_{\text{MASK}}} = \frac{f_s}{2f_s} = \frac{1}{2} \ (\text{Baud/Hz}) \tag{5-79}$$

当以信息速率考虑频带利用率 η_{MASK} 时，有

$$\eta_{\text{MASK}} = \frac{kf_s}{B_{\text{MASK}}} = \frac{kf_s}{2f_s} = \frac{k}{2} \ (\text{b/s} \cdot \text{Hz}) \tag{5-80}$$

式中，$k = \log_2 M$。此时的频带利用率是 2ASK 系统的 k 倍，即在信息速率相同的条件下，MASK 系统的频带利用率高于 2ASK 系统的频带利用率。

MASK 信号的产生与 2ASK 信号产生的方法相同，可利用模拟调制法实现，不过由发送端输入的 $k(k=\log_2 M)$ 位二进制数字基带信号需要经过一个电平变换器，转换为 M 电平的基带脉冲再送入调制器。

MASK 信号的解调也与 2ASK 调制系统相同，可采用相干解调和非相干解调两种方式。

MASK 调制系统具有以下特点：

（1）传输效率高。与二进制相比，码元速率相同时，多进制调制的信息速率比二进制的高，它是二进制的 $k(k=\log_2 M)$ 倍，此时频带利用率与二进制的相同。在信息速率相同的情况下，MASK 调制系统的频带利用率是 2ASK 调制系统的 $k(k=\log_2 M)$ 倍。因此，MASK 调制在高信息速率的传输系统中得到了应用。

（2）抗衰落能力差。MASK 信号只宜在恒参信道（如有线信道）中使用。

（3）在接收机输入平均信噪比相等的情况下，MASK 系统的误码率比 2ASK 系统的要高。

（4）电平数 M 越大，设备越复杂。

5.6.2　多进制数字频率调制

多进制数字频率调制简称多频制，它基本上是二进制数字频率键控方式的直接推广。对于相位不连续的多频制系统，其原理框图如图 5-41 所示。

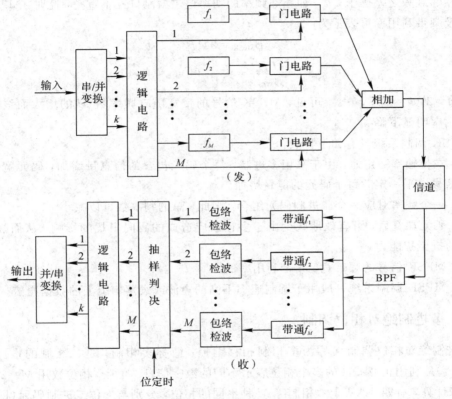

图 5-41　多进制数字频率调制系统的组成方框图

图 5-41 中串/并转换和逻辑电路负责把 $k(k=\log_2 M)$ 位二进制码转换成 M 进制码，然后由逻辑电路控制选通开关，在每一码元时隙内只输出与本码元对应的调制频率，经相加器衔接，送出 MFSK 已调波形。

MFSK 信号的解调器由多个带通滤波器、包络检波器以及抽样判决器、逻辑电路和并/串转换器组成。M 个带通滤波器的中心频率与 M 个调制频率相对应，这样当某个调制频率到来时，只有一个 BPF 有信号加噪声通过，而其他的 BPF 中输出的只有噪声。所以抽样判决器在判决时刻，要比较各 BPF 送出的样值，选择最大者作为输出，逻辑电路再将其转换成 k 位二进制并行码，最后由并/串转换器转换成串行的二进制信息序列。

MFSK 信号的解调也可以采用分路滤波、相干解调方式。

由图 5-41 产生的 MFSK 信号属于键控法，它产生的 MFSK 信号的相位不连续，可用

DPMFSK 表示。它可以看作由 m 个振幅相同、载频不同、时间上互不相容的 2ASK 信号叠加而成。假设 MFSK 信号码元的宽度为 T_s，即传输速率为 $f_s=1/T_s$(Baud)，则 MFSK 信号的带宽为

$$B_{MFSK}=f_m-f_1+2f_s \qquad (5-81)$$

式中 f_m 为 M 个载波中的最高频率，f_1 为 M 个载波中的最低频率，f_s 为码元速率。

假设 $f_D=(f_m-f_1)/2$ 为最大频偏，则式(5-81)可表示为

$$B_{MFSK}=2(f_D+f_s) \qquad (5-82)$$

若相邻载频之差等于 $2f_s$，即相邻频率的功率谱主瓣刚好互不重叠，此时，MFSK 信号的带宽及频带利用率可表示为

$$B_{MFSK}=2Mf_s \qquad (5-83)$$

$$\eta_{MASK}=\frac{kf_s}{B_{MASK}}=\frac{k}{2M} \quad [b/(s \cdot Hz)] \qquad (5-84)$$

式中，$M=2^k(k=2，3，\cdots)$。可见，MFSK 信号的带宽随着频率数 M 的增大而线性增宽，频带利用率明显下降。

MFSK 调制系统具有如下特点：

(1) 在传输率一定时，由于采用多进制，每个码元包含的信息量增加，码元宽度加宽，因而在信号电平一定时每个码元的能量增加。

(2) 一个频率对应一个二进制码元组合，因此，总的判决数可以减小。

(3) 码元加宽后，可有效地减少由于多径效应造成的码间串扰的影响，从而提高衰落信道下的抗干扰能力。

(4) MFSK 信号的频带宽，频带利用率低。

(5) MFSK 调制系统一般用于调制速率不高的短波或衰落信道上的数据通信。

5.6.3 多进制绝对相位调制

多进制绝对相位调制又称为多相制相移键控，简称多相制，是二相制的推广，记为 MPSK。它是利用正弦载波的多个相位表示不同的数字信息。通常，相位数用 $M=2^k(k=2，3，\cdots)$ 来计算，有四、八、十六相制等 M 种不同的相位，分别与 k 位二进制码元（即 k 比特码元）的不同组合相对应。

假设载波为 $\cos\omega_c t$，相对于参考相位的相移为 φ_n，则 MPSK 信号可表示为

$$e(t)=\sum_n g(t-nT_s)\cos(\omega_c t+\varphi_n) \qquad (5-85)$$

式中：$g(t)$ 是高度为 1，宽度为 T_s 的门函数；φ_n 由式(5-86)确定。由于一般都是在 $0\sim2\pi$ 范围内等间隔划分相位的，因此相邻相移的差值为 $\Delta\theta=2\pi/M$。

$$\varphi_n=\begin{cases} \theta_1 概率为 P_1 \\ \theta_2 概率为 P_2 \\ \quad\vdots \\ \theta_m 概率为 P_M \end{cases} \qquad (5-86)$$

式中，$P_1+P_2+\cdots P_M=1$。

假设 $a_n=\cos\varphi_n$，$b_n=\sin\varphi_n$，则式(5-85)可写成

$$e(t) = \Big[\sum_n a_n g(t-nT_s)\Big]\cos\omega_c t - \Big[\sum_n b_n g(t-nT_s)\Big]\sin\omega_c t \qquad (5-87)$$

由式(5-87)可知，MPSK 信号可等效为两个正交载波进行多电平双边带调制所得信号之和，这给 MPSK 信号的产生提供了理论依据。

MASK 信号的幅度不等，不能充分利用设备的功率能力，而 MPSK 信号载波的幅度不变，使信号的平均功率可达到发送设备的极限。多进制调相常用的有 4PSK、8PSK、16PSK 等，它的应用使系统的有效性大大提高。

MPSK 信号可以用矢量图来描述，如图 5-42 所示。用矢量表示各相信号时，其相位偏移存在两种形式，图中，虚线为基准位(参考相位)，参考相位表示载波的初相，各相位值都是对参考相位而言的，正为超前，负为滞后。两种相位配置形式都采用等间隔的相位差来区分相位状态，即 M 进制的相位间隔为 $2\pi/M$，这样造成的平均差错概率将最小。在矢量图中通常以相位为 0 载波相位作为参考矢量。图中分别画出 $M=2$、$M=4$ 及 $M=8$ 三种情况的矢量图。当采用相对移相时，矢量图所表示的相位为相对相位差。因此图中将基准相位用虚线表示，在相对移相中，这个基准相位也就是前一个调制码元的相位。对同一种相位调制也可能有不同的方式，如图中(a)和(b)方式。例如，四相制可分为 $\pi/2$ 相移系统和 $\pi/4$ 相移系统。

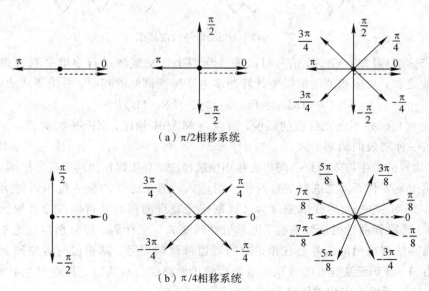

(a) $\pi/2$ 相移系统

(b) $\pi/4$ 相移系统

图 5-42　MPSK 信号相位配置矢量图

下面讨论常用的四相制绝对相移(4PSK)调制信号的波形图。

四相制是用载波的四种不同相位来表征四种数字信息。首先将二进制变为四进制。将二进制码元的每两个比特编为一组，可以有四种组合(00，10，01，11)，然后用载波的四种相位来分别表示它们。由于每一种载波相位代表两个比特信息，故每个四进制码元又被称为双比特码元。表 5-2 给出了双比特码元与载波相位的对应关系。4PSK 信号的波形图如图 5-43 所示。

表 5 – 2 双比特码元与载波相位的关系

双比特码		$\pi/2$ 相移系统	$\pi/4$ 相移系统
0	0	0	$-3\pi/4$
1	0	$\pi/2$	$-\pi/4$
1	1	π	$\pi/4$
0	1	$-\pi/2$	$3\pi/4$

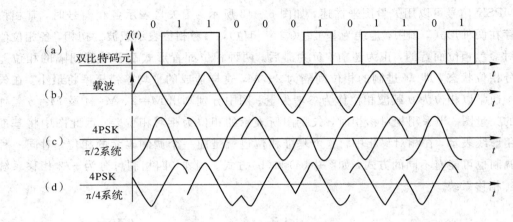

图 5 – 43 4PSK 信号的波形图

由式(5 – 87)可知，MPSK 信号可以等效为两个正交载波进行多电平双边带调幅所产生的已调波之和，故多相调制的带宽计算与多电平振幅调制时相同，并由下式表示：

$$B_{\text{MPSK}} = B_{\text{MASK}} = 2f_s = 2R_B \text{(Hz)} \tag{5 – 88}$$

又因为调相时并不改变载波的幅度，所以与 MASK 相比，MPSK 大大提高了信号的平均功率，是一种高效的调制方式。

4PSK 信号的产生可采用直接调相法和相位选择法。直接调相法的原理方框图如图 5 – 44 所示。它属于 $\pi/4$ 体系，二进制信息两位一组输入，把双比特的前一位用 A 表示，后一位用 B 表示，经串/并变换后变成宽度为二进制码元宽度两倍的并行码（A、B 码元在时间上是对齐的）。然后分别进行极性变换，把单极性码变成双极性码。再分别与互为正交的载波相乘，两路乘法器输出的信号是互相正交的双边带调制信号，其相位与各路码元的极性有关，分别由 A、B 码元决定。经过相加电路后输出两路的合成波形。若要产生 4PSK 信号的 $\pi/2$ 体系，只需适当改变相移网络就可实现。

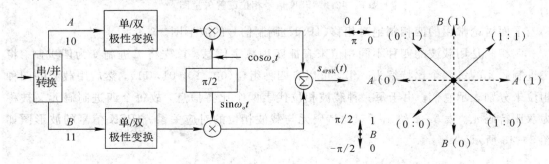

图 5 – 44 直接调相法产生 4PSK 信号的原理方框图及矢量图

相位选择法是指直接用数字信号选择所需相位的载波以产生 M 相制信号。相位选择法产生 4PSK 信号的原理方框图如图 5-45 所示。图中，四相载波发生器分别输出调相所需的四种不同相位的载波。按照串/并变换器输出的双比特码元的不同，逻辑选相电路输出相应的载波，然后经带通滤波器滤除高频分量。显然，这种方法比较适合载频较高的场合，此时，带通滤波器可以做得很简单。

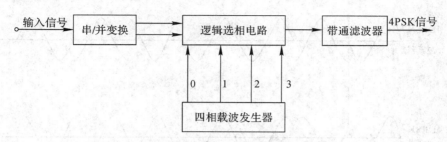

图 5-45　相位选择法产生 4PSK 信号的原理方框图

另外，脉冲插入法也可产生 4PSK 信号，它可实现 π/2 体系相移。其关键是产生 π/2 推动脉冲和 π 推动脉冲，从而得到不同相位的载波信号。具体原理可参见相关资料。

同 2PSK 信号的解调类似，4PSK 信号也可采用相干正交解调（极性比较法），其原理方框图如图 5-46 所示。四相绝对移相信号可以看作两个正交 2PSK 信号的合成，可采用与 2PSK 信号类似的解调方法进行解调。在同相支路和正交支路分别设置两个相关器，用两个正交的相干载波分别对两路 2PSK 进行相干解调，然后经并/串变换器将解调后的并行数据恢复成原始数据信息。

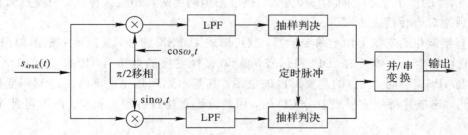

图 5-46　4PSK 信号的相干正交解调原理方框图

5.6.4　多进制相对相位调制

MPSK 仍然同 2PSK 一样，在接收机解调时由于相干载波的相位不确定性，使得解调后的输出信号可能反相。为了克服这种缺点，在实际通信中通常采用多进制相对相位调制系统。

1. 4DPSK 信号的波形

所谓四相相对相位调制又称为四相相对相移键控，是利用前后码元之间的相对相位变化来表示数字信息。若以前一码元相位作为参考，并令 $\Delta\varphi$ 作为本码元与前一码元相位的初相差，双比特码元对应的相位差 $\Delta\varphi$ 的关系仍由表 5-2 确定。4DPSK 信号的波形如图 5-47 所示。

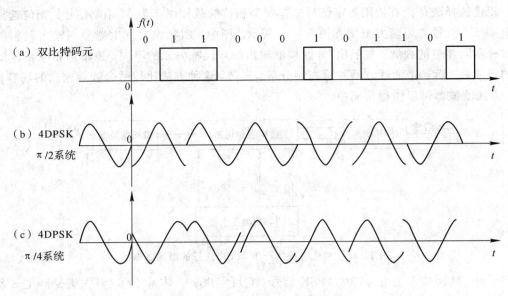

图 5-47　4DPSK 信号的波形图

2. 4DPSK 信号的产生与解调

在讨论 2PSK 信号调制时，为了得到 2DPSK 信号，可以先将绝对码变换成相对码，然后用相对码对载波进行绝对移相。4DPSK 也可先将输入的双比特码经码变换后变为相对码，用双比特的相对码再进行四相绝对移相，所得到的输出信号即为四相相对移相信号。4DPSK 信号的产生基本上同 4PSK 方式，仍可采用调相法和相位选择法，只是这时需将输入信号由绝对码转换成相对码。

在直接调相的基础上加上码变换器，就可形成 4DPSK 信号，其原理方框图如图 5-48 所示。它可产生 π/2 体系的 4DPSK 信号，单/双极性变换的规律与 4PSK 方式相反，相移网络也与 4PSK 不同，其目的是要形成矢量图。其基本原理是先把串行二进制码变换为并行 AB 码，再把并行码变换成差分 CD 码，用差分码直接进行绝对调相，即可得到 4DSPK 信号。

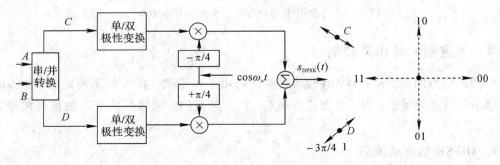

图 5-48　直接调相法产生 4DPSK 信号的原理方框图及矢量图

码型变换的原理是：设 $\Delta\varphi_n$ 为差分码元与前一个已调码元之间的相位差。输入 A_nB_n，得到的差分码 C_nD_n 应相对于前一个已调码元 $C_{n-1}D_{n-1}$ 发生相位变化 $\Delta\varphi_n$，满足某一相位配置体系。假设 $C_{n-1}D_{n-1}=00$，下一组 $A_nB_n=10$ 到来时，按照 π/2 体系相位配置，这个 A_n

$B_n=10$ 要求产生 $\pi/2$ 的相移变化，则 C_nD_n 就要对应于 $C_{n-1}D_{n-1}$ 产生 $\pi/2$ 的相移，所以 C_n $D_n=10$；当又一组 $A_{n+1}B_{n+1}=01$ 到来时，按照 $\pi/2$ 体系相位配置关系，$\Delta\varphi_n$ 应该发生 $-\pi/2$ 的相移变化，则 $C_{n+1}D_{n+1}$ 相对于 $C_nD_n=10$ 的相位变化应当为 $-\pi/2$，所以 $C_{n-1}D_{n-1}=00$。依此类推，就可产生所有的相对码，完成码变换的功能。

图 5-45 中，若逻辑选相电路还能完成码变换的功能，相位选择法也可产生 4DPSK 信号。另外，脉冲插入法也可产生 4DPSK 信号。

多进制相对相位调制的优点就在于它能够克服载波相位模糊的问题。因为多相制信号的偏移是相邻两码元相位的偏差，所以，在解调过程中，同样可采用相干解调和差分译码的方法。4DPSK 信号的解调可参照 2DPSK 信号的差分检测法，用两个正交的相干载波，分别检测出两个分量 A 和 B，然后还原成二进制双比特串行数字信号。解调 4DPSK 信号（$\pi/2$ 体系）的原理方框图如图 5-49 所示。由于相位比较法比较的是前后相邻两个码元载波的初相，因而图中的延迟和相移网络以及相干解调就完成了 $\pi/2$ 体系信号的差分正交解调的过程，且这种电路仅对载波频率是码元速率整数倍时的 4DPSK 信号有效。

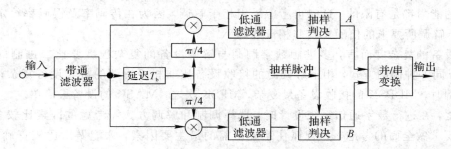

图 5-49　4DPSK 信号的差分正交解调原理方框图

5.6.5　多进制数字调制系统的性能比较

多进制数字调制系统主要采用非相干检测的 MFSK、MDPSK 和 MASK。一般在信号功率受限，而带宽不受限的场合多用 MFSK；在功率不受限的场合用 MDPSK；在信道带宽受限，而功率不受限的恒参信道用 MASK。

多进制数字振幅调制系统中，在相同的误码率 P_e 条件下，其电平数 M 越多，则需要信号的有效信噪比就越高；反之，有效信噪比就可能下降。在 M 相同的情况下，双极性相干检测的抗噪声性能最好，单极性相干检测的性能次之，单极性非相干检测的性能最差。虽然 MASK 系统的抗噪声性能比 2ASK 差，但其频带利用率高，是一种高效的传输方式。

多进制数字频率调制系统中相干检测和非相干检测时的误码率 P_e 均与信噪比及进制数 M 有关。在进制数 M 一定的条件下，信噪比越大，误码率就越小；在信噪比一定的条件下，M 值越大，误码率也越大。MFSK 与 MASK、MPSK 比较，随 M 增大，其误码率增大得不多，但其频带占用宽度将会增大，频带利用率降低。另外，相干检测与非相干检测性能之间相比较，在 M 相同的条件下，相干检测的抗噪声性能优于非相干检测。但是，随着 M 的增大，两者之间的差距将会有所减小，而且在同一 M 的条件下，随着信噪比的增加，两者性能将会趋于同一极限值。由于非相干检测易于实现，因此，实际应用中非相干 MFSK 多于相干 MFSK。

在多相调制系统中，M 相同时，相干检测 MPSK 系统的抗噪声性能优于差分检测 MDPSK 系统的抗噪声性能。在相同误码率的条件下，M 值越大，差分移相比相干移相在信噪比上损失得越多，M 很大时，这种损失约为 3 dB。但是，由于 MDPSK 系统无相位模糊问题，且接收端设备没有 MPSK 复杂，因而其实际应用比 MPSK 的多。多相制的频带利用率高，是一种高效传输方式。

多进制数字调制系统的误码率是平均信噪比及进制数 M 的函数。当 M 一定，平均信噪比增大时，误码率减小，反之增大；当平均信噪比一定，M 增大时，误码率增大。可见，随着进制数 M 的增大，系统的抗干扰性能降低。

在多进制数字调制系统中，系统的传码率和传信率是不相等的，即 $R_b = R_B \log_2 M$。在相同的信息速率条件下，多进制数字调制系统的频带利用率低于二进制的情形。

当信道严重衰落时，通常采用非相干解调或差分相干解调，原因是这时在接收端不易得到相干解调所需的相干载波信号。当发射机有严格的功率限制时，如卫星通信中，星上转发器输出功率受到电能的限制。从宇宙飞船上传回遥测数据时，飞船所载有的电能和产生功率的能力都是有限的。这时可考虑采用相干解调，因为在传码率及误码率给定的情况下，相干解调所要求的信噪比较非相干解调小。

从设备的复杂度而言，多进制数字调制与解调设备的复杂程度要比二进制的复杂得多。对于同一种调制方式，相干解调时的接收设备比非相干解调的接收设备复杂；同为非相干解调时，MDPSK 的接收设备最复杂，MFSK 次之，MASK 的设备最简单。

总之，在进行数字通信系统设计时，选择调制和解调方式需考虑的因素比较多。只有对系统要求做全面的考虑，并且抓住系统所需的最主要因素，才能做出比较正确的抉择。如果抗噪声性能是主要的，则应考虑相干 PSK 和 DPSK，而 ASK 是不可取的；如果带宽是主要的因素，则应考虑 MPSK、相干 PSK、DPSK 以及 ASK，而 FSK 最不值得考虑；如果设备的复杂性是一个必须考虑的重要因素，则非相干方式比相干方式更为适宜。目前，在高速数据传输中，4PSK、相干 PSK 及 DPSK 用得较多；而在中、低速数据传输中，特别是在衰落信道中，相干 2FSK 用得较为普遍。

5.7 二进制数字调制系统的仿真实例

5.7.1 二进制振幅键控系统的 SystemView 仿真

1. 仿真目的

（1）根据 2ASK 信号的产生与解调的基本原理，通过 SystemView 平台构建 2ASK 系统的仿真模型。

（2）根据仿真结果，观察基带信号与 2ASK 信号的时域关系、2ASK 信号的频谱特性以及接收端的各点波形，从而进一步理解 2ASK 信号的产生与解调过程。

2. 2ASK 系统的仿真模型

由图 5-1 可知，2ASK 信号的产生可分为模拟调制法和数字键控法两种，由于基带数字信号采用双极性非归零码，所以 2ASK 信号的产生采用数字键控法。2ASK 信号的解调此处采用包络检波法来实现。其 SystemView 仿真模型如图 5 - 50 所示。

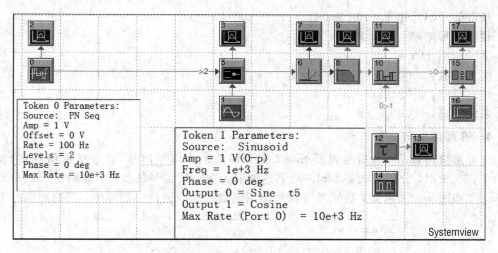

图 5 - 50　二进制振幅键控系统的 SystemView 仿真模型

图 5 - 50 中，图符 0 代表数字基带信号，图符 1 代表载波信号，图符 5 为数字键控开关，图符 6 完成半波整流功能，图符 8 实现低通滤波功能，图符 10 实现抽样/保持功能，图符 14 代表抽样定时脉冲，图符 15 代表判决器，图符 2、3、7、9、11、13、17 为分析接收器，其图符设置如表 5 - 3 所示。

表 5 - 3　基于 SystemView 平台的二进制振幅键控系统图符设置

图符编号	库/图符名称	参　　数
0	Source：PN Seq	Amp＝1 V, Offset＝0 V, Rate＝100 Hz, Levels＝2, Phase＝0 deg
1	Source：Sinusoid	Amp＝1 V, Freq＝1000 Hz, Phase＝0 deg
5	Logic：SPDT	Switch Delay＝0 sec, Threshold＝500e－3 V, Input1＝None, Input0＝t1, Control＝t0, Output0
6	Function：Half Rctfy	Zero Point＝0 V
8	Operator：Linear Sys	Butterworth Lowpass, 3 Poles, Fc＝100 Hz
10	Operator：Sample Hold	Ctrl Threshold＝500e－3 V
12	Operator：Delay	Non-Interpolating, Delay＝50e－4 sec
14	Source：Pulse Train	Amp＝1 V, Freq＝100 Hz, PulseW＝50e－4 sec, Offset＝0 V, Phase＝0 deg
15	Operator：Compare	Comparison＝'＞＝', True Output＝1 V, False Output＝－1 V, AInput＝t10 Output 0, BInput＝t16 Output 0
16	Source：Step Fct	Amp＝100e－3 V, Start＝0 sec, Offset＝0 V
2, 3, 7, 9, 11, 13, 17	Sink：Analysis	

3. 仿真参数

基带信号码元速率：100 Baud；

载波信号频率：1000 Hz；

采样频率：10 000 Hz；

仿真点数：2500 个；

仿真时间：0～249.9e－3 s；

采样间隔：100e－6 s。

4. 仿真结果与分析

运行系统仿真后，分析接收器 Sink2 得到的波形为调制信号（数字基带信号）的波形，如图 5-51 所示，分析接收器 Sink3 得到的波形为 2ASK 信号的波形，如图 5-52 所示。由图 5-51 和图 5-52 可知，数字基带信号即调制信号是双极性非归零码，当调制信号为＋1

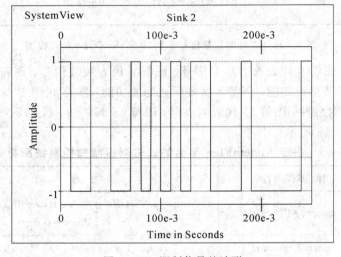

图 5-51　调制信号的波形

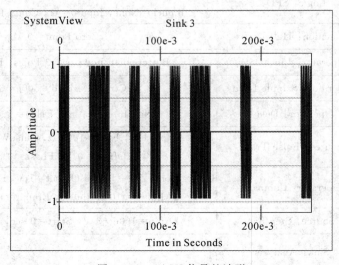

图 5-52　2ASK 信号的波形

时，2ASK 信号为载波信号，当调制信号为 −1 时，2ASK 信号为 0。图 5 − 53 为调制信号和 2ASK 信号的频谱图，由图可知，2ASK 信号的频谱是将调制信号的频谱搬移至载波信号的频率上，且载波信号的频率为 1000 Hz，所以调制信号的 2ASK 调制属于线性调制。

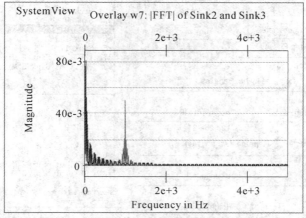

图 5 − 53 调制信号和 2ASK 信号的频谱图

分析接收器 3 和 7 得到的波形为半波整流器整流前后的信号波形，如图 5 − 54 所示。该仿真图要用到接收计算器的瀑布图（Waterfall）功能，具体操作步骤如下：

（1）选中 W2：Sink7 仿真图，单击分析窗左下角的按钮 $\sqrt{a}$ 打开接收计算器窗口，并切换到 Style 页面，如图 5 − 55 所示。

（2）单击【Waterfall】按钮选择瀑布图功能，然后在后面的文本框中输入相应的 X 坐标偏置和 Y 坐标偏置，输入的数值大小与波形的形状、X/Y 坐标范围和期望生成的瀑布图形状有关，这里分别输入 0 和 2.1。单击【OK】按钮，即可产生 Sink7 的瀑布图 Waterfall of w2。

（3）叠绘 2ASK 信号（Sink3）和 Sink7 的瀑布图。具体方法是：在 Sink3 仿真图区域按住鼠标左键，待鼠标指示变成手形，继续按住鼠标左键并将其拖动至 Sink7 的瀑布图区域，此时产生一张新的仿真图，如图 5 − 54 所示。

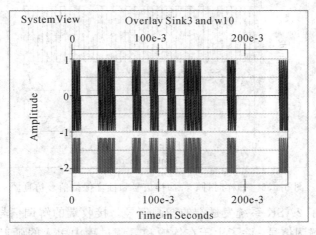

图 5 − 54 整流前后的信号波形

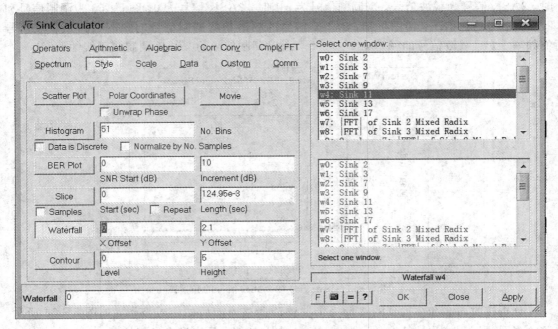

图 5-55　绘制瀑布图步骤

为了获得最佳抽样，抽样时钟信号的抽样时刻是否准确非常重要，图 5-56 显示了抽样时钟信号、待抽样信号和抽样保持信号的仿真图。图 5-56 中，上边部分为抽样时钟信号，其频率大小与调制信号的速率相同，其位置（相位）由位同步电路决定，此处由延时器来调整。图 5-56 中，中间部分为待抽样信号，它是经过低通滤波器滤除高频分量后得到的；下边的部分为抽样保持信号，它是在抽样时钟信号的上升沿由抽样时钟对待抽样信号抽样保持后得到的，其抽样时刻位于抽样时钟信号的上升沿。

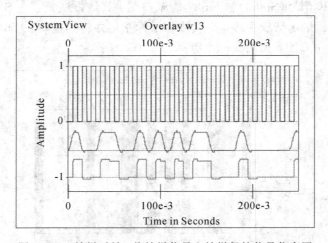

图 5-56　抽样时钟、待抽样信号和抽样保持信号仿真图

图 5-57 显示了 2ASK 系统发送端的调制信号与接收端的解调信号，上面部分为调制信号，下面部分为解调信号。除了由于在传输和解调过程中引入的延迟外两个信号完全相同，该包络检波解调系统能够实现正确的解调。

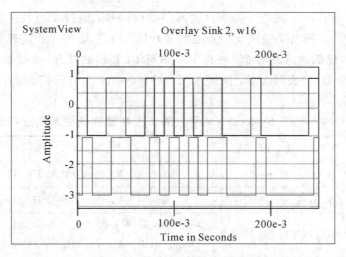

图 5-57 调制信号和解调信号仿真图

5.7.2 二进制频移键控系统的 SystemView 仿真

1. 仿真目的

(1) 根据 2FSK 信号的产生与解调的基本原理，通过 SystemView 平台构建 2FSK 系统的仿真模型。

(2) 根据仿真结果，观察基带信号与 2FSK 信号的时域关系、2FSK 信号的频谱特性，以及两路抽样保持信号，从而进一步理解 2FSK 信号的产生与非相干解调的过程。

2. 2FSK 系统的仿真模型

由图 5-8 和图 5-9 可知，2FSK 信号的产生可分为模拟调频法和频率键控法两种，此处 2FSK 信号的产生采用频率键控法。2FSK 信号的解调采用非相干解调来实现。其 SystemView 仿真模型如图 5-58 所示。

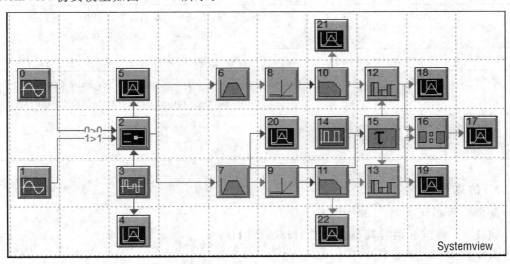

图 5-58 二进制频移键控系统的 SystemView 仿真模型

图 5-58 中，图符 0、图符 1 分别代表两路载波信号，图符 2 为数字键控开关，图符 3 为调制信号，图符 6、图符 7 完成实现带通滤波功能，图符 8、图符 9 实现半波整流功能，图符 10、图符 11 实现低通滤波功能，图符 12、图符 13 实现抽样/保持功能，图符 14 代表抽样定时脉冲，图符 16 代表判决器，图符 4、5、17、18、19 为分析接收器，仿真模型的图符设置如表 5-4 所示。

表 5-4　基于 SystemView 平台的二进制频移键控系统图符设置

图符编号	库/图符名称	参　　数
0	Source：Sinusoid	Amp＝1 V，Freq＝1000 Hz，Phase＝0 deg
1	Source：Sinusoid	Amp＝1 V，Freq＝2000 Hz，Phase＝0 deg
2	Logic：SPDT	Switch Delay＝0 sec，Threshold＝500e−3 V，Input0＝t0 Output 0，Input1＝t1 Output 1，Control＝t3，Output0
3	Source：PN Seq	Amp＝1 V，Offset＝0 V，Rate＝100 Hz，Levels＝2，Phase＝0 deg
6	Operator：Linear Sys	Butterworth Bandpass，3 Poles，Low Fc＝950 Hz，Hi Fc＝1050 Hz
7	Operator：Linear Sys	Butterworth Bandpass，3 Poles，Low Fc＝1950 Hz，Hi Fc＝2050 Hz
8	Function：Half Rctfy	Zero Point＝0 V
9	Function：Half Rctfy	Zero Point＝0 V
10	Operator：Linear Sys	Butterworth Lowpass，3 Poles，Fc＝105 Hz
11	Operator：Linear Sys	Butterworth Lowpass，3 Poles，Fc＝105 Hz
12	Operator：Sample Hold	Ctrl Threshold＝500e−3 V
13	Operator：Sample Hold	Ctrl Threshold＝500e−3 V
14	Source：Pulse Train	Amp＝1v，Freq＝100 Hz，PulseW＝5e−3 sec，Offset＝0 V，Phase＝0 deg
15	Operator：Delay	Non−Interpolating，Delay＝5e−3 sec
16	Operator：Compare	Comparison＝'＞＝'，True Output＝1 V，False Output＝−1 V，A Input＝t12 Output 0，B Input＝t13 Output 0
4，5，17，18，19，20，21，22	Sink：Analysis	

3. 仿真参数

基带信号码元速率：100 Baud；

载波 I、载波 II 信号频率：1000 Hz、2000 Hz；

采样频率：20 000 Hz；

仿真点数：3500 个；

仿真时间：0～174.95e-3 s；

采样间隔：50e-6 s。

4. 仿真结果与分析

运行系统仿真后，分析接收器 Sink4 可得到调制信号的波形，Sink5 可得到已调信号（2FSK 信号）的波形，运用瀑布图功能可得到调制信号与已调信号的波形，如图 5-59 所示。由图可知，数字基带信号即调制信号是双极性非归零码，当调制信号为＋1 时，2FSK 信号为载波 II 信号，当调制信号为－1 时，2FSK 信号为载波 I 信号。图 5-60 为调制信号和 2FSK 信号的频谱图，由图可知，2FSK 信号的频谱包含两个载波信号及调制信息，与调制信号的频谱相比，2FSK 信号的频谱发生了改变，所以调制信号的 2FSK 调制属于非线性调制。

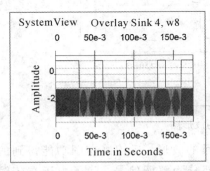

图 5-59 调制信号和已调信号的波形图

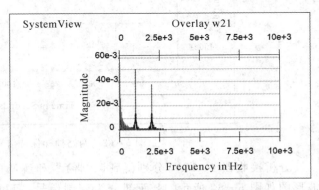

图 5-60 调制信号和 2FSK 信号的频谱图

分析接收器 20、21 和 18 可得到的波形分别为抽样时钟信号、半波整流后且经过低通滤波的信号和抽样保持信号，运用瀑布图功能得到的波形图如图 5-61 所示。由图可知，抽样时钟的脉宽较小，抽样效果好，使得抽样保持信号的波形较好，其最佳抽样时刻由位同步电路决定。

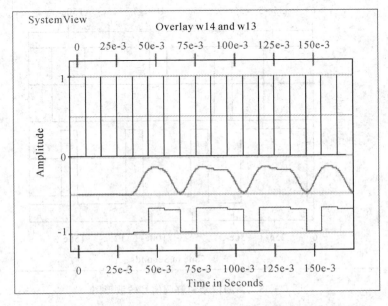

图 5-61 抽样时钟、待抽样信号和抽样保持信号的波形图

　　分析接收器 18、19 分别得到上、下两路抽样保持信号的波形，运用瀑布图功能得到的波形图如图 5-62 所示。由图可知，两路抽样保持信号刚好互补，可分别代表调制信号的不同取值。

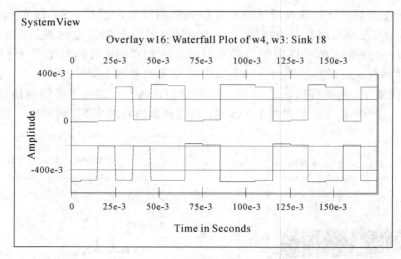

图 5-62　两路抽样保持信号的波形图

　　分析接收器 4、17 可分别得到调制信号和解调信号的波形，运用瀑布图功能得到的波形图如图 5-63 所示。上面部分为调制信号，下面部分为解调信号。除了由于在传输和解调过程中引入的延迟外两个信号完全相同，因此该 SystemView 仿真模型能够实现正确的解调。

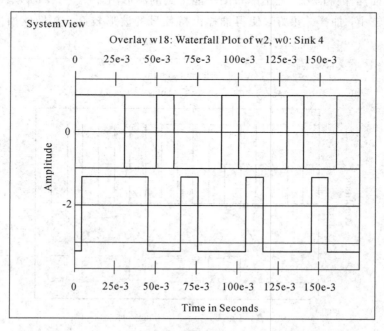

图 5-63　调制信号和解调信号的波形图

5.7.3 二进制频移键控系统的 Simulink 仿真

1. 仿真目的

（1）根据 2FSK 信号的产生与解调的基本原理，通过 Matlab/Simulink 平台构建 2FSK 系统的仿真模型。

（2）根据仿真结果，观察非连续相位的二元频移键控信号的频谱特性，分析在不同调制指数 h 的情况下，2FSK 信号频谱特性的变化。

（3）利用 Simulink 中的 FSK 调制和解调模块（M－FSK Modulator Baseband；M－FSK Demodulator Baseband），以及高斯白噪声信道模块（AWGN Channel）构建 2FSK 调制解调传输模型，分析在不同调制指数 h 情况下 2FSK 系统的传输特性。

2. 2FSK 系统的仿真模型

通过设置 Simulink 中的 FSK 调制/解调模块（M－FSK Modulator Baseband；M－FSK Demodulator Baseband），将调制元数设为 2，相位连续性设置为不连续的调制模式，每个符号期间采样数设为 50，相邻频率间隔分别设为变量 Fsep、250 Hz、500 Hz、1000 Hz、1500 Hz。加性高斯白噪声信道（AWGN Channel）的信噪比参数设定为变量 SNR。发送信源采用信源模块（Random Integer）随机地产生整数 0 和 1，其参数设置为：输出元数 M 为 2，采样时间间隔为 1e－3，随机数种子可取任意整数。误码仪模块（Error Rate Calculation）的 R_x 端接 2FSK 解调模块的输出端，误码仪模块的 T_x 端直接连接到发送信源上，误码仪中传输延迟参数设置为 1。加到工作空间 To Workspace 是为了将仿真实验数据取出以便处理。零阶保持器模块（Zero-Order Hold）作为降采样器，其采样时间间隔设置为 2.5e－4，即将 2FSK 输出信号的采样率降低至 Fs＝4000 Hz。频谱仪模块（B－FFT）采用数字信号处理中的快速傅里叶变换技术，采样速率为 Fs，频谱显示范围设置为［－Fs/2，＋Fs/2］，频谱显示刻度设置为 dB。其 Simulink 仿真模型如图 5－64 所示。

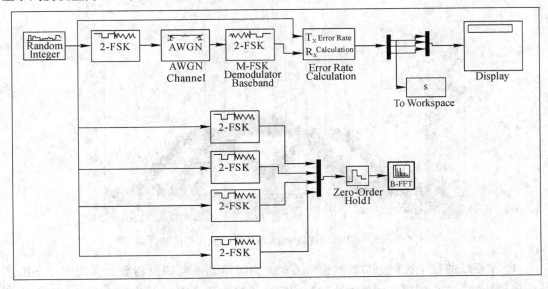

图 5－64 基于 Simulink 平台的 2FSK 调制解调传输模型（SCHX5_3.mdl）

3. 仿真参数

调制方式：2FSK；

基带信号码元速率：1 kb/s(二进制)；

2FSK 的键控频率间隔：250 Hz、500 Hz、1000 Hz、1500 Hz；

调频调制指数：0.25、0.5、1.0、1.5；

采样点数：50 个；

高斯白噪声信道的信噪比 SNR：$[-13\ dB,\ 7\ dB]$。

4. 仿真结果与分析

运行系统仿真后，就可得到不同调制指数 h 情况下 2FSK 信号的频谱图，它是对数刻度的功率密度频谱，如图 5 - 65 所示。从仿真频谱结果看，在键控的两个频率位置(如 ±125 Hz、±250 Hz、±500 Hz、±750 Hz)存在功率较大的线谱，表示在这些频率位置上存在正弦波分量，即可算出调制指数 h 分别为 0.25、0.5、1.0 和 1.5，而在这些频率附近，存在连续谱。从图中可以实测出 FSK 信号的带宽，当调制指数为 0.25 时，频率间隔为 250 Hz，2FSK 信号的理论带宽为 1250 Hz，实测 3 dB 带宽约为 1250 Hz。当调制指数为 0.5 时，频率间隔为 500 Hz，2FSK 信号的理论带宽为 1500 Hz，实测 3 dB 带宽约为 1500 Hz。随着调制指数 h 的增加，输出信号的频带也逐渐增加，当调制指数 h 为 1.5 时，连续谱出现双峰状态。

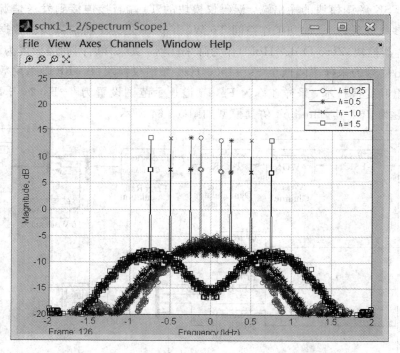

图 5 - 65　不同调制指数 h 情况下 2FSK 信号的频谱图

2FSK 系统的抗干扰能力与调制指数有关，为了得到不同调制指数 h 情况下 2FSK 系统的传输特性，将调制器和解调器中的频率间隔设定为变量 Fsep，将加性高斯白噪声信道的信噪比参数设置为变量 SNR。通过运行程序 5-1 来控制 2FSK 调制解调模型的运行，便可得到 2FSK 调制解调通信系统的传输特性，如图 5-66 所示。

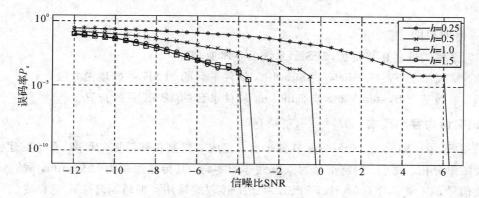

图 5-66　不同调制指数 h 情况下 2FSK 系统的传输特性

【程序 5-1】

```
clear all
NB=[250, 500, 1000, 1500 ];
H=['r' 'b' 'k' 'r. -'];
for m=1: length(NB)
h=H(m); Fsep= NB(m) ;
ErproVec=-12:.5:7;
for n=1: length(ErproVec)
SNR = ErproVec(n);
sim('schx5_3')
S2(n)=[mean(s)]';
S3(n)=S2(n)+eps;
EN(n)=[ErproVec(n)]';
end
semilogy(EN,(S3), h); grid
hold on;
end
axis([-12, 7, 1e-10, 3])
hold off
grid on
title('BFSK 不同调制指数 h 的传输特性')
```

从图 5-66 可以看出，在相同信噪比 SNR 情况下，2FSK 调制解调系统的误码率 P_e 随着调制指数 h 的增加而减小，即调制指数越大，2FSK 调制解调系统的传输特性越好，且调制指数从 0.25 到 1.0 的误码率有较大的变化，从 1.0 到 1.5 的误码率变化很小。因此，2FSK 调制解调系统的抗干扰能力与调制指数有关，调制指数越大，其抗干扰能力越强，但是当调制指数达到 1.0 以后，其抗干扰能力基本不改善。

5.8 实 战 训 练

1. 实训目的

(1) 掌握二进制相移键控(2PSK)系统的基本原理;

(2) 掌握基于 SystemView 或 Simulink 软件平台的 2PSK 系统建模方法;

(3) 掌握基于 SystemView 或 Simulink 软件平台的 2PSK 系统仿真。

2. 实训内容和要求

采用 SystemView 或 Simulink 软件平台,完成二进制相移键控(2PSK)系统的建模、仿真以及结果分析。要求:调制信号为双极性非归零码,其传输速率为 128 Baud,载波信号为正弦波信号,其频率为 2000 Hz。2PSK 系统的接收端采用科斯塔斯环来恢复载波信号。

(1) 观察调制信号与已调制信号的时域波形及其频谱图;

(2) 观察调制信号与解调信号的波形;

(3) 分析 2PSK 系统的相位模糊问题,应如何解决?

3. 实训报告要求

(1) 画出 SystemView 或 Simulink 仿真模型图;

(2) 给出仿真模型中各个图符或模块的参数设置;

(3) 给出仿真模型图中各点的波形,并给出分析结果;

(4) 写出心得体会。

习 题

5-1 数字载波调制与连续模拟调制有何异同点?

5-2 画出 2ASK 系统的原理方框图,并说明其工作原理。

5-3 试比较相干检测 2ASK 系统和包络检测 2ASK 系统的性能及特点。

5-4 试画出 2PSK 系统的方框图,并说明其工作原理。

5-5 试画出 2DPSK 系统的方框图,并说明其工作原理。

5-6 二进制数字调制系统的误码率与什么因素有关?试比较各种数字调制系统的误码性能。

5-7 已知待传送二元序列为 $\{a_n\}=11011010011$,试画出 ASK、FSK、PSK 和 DPSK 信号波形图。

5-8 在相对相移键控中,假设传输的差分码是 01111001000110101011,且规定差分码的前一位为 0,试求出下列两种情况下原来的数字信号:

(1) 规定遇到数字信号为 1 时,差分码保持前位信号不变,否则改变前位信号;

(2) 规定遇到数字信号为 0 时,差分码保持前位信号不变,否则改变前位信号。

5-9 已知二元序列为 1100100010,采用 DPSK 调制。

(1) 若采用相对码调制方案,设计发送端方框图;

（2）设计两种解调方案，画出相应的接收端方框图。

5－10 设输入二元序列为 0、1 交替码，计算并画出载频为 f_c 的 PSK 信号频谱。

5－11 某 ASK 传输系统传送等概率的二元数字信号序列。已知码元宽度 $T=100\ \mu s$，信道白噪声功率谱密度为 $n_0=1.338\times10^{-5}$ W/Hz。

（1）若利用相干方式接收，限定误比特率为 $P_b=2.005\times10^{-5}$，求所需 ASK 接收信号的幅度 A；

（2）若保持误比特率 P_b 不变，改用非相干接收，求所需 ASK 接收信号的幅度 A。

5－12 某一型号的调制解调器（Modem）利用 FSK 方式在电话信道 600～3000 Hz 范围内传送低速二元数字信号，且规定 $f_1=2025$ Hz 代表空号，$f_2=2225$ Hz 代表传号，若信息速率 $R_b=300$ b/s，要求接收端输入信噪比为 6 dB，求：

（1）FSK 信号带宽；

（2）利用相干接收时的误比特率；

（3）非相干接收时的误比特率，并与（2）的结果比较。

5－13 已知数字基带信号为 1 码时，发出数字调制信号的幅度为 8 V，假定信道衰减为 50 dB，接收端输入噪声功率为 $N_i=10^{-4}$ W。试求：

（1）相干 ASK 的误比特率 P_b；

（2）相干 PSK 的误比特率 P_b。

5－14 已知发送载波幅度 $A=10$ V，在 4 kHz 带宽的电话信道中分别利用 ASK、FSK 及 PSK 系统进行传输，信道衰减为 1 dB/km，$n_0=10^{-8}$ W/Hz，若采用相干解调，试求：当误比特率都确保在 10^{-5} 时，各种传输方式分别传送多少千米？

5－15 2PSK 相干解调中相乘器所需的相干载波若与理想载波有相位差，求相位差对系统误比特率的影响。

5－16 一个使用匹配滤波器接收的 ASK 系统，在信道上发送的峰值电压为 5 V，信道的损耗未知。如果接收端的白噪声功率谱密度 $n_0=6\times10^{-18}$ W/Hz，比特间隔的持续时间为 0.5 μs，该系统的误比特率 $P_b=10^{-4}$，试求信道的功率损耗为多少。

5－17 在使用匹配滤波器接收的 2PSK 系统中，数字信号为 PCM 信号。若误比特率 $P_b=10^{-7}$，2PSK 信号的幅度 $A=10$ V，信号在白噪声功率密度谱 $n_0=3.69\times10^{-7}$ W/Hz 的信道上传输，求码元速率是多少。

5－18 已知矩形脉冲波形 $p(t)=A[U(t)-U(t-T)]$，$U(t)$ 为阶跃函数。

（1）求匹配滤波器的冲激响应；

（2）求匹配滤波器的输出波形；

（3）在什么时刻输出可以达到最大值？并求最大值。

5－19 在高频信道上使用 ASK 方式传输二进制数据，传输速率为 4.8×10^{-6} b/s，接收机输入的载波幅度 $A=1$ mV，信道噪声功率谱密度 $n_0=10^{-15}$ W/Hz。

（1）求相干和非相干接收机的误比特率 P_b；

（2）如果采用匹配滤波器的最佳接收，求最佳相干和最佳非相干的 P_b。

5－20 在相同误比特率时，分别按接收机所需的最低峰值信号功率和平均信号功率对 2ASK、2FSK 和 2PSK 进行比较、排序。

5-21 一相位不连续的二进制 FSK 信号，发"1"码时的波形为 $A\cos(2000\pi t + \theta_1)$，发"0"码时的波形为 $A\cos(8000\pi t + \theta_0)$，码元速率为 600 Baud，系统的频带宽度最小为多少？

5-22 已知电话信道可用的信号传输频带为 600～3000 Hz，取载频为 1800 Hz，试说明：

(1) 采用 $\alpha = 1$ 升余弦滚降基带信号时，QPSK 调制可以传输 2400 b/s 数据；

(2) 采用 $\alpha = 0.5$ 升余弦滚降基带信号时，8PSK 调制可以传输 4800 b/s 数据。

5-23 采用 8PSK 调制传输 4800 b/s 数据，试回答：

(1) 最小理论带宽是多少？

(2) 若传输带宽不变，而数据率加倍，则调制方式应做何改变？

(3) 若调制方式不变，而数据率加倍，为达到相同误比特率，发送功率应做何变化？

5-24 设八进制 FSK 系统的频率配置使得功率谱主瓣恰好不重叠，求传码率为 200 Baud 时系统的传输带宽及信息速率。

5-25 求传码率为 200 Baud 的八进制 ASK 系统的带宽和信息速率。如果采用二进制 ASK 系统，其带宽和信息速率又为多少？

5-26 若 PCM 信号采用 8 kHz 抽样，它由 128 个量化级构成，则此种脉冲序列在 30/32 路时分复用传输时，占有理想基带信道带宽是多少？若改为 ASK、FSK 和 PSK 传输，其带宽又各是多少？

第 6 章　模拟信号的数字传输

本章将要讨论模拟信号经过数字化以后在数字通信系统中的传输，简称模拟信号的数字传输。数字传输随着微电子技术和计算机技术的发展，其优越性日益明显，具有抗干扰强、失真小、传输特性稳定、远距离中继噪声不积累的优点，还可以通过信源编码、信道编码和保密编码来提高通信系统的有效性、可靠性和保密性。模拟信号用得最多的是语音信号，把语音信号数字化后，在数字通信系统中传输，称为数字电话通信系统。

6.1　脉冲编码调制

通信系统的信源有模拟信源和数字信源两大类，产生的信号分别为模拟信号和数字信号。例如，话筒输出的话音信号属于模拟信号；而文字、计算机数据等属于数字信号。模拟信号的数字传输过程如图 6-1 所示。

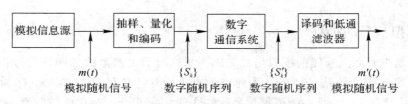

图 6-1　模拟信号的数字传输过程

图 6-1 中，$m(t)$、$m'(t)$ 为模拟随机信号，$\{S_k\}$、$\{S'_k\}$ 为数字随机序列。若输入的是模拟信号，则在数字通信系统的信源编码部分需要对输入模拟信号进行数字化，称为模/数变换。数字化过程包括抽样（sampling）、量化（quantization）和编码（coding）三个步骤，分别如图 6-2(b)、(c)、(d)所示。

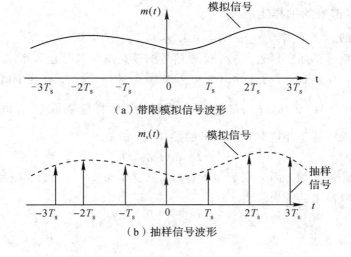

（a）带限模拟信号波形

（b）抽样信号波形

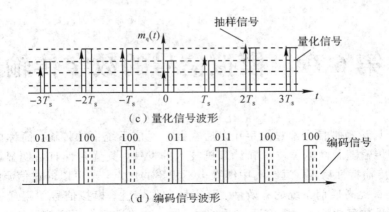

（c）量化信号波形

011　　100　　100　　011　　011　　100　　100　　编码信号

（d）编码信号波形

图 6 - 2　模拟信号的数字化过程

模拟信号首先经过抽样，理想情况下，抽样是按照等时间间隔进行的。模拟信号被抽样后，在时间上是离散的，但是其取值仍然是连续的，所以抽样后的信号为离散模拟信号。对抽样信号进行量化，其取值是离散的。对量化后的信号进行编码，将其变成二进制码元，最常用的编码方法为脉冲编码调制（Pulse Code Modulation，PCM）。编码方法和系统的传输效率有关，为了提高传输效率，通常将 PCM 信号进一步作压缩编码，而后在通信系统中进行传输。

6.1.1　模拟信号的抽样

抽样就是把时间上连续的模拟信号变成一系列时间上离散的抽样值的过程。模拟信号通常是在时间上连续的信号。在一系列离散点上，对这种信号抽样取值称为抽样，如图 6 - 2（b）所示。图中 $m(t)$ 是一个模拟信号，在时间间隔 T_s 上，对它抽样取值。理论上，抽样过程可以看作是用周期性单位冲激脉冲（impulse）和此模拟信号相乘。抽样结果得到的是一系列周期性的冲激脉冲，其面积和模拟信号的取值成正比。冲激脉冲在图 6 - 2（b）中用一些箭头表示。实际中，用周期性窄脉冲代替冲激脉冲与模拟信号相乘。

根据信号是低通型还是带通型，抽样定理分低通抽样定理和带通抽样定理；根据用来抽样的脉冲序列是等间隔的还是非等间隔的，又分为均匀抽样和非均匀抽样。

1. 低通模拟信号的抽样定理

设模拟信号的频率范围为 $f_L \sim f_H$，如果 $f_L < f_H - f_L$，则称为低通信号，比如语音信号和一般的基带信号都属于低通信号。低通信号的带宽就是其截止频率 f_H，即 $B = f_H$。一个频带限制在（0，f_H）内的时间连续信号 $m(t)$ 如图 6 - 2（a）所示，将这个信号和一个周期性冲激脉冲信号 $\delta_T(t) = \sum_{n=-\infty}^{\infty} \delta(t - nT_s)$ 相乘，乘积就是抽样信号 $m_s(t)$，如图 6 - 2（b）所示。这些冲激脉冲的强度等于相应时刻上信号的抽样值，故有

$$m_s(t) = m(t)\delta_T(t) \tag{6-1}$$

令 $M(\omega)$、$\Delta_\Omega(\omega)$、$M_s(\omega)$ 分别表示 $m(t)$、$\delta_T(t)$ 和 $m_s(t)$ 的频谱。按照频域卷积定理，对式（6 - 1）两边取傅里叶变换可得

$$M_s(\omega) = \frac{1}{2\pi}\left[M(\omega) * \Delta_\Omega(\omega)\right] \tag{6-2}$$

其中 $\Delta_\Omega(\omega)$ 为

$$\Delta_\Omega(\omega) = \frac{2\pi}{T_s}\sum_{n=-\infty}^{\infty}\delta(\omega-n\omega_s) = \omega_s\sum_{n=-\infty}^{\infty}\delta(\omega-n\omega_s) \qquad (6-3)$$

式中，$\omega_s = 2\pi f_s = 2\pi/T_s$ 是抽样脉冲序列的基波角频率，$T_s = 1/f_s$ 为抽样间隔，f_s 为抽样频率。此频谱如图 6-3 所示。

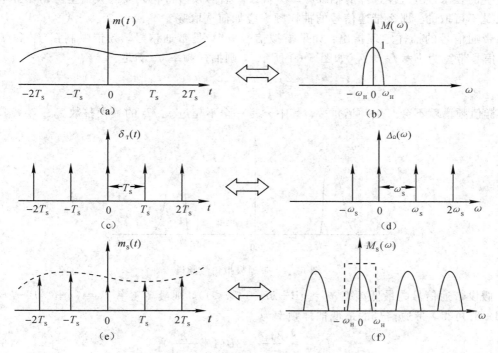

图 6-3　模拟信号的抽样过程

将式(6-3)代入式(6-2)，得到

$$M_s(\omega) = \frac{1}{T_s}\left[M(\omega) * \sum_{-\infty}^{\infty}\delta(\omega-n\omega_s)\right] \qquad (6-4)$$

因为

$$f(t) * \delta(t-t_0) = f(t-t_0)$$

通过计算，得到

$$M_s(\omega) = \frac{1}{T_s}\left[M(\omega) * \sum_{-\infty}^{\infty}\delta(\omega-n\omega_s)\right] = \frac{1}{T_s}\sum_{-\infty}^{\infty}\left[M(\omega-n\omega_s)\right] \qquad (6-5)$$

式(6-5)表明，由于 $M(\omega-n\omega_s)$ 是信号频谱 $M(\omega)$ 在频率轴上平移了 $n\omega_s$ 的结果，所以抽样信号的频谱 $M_s(\omega)$ 是无数间隔为 ω_s 的原信号频谱 $M(\omega)$ 相叠加而成的。因为假设 $m(t)$ 的最高频率为 ω_H，所以若式(6-5)中的频率间隔 $\omega_s \geqslant 2\omega_H$（即 $f_s \geqslant 2f_H$），则 $M_s(\omega)$ 中包括的每个原始信号频谱 $M(\omega)$ 不互相重叠(superposition)，如图 6-3 所示。这样就能够从 $M_s(\omega)$ 中用一个低通滤波器分离出信号 $m(t)$ 的频谱 $M(\omega)$，也就是可以从抽样信号中恢复原始信号。

恢复原始信号的条件是：抽样频率 $f_s \geqslant 2f_H$。我们称最低抽样频率 $f_{s(\min)} = 2f_H$ 为奈奎斯特抽样频率，对应的最大抽样时间间隔 $T_{s(\max)} = 1/(2f_H)$ 为奈奎斯特抽样间隔。

2. 带通模拟信号的抽样定理

上面讨论了频带限制在$(0,f_H)$内的低通模拟信号的抽样定理。设模拟信号的频率范围为$f_L \sim f_H$，如果$f_L \geqslant f_H - f_L$，则称为带通信号，一般的频带信号都属于带通信号。对于带通信号，如果仍然按照低通信号的抽样频率$f_s \geqslant 2f_H$抽样，虽然仍能满足样值频谱不产生重叠的要求，但这样选择的抽样频率太高了，抽样频谱将有大段的频谱空隙得不到利用，所以是不可取的。那么带通信号的抽样频率应如何选取呢？

带通信号的抽样定理指出：如果模拟信号$m(t)$是带通信号，频带限制在f_L和f_H之间，信号带宽为$B = f_H - f_L$（如图6-4所示），则抽样频率f_s满足

$$\frac{2f_H}{n+1} \leqslant f_s \leqslant \frac{2f_L}{n} \tag{6-6}$$

时，样值频谱就不会产生频谱重叠。其中n是一个不超过f_L/B的最大整数。

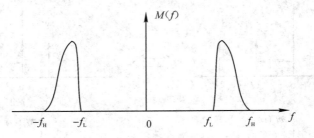

图6-4 带通模拟信号频谱

假设带通信号的最低频率$f_L = nB + kB (0 \leqslant k < 1)$，则最高频率$f_H = (n+1)B + kB$。由式(6-6)可得，带通信号的最低抽样频率为

$$f_{s(min)} = \frac{2f_H}{n+1} = 2B\left(1 + \frac{k}{n+1}\right) \tag{6-7}$$

$f_{s(min)}$介于$2B$和$3B$之间，即$2B \leqslant f_{s(min)} \leqslant 3B$。

根据式(6-7)画出$f_{s(min)}$和f_L之间的关系曲线如图6-5所示。当f_L/B为整数时，$f_{s(min)}$等于$2B$，其他情况均大于$2B$。当f_L从B变为$2B$时，得到$n=1$，而k从0变为1，此时$f_{s(min)} = 2B/(1+k/2)$，$f_{s(min)}$线性地从$2B$增加到$3B$，这是第一段折线。可以看出，随着n的增加，折线的斜率越来越小，当f_L远远大于带宽B时（比如窄带信号），抽样频率都可以近似为$2B$。由于通信系统中的带宽信号一般为窄带信号，满足$f_L \gg B$，因此带通信号通常可按$2B$速率抽样。

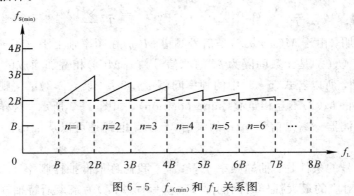

图6-5 $f_{s(min)}$和f_L关系图

例 6.1　已知载波 60 路信号频谱范围为 312～552 kHz，计算该信号的带宽，并选择抽样频率 f_s。

解　载波 60 路信号为带通模拟信号，应按照带通信号的抽样定理来计算抽样频率。该带通信号的带宽为

$$B = f_H - f_L = 552 - 312 = 240 (\text{kHz})$$

因为 $\dfrac{f_L}{B} = \dfrac{312}{240} = 1.3$，所以 $n = 1$。根据式（6-6），可得

$$552 (\text{kHz}) \leqslant f_s \leqslant 624 (\text{kHz})$$

3. 实际抽样

上面讨论抽样定理时，我们用冲激函数去抽样（如图 6-3 所示），称之为理想抽样。实际上真正的冲激脉冲串并不能实现，通常只能采用窄脉冲串来实现。

从另一个角度看，可以把周期性脉冲序列看成是非正弦载波，而抽样过程可以看作是用模拟信号（如图 6-6(a) 所示）对它进行振幅调制。这种调制称为脉冲振幅调制（Pulse Amplitude Modulation，PAM），如图 6-6(b) 所示。

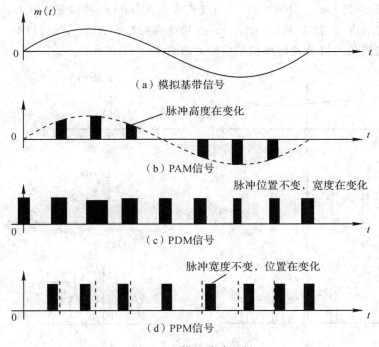

图 6-6　模拟脉冲调制

一个周期性脉冲序列有 4 个参量：脉冲周期、脉冲振幅、脉冲宽度和脉冲相位。其中脉冲周期即抽样周期，其值一般由抽样定理决定，故只有其他三个变量可以受调制。因此，可以将 PAM 信号的振幅变化，根据比例转换成为脉冲宽度的变化，即得到脉冲宽度调制（Pulse Duration Modulation，PDM），如图 6-6(c) 所示。或者，变换成脉冲相位的变化，得到脉冲位置调制（Pulse Position Modulation，PPM），如图 6-6(d) 所示。这些种类的调制虽然在时间上是离散的，但仍然是模拟调制，因为其代表信息的参量仍然是可以连续变化的，这些已调信号当然也是模拟信号。

PAM 是一种最基本的模拟脉冲调制,它往往是模拟信号数字化过程的必经之路。下面对 PAM 进行详细分析。

假设模拟信号为 $m(t)$,截止频率为 f_H,频谱为 $M(\omega)$;脉冲载波 $s(t) = \sum\limits_{n=-\infty}^{\infty} A(t-nT_s)$ 是矩形窄脉冲序列,其周期为 T_s,脉冲宽度为 τ,幅度为 A,频谱为 $S(\omega)$,其中 T_s 是按照抽样定理确定的,取 $T_s \leqslant 1/(2f_H)$。因为矩形窄脉冲的频谱为

$$S(\omega) = \frac{2\pi A\tau}{T_s} \sum_{n=-\infty}^{\infty} \mathrm{Sa}\left(\frac{n\tau\omega_s}{2}\right)\delta(\omega-n\omega_s)$$

式中,$\omega_s = 2\pi/T_s$。

由频域卷积定理得到抽样信号 $m_s(t) = m(t)s(t)$ 的频谱为

$$M_s(\omega) = \frac{1}{2\pi}[M(\omega) * S(\omega)] = \frac{A\tau}{T_s}\sum_{n=-\infty}^{\infty} \mathrm{Sa}\left(\frac{n\tau\omega_s}{2}\right)M(\omega-n\omega_s) \tag{6-8}$$

其中,$\mathrm{Sa}(n\tau\omega_s/2) = \sin(n\tau\omega_s/2)/(n\tau\omega_s/2)$。图 6-7 示出了 PAM 调制过程中的波形和频谱。将其和图 6-3 中的抽样过程比较可见,周期性矩形脉冲 $s(t)$ 的频谱 $|S(\omega)|$ 的包络呈 $|\sin x/x|$ 形,而不是一条水平直线,并且 PAM 信号 $m_s(t)$ 的频谱 $|M_s(\omega)|$ 的包络也呈 $|\sin x/x|$ 形。若 $s(t)$ 的周期 $T_s \leqslant 1(2f_H)$,或其重复频率 $\omega \geqslant 2\omega_H$,则采用一个截止频率为 f_H 的低通滤波器仍可以分离出原模拟信号,如图 6-7(f)所示。

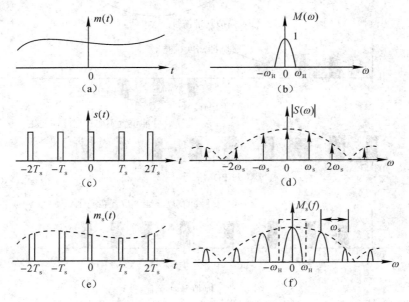

图 6-7 PAM 调制过程波形和频谱

在上述 PAM 调制中,得到的已调信号 $m_s(t)$ 的脉冲顶部和原模拟信号波形相同。这种 PAM 常称为自然抽样,又称为曲顶抽样。

实际应用中,通常用"抽样保持电路"产生 PAM 信号。这种电路的原理方框图如图 6-8 所示。其中,模拟信号 $m(t)$ 和非常窄的周期性脉冲 $\delta_T(t)$ 相乘,乘积为已调信号 $m_s(t)$,然后通过一个保持电路,将抽样电压保持一定时间。这样,使电路的输出脉冲波形保持平顶,如图 6-9 所示。

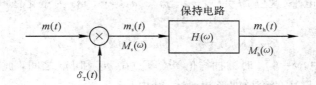

图 6-8　抽样保持电路

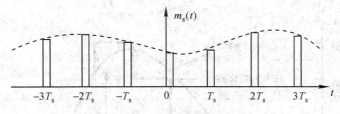

图 6-9　平顶 PAM 信号波形

假设保持电路的传输函数为 $H(\omega)$，则其输出信号的频谱 $M_h(\omega)$ 为

$$M_h(\omega) = M_s(\omega)H(\omega) \qquad (6-9)$$

式中

$$M_s(\omega) = \frac{1}{T_s}\sum_{-\infty}^{\infty}M(\omega - n\omega_s)$$

代入式（6-9），得到

$$M_h(\omega) = \frac{1}{T_s}\sum_{-\infty}^{\infty}H(\omega)M(\omega - n\omega_s) \qquad (6-10)$$

$M_s(\omega)$ 的曲线如图 6-3(f) 所示。可以看出，用低通滤波器就能滤出原模拟信号。现在比较 $M_h(\omega)$ 和 $M_s(\omega)$ 的表达式，可以看出，其区别在于 $M_h(\omega)$ 和式中的每一项都被 $H(\omega)$ 加权。因此，不能用低通滤波器恢复（解调）原始信号了。但是从原理上看，若在低通滤波器之前加一个传输函数为 $1/H(\omega)$ 的修正滤波器，就能无失真地恢复原模拟信号了。

综上所述，PCM 信号的形成是模拟信号经过抽样、量化和编码三个步骤实现的。其中，抽样的原理前面已经介绍，下面主要讨论量化和编码。

6.1.2　抽样信号的量化

1. 量化原理

利用预先规定的有限个电平来表示模拟信号抽样值的过程称为量化。时间连续的模拟信号经过抽样后的样值序列，虽然在时间上离散，但在幅度上仍然是连续的，即抽样值可以有无数个可能的值，因此仍属于模拟信号。如果用 N 个二进制数字码元来表示此抽样值的大小，以便于数字系统传输，则 N 个二进制码元只能代表 $M = 2^N$ 个不同的抽样值，而不能同无穷多个可能取值相对应，这就需要把取值无限的抽样值划分为有限的 M 个离散电平，此电平被称为量化电平。

量化的物理过程可通过图 6-10 所示的例子加以说明。图中，$m(t)$ 表示模拟信号，抽样频率为 $f_s = 1/T_s$，$m(kT_s)$ 表示第 k 个抽样值，$m_q(t)$ 表示量化信号，q_1、q_2、$\cdots$、q_6、q_7 是

规定好的 M 个量化电平（这里 $M=7$），m_0、m_1、m_2、$\cdots$、m_7 为量化区间的端点。这样，即可写出一般公式：

$$m_q(kT_s) = q_i \qquad m_{i-1} \leqslant m(kT_s) \leqslant m_i \tag{6-11}$$

例如图 $6-10$ 中，$t=6T_s$ 时的抽样值 $m(6T_s)$ 在 m_5 和 m_6 之间，此时按规定量化值为 q_6。量化器输出的是图中的阶梯波形 $m_q(t)$，其中

$$m_q(t) = m_q(kT_s) \qquad kT_s \leqslant t \leqslant (k+1)T_s \tag{6-12}$$

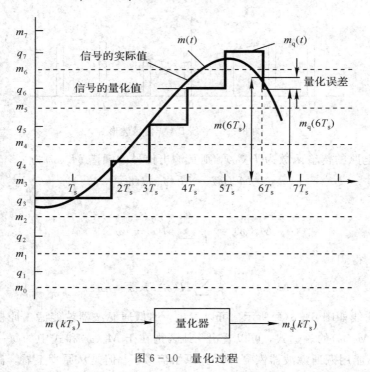

图 6 - 10　量化过程

从图 $6-10$ 中可以看出，量化后的信号 $m_q(t)$ 是对原来信号 $m(t)$ 的近似，当抽样频率一定，量化电平数增加并且量化电平选择适当时，可使 $m_q(t)$ 与 $m(t)$ 的近似程度提高。

$m_q(kT_s)$ 与 $m(kT_s)$ 之间的误差称为量化误差。对于语音信号和图像等随机信号，量化误差也是随机的，它像噪声一样影响通信质量，因此又称为量化噪声，通常用均方误差来衡量。为方便起见，假设 $m(t)$ 是均值为零、概率密度为 $f(x)$ 的平稳随机过程，并用简化符号 m 表示 $m(kT_s)$，m_q 表示 $m_q(kT_s)$，E 表示求统计平均，则量化噪声的均方误差（即平均功率）为

$$N_q = E[(m-m_q)^2] = \int_{-\infty}^{\infty} (x-m_q)^2 f(x) \mathrm{d}x \tag{6-13}$$

若把积分区间分割成 M 个量化间隔，则上式可以写成

$$N_q = \sum_{i=1}^{M} \int_{m_{i-1}}^{m_i} (x-q_i)^2 f(x) \mathrm{d}x \tag{6-14}$$

在给定信息源的情况下，$f(x)$ 是已知的。因此，量化误差的平均功率与量化间隔分割有关。在图 $6-10$ 中，量化间隔是均匀的，称为均匀量化。量化间隔也可以是不均匀的，称为非均匀量化。下面将分别讨论这两种量化方法。

2. 均匀量化

把输入信号的取值按等距离分割的量化称为均匀量化。在均匀量化中，每个量化区间的量化电平取为每个区间的中点，图 6-10 即均匀量化的例子。其量化间隔 Δ 取决于输入信号范围和量化电平数。若设输入模拟信号的取值范围在 a 和 b 之间，量化电平数为 M，则均匀量化的量化间隔为

$$\Delta = \Delta_i = \frac{b-a}{M} \tag{6-15}$$

量化器的输出为

$$m_q = q_i \qquad m_{i-1} \leqslant m \leqslant m_i$$

式中，m_i 是第 i 个量化区间的端点电平，可写成

$$m_i = a + i\Delta \qquad i = 0, 1, \cdots, M \tag{6-16}$$

若量化输出电平 q_i 取为量化间隔的中点，则

$$q_i = \frac{m_i + m_{i-1}}{2} \qquad i = 1, 2, \cdots, M \tag{6-17}$$

上述量化误差 $e = m - m_q$ 通常称为绝对量化误差，它在每一量化间隔内的最大值均为 $\Delta/2$。在衡量量化器性能时，单看绝对误差的大小是不够的，因为信号有大有小，同样大的噪声对大信号的影响不是很大，但是对于小信号而言，有可能造成严重的后果，因此衡量系统性能时应看噪声与信号的相对大小，把绝对误差与信号之比称为相对量化误差。相对量化误差的大小反映了量化器的性能，通常用信噪比 (S/N_q) 来衡量，它被定义为信号功率与量化噪声功率之比，即

$$\frac{S}{N_q} = \frac{E[m^2]}{E[(m-m_q)^2]} \tag{6-18}$$

式中，S 为信号功率，N_q 为量化噪声功率，E 为求统计平均。显然，S/N_q 越大，量化性能越好。下面分析均匀量化时的量化信噪比。

设 $m(t)$ 是均值为零、概率密度为 $f(x)$ 的平稳随机过程，m 的取值范围为 (a, b)，则由式 (6-14) 可得，量化噪声功率 N_q 为

$$N_q = E[(m-m_q)^2] = \int_a^b (x-m_q)^2 f(x) \mathrm{d}x$$

$$= \sum_{i=1}^M \int_{m_{i-1}}^{m_i} (x-q_i)^2 f(x) \mathrm{d}x \tag{6-19}$$

这里

$$m_i = a + i\Delta$$

$$q_i = a + i\Delta - \frac{\Delta}{2} \qquad i = 1, 2, \cdots, M$$

一般来说，量化电平数 M 越大，量化间隔 Δ 越小，因而可以认为 $f(x)$ 在 Δ 内不变，以 p_i 表示，且假设各层之间量化噪声相互独立，则 N_q 表示为

$$N_q = \sum_{i=1}^M p_i \int_a^b (x-q_i)^2 \mathrm{d}x = \frac{\Delta^2}{12} \sum_{i=1}^M p_i \Delta = \frac{\Delta^2}{12} \tag{6-20}$$

式中，p_i 表示第 i 个量化间隔的概率密度，Δ 为均匀量化间隔，且 $\sum_{i=1}^M p_i \Delta = 1$。

由式(6-20)可以看出，均匀量化器的量化噪声功率 N_q 仅与 Δ 有关，而与信号的统计特性无关，一旦量化间隔 Δ 给定，无论抽样值大小，均匀量化噪声功率 N_q 都是相同的。

按照上面给定的条件，信号功率为

$$S = E[m^2] = \int_a^b x^2 f(x)\mathrm{d}x \tag{6-21}$$

若给出信号特性和量化特性，则可求出量化信噪比 (S/N_q)。

例 6.2 设一个均匀量化器的量化电平数为 M，其输入信号的概率密度函数在区间 $[-a, a]$ 均匀分布。试求该量化器的均匀信号量噪比。

解
$$N_q = \sum_{i=1}^{M} \int_{m_{i-1}}^{m_i} (x - q_i)^2 \frac{1}{2a}\mathrm{d}x = \sum_{i=1}^{M} \int_{-a+(i-1)\Delta}^{-a+i\Delta} \left(x + a - i\Delta + \frac{\Delta}{2}\right)^2 \frac{1}{2a}\mathrm{d}x$$
$$= \sum_{i=1}^{M} \left(\frac{1}{2a}\right)\left(\frac{\Delta^3}{12}\right)\mathrm{d}x = \frac{M\Delta^3}{24a}$$

因为

$$M\Delta = 2a$$

所以

$$N_q = \frac{\Delta^2}{12}$$

另外，由于此信号具有均匀的概率密度，故根据式(6-21)得到信号功率

$$S_o = \int_{-a}^{a} x^2 \left(\frac{1}{2a}\right)\mathrm{d}x = \frac{\Delta^2}{12}M^2$$

所以，平均输出信号信噪比为

$$\frac{S_o}{N_q} = M^2 \tag{6-22}$$

或

$$\left(\frac{S_o}{N_q}\right) = 20\lg M \ (\mathrm{dB}) \tag{6-23}$$

由式(6-23)可以看出，量化器平均输出信号信噪比会随着量化电平数 M 的增大而提高。在实际应用中，对于给定的量化器，量化电平数 M 和量化间隔 Δ 都是确定的。所以，由式(6-20)可知，量化噪声 N_q 也是确定的。但是，信号的强度可能随时间变化，比如话音信号。当信号小时，信号量噪比也小。所以，这种均匀量化器对于小输入信号很不利。为了克服这个缺点，改善小信号时的信号量噪比，在实际应用中常采用下面我们将要讨论的非均匀量化方法。

3. 非均匀量化

非均匀量化是一种在整个动态范围内量化间隔不相等的量化。换言之，非均匀量化是根据输入信号的概率密度来分布量化电平，以改善量化性能。由均方误差公式：

$$N_q = E[(m - m_q)^2] = \int_{-\infty}^{\infty} (x - m_q)^2 f(x)\mathrm{d}x \tag{6-24}$$

可见，在 $f(x)$ 大的地方，可通过设法降低量化噪声 $(m - m_q)^2$，从而降低均方误差来提高信噪比。

实现非均匀量化的方法有两种：模拟压扩法和直接非均匀编解码法。它们在原理上是等效的，但是从理论分析来看，前者简便，而在实际中通常采用后者。下面先介绍模拟压扩法，再介绍直接非均匀编解码法。

1) 模拟压扩法

模拟压扩法中实现非均匀量化的方法是抽样值通过压缩后再进行均匀量化。也就是说，在发送端，抽样信号首先经过压缩处理，然后进行均匀量化，最后进行编码。在接收端为了还原，解码后送入扩张器恢复原始信号。模拟压扩器的原理框图如图 6-11 所示。

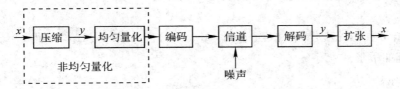

图 6-11　非均匀量化的模拟压扩法

图 6-11 中，压缩器和扩张器的特性相反。压缩器是对小信号进行放大，对大信号进行压缩。而扩张器是对小信号进行压缩，对大信号进行放大。这里的压缩器是一个非线性电路，设输入量化器的信号为 x，压缩后的信号为 y，其输入输出关系表示为

$$y = f(x) \tag{6-25}$$

压缩特性如图 6-12 所示（图中仅画出了曲线的正半部分，在第三象限奇对称的部分没有画出）。图中纵坐标 y 是均匀刻度，横坐标 x 是非均匀刻度。所以输入电压 x 越小，量化间隔也就越小。即小信号的量化误差小，从而使信号量噪比有可能不致变差。下面将对这个问题做定量分析。

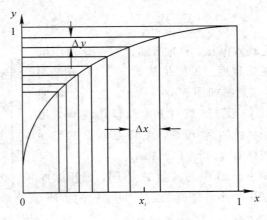

图 6-12　压缩特性

图 6-12 中，当量化区间划分很多时，在每一量化区间内压缩特性曲线可以近似看作一段直线。因此，这段直线的斜率可以写成

$$\frac{\Delta y}{\Delta x} = \frac{\mathrm{d}y}{\mathrm{d}x} = y' \tag{6-26}$$

假设压缩器的输入和输出电压范围都限制在 0 和 1 之间，即作归一化，且纵坐标 y 在 0 和 1 之间均匀划分成 N 个量化区间，则每个量化区间的间隔 $\Delta y = 1/N$，将其代入式 (6-26)，得到

$$\frac{\mathrm{d}x}{\mathrm{d}y} = N\Delta x \tag{6-27}$$

为了让不同的信号强度保持信号量噪比恒定，当输入电压 x 减少时，应当使量化间隔 Δx 按比例减小，即要求 $\Delta x \propto x$。因此式(6-27)可以写成

$$\frac{\mathrm{d}x}{\mathrm{d}y} = kx \tag{6-28}$$

式中，k 为比例常数。它是一个线性微分方程，其解为

$$\ln x = ky + c \tag{6-29}$$

为了求出常数 c，将边界条件(当 $x=1$，$y=1$ 时)代入式(6-29)，求得 $c=-k_a$。即要求 $y=f(x)$ 具有如下形式：

$$y = 1 + \frac{1}{k}\ln x \tag{6-30}$$

由式(6-30)可看出，为了对不同的信号强度保持信号量噪比恒定，在理论上要求压缩特性具有式(6-30)的对数特性。但是，当输入 $x=0$ 时，输出 $y=-\infty$，它是不能物理实现的，其曲线与图 6-12 中的曲线不同。所以，在实用中这个理想压缩特性的具体形式，按照不同情况，还要作适当修正。修正应实现两点：曲线通过原点；关于原点对称。修正方法不同，导出不同的特性，ITU-T 推荐两种特性：A 压缩律和 μ 压缩律。北美和日本采用 μ 压缩律，我国和欧洲采用 A 压缩律。下面将详细介绍 A 压缩律。

A 压缩律(简称 A 律)是指符合下式的对数压缩规律：

$$y = \begin{cases} \dfrac{Ax}{1+\ln A} & 0 < x \leqslant \dfrac{1}{A} \\[3mm] \dfrac{1+\ln(Ax)}{1+\ln A} & \dfrac{1}{A} < x \leqslant 1 \end{cases} \tag{6-31}$$

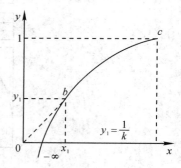

式中：x 为压缩器归一化输入电压；y 为压缩器归一化输出电压；A 为常数，其决定压缩程度。A 律是从式(6-30)修正而来的。由式(6-30)画出的曲线如图 6-13 所示。为了使此曲线通过原点，修正的办法是通过原点对此曲线作切线 $0b$，用直线段 $0b$ 代替原曲线段，就得到 A 律。此切点 b 点的坐标 (x_1, y_1) 为 $(\mathrm{e}^{1-k}, 1/k)$ 或 $(1/A, Ax_1/(1+\ln A))$。

A 律是物理可以实现的。其中的常数 A 不同，则压缩曲线的形状不同，这将特别影响小电压时的信号量噪比的大小。实用中，选择 $A=87.6$。

图 6-13　理想压缩特性

2) 13 折线压缩特性——A 律的近似

上面得到的 A 律表达式是一条连续的平滑曲线，用电子线路很难准确地实现。由于数字电路技术的发展，这种特性很容易用数字电路来近似实现。13 折线特性就是近似于 A 律的特性。图 6-14 中示出了这种特性曲线。

图 6-14 中横坐标 x 在 0 和 1 区间被分为不均匀的 8 段。1/2～1 间的线段称为第八段；1/4～1/2 间的线段称为第七段；1/8～1/4 间的线段称为第六段；以此类推，直到 0～1/128 间的线段称为第一段。图中纵坐标 y 则均匀地分为 8 段，将与这 8 段相应的坐标点 (x, y) 相连，就得到一条折线。由图可见，除第一段和第二段外，其他各段折线的斜率都不相同。表 6-1 中列出了这些折线的斜率。

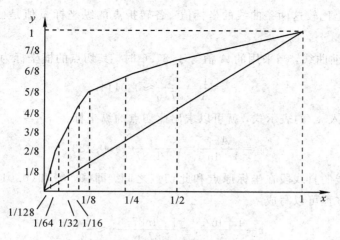

图 6-14　13 折线特性

表 6-1　各段折线的斜率

折线段号	1	2	3	4	5	6	7	8
斜率	16	16	8	4	2	1	1/2	1/4

　　因为话音信号为交流信号，即输入电压 x 有正负极性，所以上述压缩特性只是实用的压缩特性曲线的一半，x 的取值应该还有负的一半。这就是说，在坐标系的第三象限还有和原点奇对称的另一半曲线，如图 6-15 所示。在图 6-15 中，第一象限中的第一段和第二段折线斜率相同，所以构成一条直线。同样，在第三象限中的第一段和第二段折线斜率也相同，并且和第一象限中的斜率相同。所以，这四段折线构成了一条直线。因此，在这正负两个象限中的完整压缩曲线共有 13 段折线，故称 13 折线压缩特性。

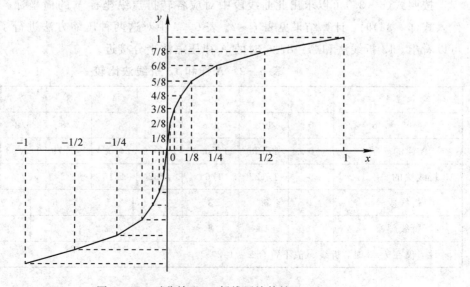

图 6-15　对称输入 13 折线压缩特性

下面考察此 13 折线特性和 A 律特性之间有多大误差。为了方便起见，仅在折线的各转折点和各端点上比较这两条曲线的坐标值。各转折点的纵坐标 y 值是已知的，即分别为 $0，1/8，2/8，3/8，\cdots，1$。

对于 A 律压缩曲线，当采用的 A 值等于 87.6 时，其切点的横坐标为

$$x_1 = \frac{1}{A} = \frac{1}{87.6} \approx 0.0114 \qquad (6-32)$$

所以，将 x_1 值代入 y_1 的表示式，就可以求出此切点的纵坐标：

$$y_1 = \frac{Ax_1}{1+\ln A} = \frac{1}{1+\ln 87.6} \approx 0.183 \qquad (6-33)$$

这表明，A 律曲线的直线段在坐标原点和此切点之间，即 $(0,0)$ 和 $(0.0114,0.183)$ 之间。所以，此直线的方程可以写成

$$x = \frac{1+\ln A}{A}y = \frac{1+\ln 87.6}{87.6}y \approx \frac{1}{16}y \qquad (6-34)$$

13 折线的第一个转折点纵坐标 $y=0.125$，它小于 y_1，故此点位于 A 律的直线段，按式 (6-34) 即可求出相应的 x 值为 $1/128$。

当 $y > 0.183$ 时，应按 A 律对数曲线段的公式计算 x 值。此时，由式 (6-30) 可以推出 x 的表示式为

$$y = \frac{1+\ln Ax}{1+\ln A} = 1 + \frac{1}{1+\ln A}\ln x$$

$$y-1 = \frac{\ln Ax}{1+\ln A} = \frac{\ln A}{\ln(eA)}$$

$$\ln x = (y-1)\ln(eA)$$

$$x = \frac{1}{(eA)^{1-y}} \qquad (6-35)$$

按照式 (6-35) 可以求出此曲线段中对应各转折点纵坐标 y 的横坐标。当将 $A=87.6$ 代入式 (6-35) 时，计算结果见表 6-2。表 6-2 中对这两种压缩方法进行了比较。从表中可以看出，13 折线法和 $A=87.6$ 时的 A 律压缩法十分接近。

表 6-2　A 律和 13 折线法比较

i	8	7	6	5	4	3	2	1	0
$y=1-i/8$	0	1/8	2/8	3/8	4/8	5/8	6/8	7/8	1
A 律的 x 值	0	1/128	1/60.6	1/30.6	1/15.4	1/7.79	1/3.93	1/1.98	1
13 折线法的 $x=1/2^i$	0	1/128	1/64	1/32	1/16	1/8	1/4	1/2	1
折线段号	1	2	3	4	5	6	7		8	
折线斜率	16	16	8	4	2	1	1/2		1/4	
注：仅在 $i=8$ 时，折线 x 值不符合 $x=1/2^i$。									

上面详细讨论了 A 律以及其相应的折线法压缩信号的原理。至于恢复原始信号大小的扩张原理，完全和压缩过程相反，这里不再赘述。

3）直接非均匀编解码法

目前实现非均匀量化一般采用直接非均匀编解码法。直接非均匀编解码法就是在发送端根据非均匀量化间隔的划分直接对样值进行二进制编码，在接收端进行相应的非均匀解码。直接非均匀编码如图 6-16 所示。

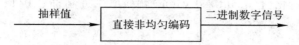

图 6-16　直接非均匀编码的输入/输出

为简便起见，以 5 折线压缩特性为例来说明如何对抽样值进行直接非均匀编码。5 折线如图 6-17 所示，压缩特性是关于原点奇对称的，图中只画出了第一象限的折线，考虑到第三象限内的折线，合起来共 5 段折线。

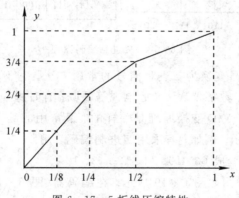

图 6-17　5 折线压缩特性

5 折线压缩特性横坐标量化间隔的划分及编码安排如表 6-3 所示。

表 6-3　5 折线压缩特性量化间隔的划分及编码安排

极　　性	电平范围	量化级序号	自然二进制码	折叠二进制码
正	$1/2\sim1$	7	111	111
	$1/4\sim1/2$	6	110	100
	$1/8\sim1/4$	5	101	101
	$0\sim1/8$	4	100	100
负	$0\sim-1/8$	3	011	000
	$-1/8\sim-1/4$	2	010	001
	$-1/4\sim-1/2$	1	001	010
	$-1/2\sim-1$	0	000	011

例如，如果一个抽样值为 0.7，因为它在 $1/2\sim1$ 之间，由表 6-3 就可以直接编出相应的码字为 111。

6.1.3　脉冲编码调制的基本原理

量化后的信号已经是取值离散的数字信号，下一步的问题是如何将这个数字信号编码。最常用的编码是用二进制符号"0"和"1"表示此离散值。通常把从模拟信号抽样、量化直到变成二进制符号的基本过程称为脉冲编码调制（PCM），简称脉码调制。

图 6-18 示出了一个例子。图中，模拟信号的抽样值为 3.15、3.96、5.00、6.38、6.80 和 6.42，按照"四舍五入"的原则量化为整数值，则抽样值量化后为 3、4、5、6、7 和 6。按照二进制数编码后，量化值（quantized value）就变成二进制符号 011、100、101、110、111 和 110。

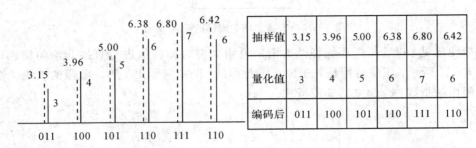

抽样值	3.15	3.96	5.00	6.38	6.80	6.42
量化值	3	4	5	6	7	6
编码后	011	100	101	110	111	110

图 6-18 二进制编码原理

脉冲调制是将模拟信号变换为二进制信号的常用方法。它不仅用于通信领域，还广泛应用于计算机、遥控遥测、数字仪表、广播电视等领域。有时将其称为"模拟/数字（A/D）变换"。实质上，脉码调制和 A/D 变换原理是一样的。最常用的编码是用二进制符号表示量化值，也可以用多进制表示。例如，若采用四进制编码，用 0、1、2、3 代表四进制的符号，则图 6-18 中的量化值将变成 03、10、11、12、13、12。

PCM 系统的原理方框图如图 6-19 所示。在编码器（图 6-19(a)）中由冲激脉冲对模拟信号抽样，得到在抽样时刻上的信号抽样值。这个抽样值仍然是模拟量。在对它量化之前，通常用保持电路将其作短暂保存，以便电路有时间对其进行量化。在实际电路中，常把抽样和保持电路做在一起，称为抽样保持电路。图中的量化器把模拟抽样信号变成离散的数字量，然后在编码器中进行二进制编码。这样，每个二进制码就代表一个量化后的信号抽样值。图 6-19(b)中译码器的原理和编码过程相反，这里不再赘述。

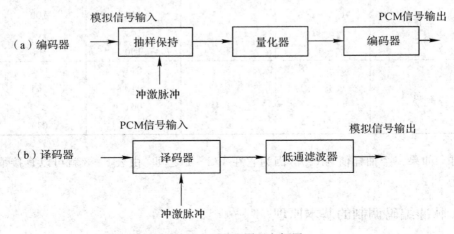

图 6-19 PCM 原理方框图

实际电路中，图 6-19(a)中的量化器和编码器常构成一个不能分离的编码电路。这种编码电路有不同的实现方案，最常用的一种称为逐次比较法编码，其基本原理方框图如图 6-20 所示。此图示出的是一个 3 位编码器。编码器的输入信号抽样脉冲值在 0 和 7.5 之间。它将输入信号的模拟抽样脉冲编成 3 位二进制编码 $C_1 C_2 C_3$。

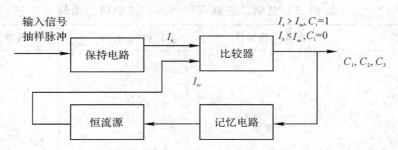

图 6-20　逐次比较法编码原理方框图

在图 6-20 中，输入信号抽样成脉冲电流(或电压) I_s 由保持电路短时间保持，并和几个称为权值电流的标准电流 I_ω 逐次比较。每进行一次比较，得出 1 位二进制码。权值电流 I_ω 是在电路中预先产生的。I_ω 的个数取决于编码的位数，现在共有 3 个不同的 I_ω 值。因为表示量化值的二进制码有 3 位，即 $C_1 C_2 C_3$，它们能够表示 8 个十进制数，即 0~7，如表 6-4 所列。因此，按照"四舍五入"的原则编码，此编码器能够对 −0.5~+7.5 的输入抽样值进行正确的编码。由此表可以推出，用于判断 C_1 值的权值电流 $I_\omega = 3.5$，即若抽样值 $I_\omega < 3.5$，则比较器输出 $C_1 = 0$；若 $I_s > 3.5$，则比较器输出 $C_1 = 1$。C_1 除输出外，还送入记忆电路暂存。第二次比较时，需要根据暂存的 C_1 决定第二个权值电流值。若 $C_1 = 0$，则第二个权值电流值为 $I_\omega = 1.5$；若 $C_1 = 1$，则 $I_\omega = 5.5$。第二次比较按照此规律进行：若 $I_s < I_\omega$，则 $C_2 = 0$；若 $I_s > I_\omega$，则 $C_2 = 1$。C_2 值除输出外，也送入记忆电路。在第三次进行比较时，所用的权值电流值需根据 C_1 和 C_2 的值来共同决定。例如，若 $C_1 C_2 = 00$，则 $I_\omega = 0.5$；若 $C_1 C_2 = 10$，则 $I_\omega = 4.5$；以此类推。

表 6-4　编　码　表

量化值	C_1	C_2	C_3	量化值	C_1	C_2	C_3
0	0	0	0	4	1	0	0
1	0	0	1	5	1	0	1
2	0	1	0	6	1	1	0
3	0	1	1	7	1	1	1

1. 自然二进制编码和折叠码

在表 6-4 中给出的是按照二进制数的自然规律排列的二进制编码，称为自然二进制码。但是，这并不是唯一的编码方法。对电话信号的编码，除自然二进制码外，还常用另外一种编码，称为折叠二进制码。以 4 位二进制码为例，将这两种编码列于表 6-5 中。因为电话信号是交流信号，故此表中将 4 位二进制码代表的 16 个双极性量化值分成两部分。第 0~7 个量化值对应于负极性电压；第 8~15 个量化值对应于正极性电压。显然，对于自然二进制码，这两部分之间没有什么对应关系。但是，对于折叠二进制码则不然，除了其最高位符号相反外，其上下两部分呈现映像关系，或者称为折叠关系。折叠码中用最高位表示电压的极性正负，而用其他位来表示电压的绝对值。这就是说，在用最高位表示极性后，双极性电压可以采用单极性编码方法处理，从而使编码电路和编码过程大为简化。

表 6-5　自然二进制码和折叠二进制码的比较

量化值符号	量化电压极性	自然二进制码	折叠二进制码
15		1111	1111
14		1110	1110
13		1101	1101
12	正极性	1100	1100
11		1011	1011
10		1010	1010
9		1001	1001
8		1000	1000
7		0111	0000
6		0110	0001
5		0101	0010
4	负极性	0100	0011
3		0011	0100
2		0010	0101
1		0001	0110
0		0000	0111

折叠码的另一个重要特点是误码对于小电压的影响较小。例如，若有一个码组为"1000"，在传输或者处理时发生一个符号错误，变成"0000"。从表中可以看到，若它为自然码，则所代表的电压值将从 8 变为 0，误差为 8；若它为折叠码，则将从 8 变为 7，误差为 1。但是，若一个码组从"1111"变到"0111"，若它为自然码，将从 15 变为 7，误差为 8；而若它为折叠码，则从 15 变为 0，误差增大为 15。这表明，折叠码对小信号有利。由于话音信号小电压出现的概率较大，所以折叠码有利于减少话音信号的平均量化噪声。

无论是自然码还是折叠码，码组中符号的位数都直接和量化值数目有关。量化间隔越多，量化值也越多，则码组中符号的位数也随之增多。同时，信号量噪比也越大。当然，随着位数的增多，信号的传输量和存储量也会增大。编码器也将较复杂。在话音通信中，通常采用 8 位 PCM 编码就能够保证满意的通信质量。

2. A 律 13 折线编码器

在 13 折线法中采用的折叠码有 8 位。其中第一位 C_1 表示量化值极性的正负。后 7 位分为段落码和段内码两部分，用于表示量化值的绝对值。其中第 $2\sim4$ 位（$C_2C_3C_4$）是段落码，共计 3 位，可以表示 8 种斜率的段落；其他 4 位（$C_5\sim C_8$）为段内码，可以表示每一段落内的 16 种量化电平。段内码代表的 16 个量化电平是均匀划分的，所以，这 7 位码总共能表示 $2^7=128$ 种量化值。表 6-6 和表 6-7 中给出了段落码和段内码的编码规则。

表 6-6　段　落　码

段落序号	段落码 $C_2 C_3 C_4$	段落范围 （量化单位）
8	111	1024～2048
7	110	512～1024
6	101	256～512
5	100	128～256
4	011	64～128
3	010	32～64
2	001	16～32
1	000	0～16

表 6-7　段　内　码

量化间隔	段内码 $C_5 C_6 C_7 C_8$	量化间隔	段内码 $C_5 C_6 C_7 C_8$
15	1111	7	0111
14	1110	6	0110
13	1101	5	0101
12	1100	4	0100
11	1011	3	0011
10	1010	2	0010
9	1001	1	0001
8	1000	0	0000

在上述编码过程中，虽然段内码是按量化间隔均匀编码的，但是因为各个段落的斜率，长度不等，故不同段落的量化间隔是不同的。其中第 1 和第 2 段最短，斜率最大，其横坐标 x 的归一化动态范围只有 1/128。再将其等分 16 小段后，每一小段的动态范围只有 $1/(128 \times 16) = 1/2048$。这就是最小量化间隔，将此最小量化间隔（1/2048）称为 1 个量化单位。第八段最长，其横坐标 x 的动态范围为 1/2。将其 16 等分以后，每段长度为 1/32。假若采用均匀量化而仍希望对于小电压保持有同样的动态范围 1/2048，则需要 11 位的码组才可以。现在采用非均匀量化，只需要 7 位就够了。由于目前在电话网中采用这类非均匀量化的 PCM 体制，故这类 PCM 电路已经做成了单片 IC，并得到了广泛的使用。

典型电话信号的抽样频率为 8000 Hz，故在采用这类非均匀量化编码器时，典型的数字电话传输比特率为 64 kb/s。这个速率被 ITU 制定的建议所采用。

在图 6-19 中给出了用于电话信号编码的 13 折线折叠码的量化编码器原理方框图。此编码器给出 8 位编码 $C_1 \sim C_8$。C_1 为极性码,其他位表示抽样绝对值。比较图 6-21 和图 6-20,其主要区别有两处:① 输入信号抽样值经过一个整流器,它将一个双极性值变换成单极性值,并给出了极性码 C_1;② 在记忆电路后接一个 7/11 变换电路,其功能是将 7 位的非均匀量化码变换成 11 位的均匀量化码,以便于恒流源能够按照图 6-21 所示的原理产生权值电流。下面将用一个实例作具体说明。

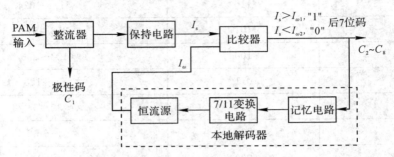

图 6-21　用于电话信号编码的逐次逼近比较非均匀编码器原理方框图

例 6.3　假设输入电话信号抽样值的归一化动态范围在 -1 至 $+1$ 之间,将此动态范围划分为 4096 个量化单位,即将 1/2048 作为一个量化单位。当输入抽样值为 $+1270$ 个量化单位时,试用逐次比较法将其按照 13 折线 A 律特性编码。

解　设编出的 8 位码组用 $C_1 C_2 C_3 C_4 C_5 C_6 C_7 C_8$ 表示,则有:

(1) 确定极性码 C_1:因为输入抽样值 $+1270$ 为正极性,所以 $C_1=1$。

(2) 确定段落码 $C_2 C_3 C_4$:段落码和抽样值的关系见表 6-8。由此表可见,C_2 值取决于信号抽样值大于还是小于 128,即此时的权值电流 $I_\omega=128$。现在输入抽样值等于 1270,故 $C_2=1$。

表 6-8　段落码的确定

段落序号	段落码 $C_2 C_3 C_4$	段落范围(量化单位)
1	000	0～16
2	001	16～32
3	010	32～64
4	011	64～128
5	100	128～256
6	101	256～512
7	110	512～1024
8	111	1024～2048

在确定 $C_2=1$ 时,由表 6-8 可见,C_3 取决于信号抽样值大于还是小于 512,即此时的权值电流 $I_\omega=512$,因此判断 $C_3=1$。同理,在 $C_2 C_3=11$ 的条件下,决定 C_4 的权值电流 $I_\omega=1024$。将其和抽样值 1270 比较后,得到 $C_4=1$。这样,就求出了 $C_2 C_3 C_4=111$,并且得知抽样值位于第八段落内。

（3）确定段内码 $C_5C_6C_7C_8$：段内码是按量化间隔均匀编码的，每一段落均匀地划分为 16 个量化间隔。但是，因为各个段落的斜率和长度不等，故不同段落的量化间隔是不同的。对于第八段落，其量化间隔如图 6-22 所示。由表 6-7 可见，决定 C_5 等于"1"还是等于"0"的权值电流值在量化间隔 7 和 8 之间，即有 $I_\omega=1536$。现在信号抽样值 $I_s=1270$，所以 $C_5=0$，同理，决定 C_6 值的权值电流值在量化间隔 3 和 4 之间，故 $I_\omega=1280$，因此仍有 $I_s<I_\omega$，所以 $C_6=0$。如此继续下去，决定 C_7 值的权值电流 $I_\omega=1152$，现在 $I_s>I_\omega$，所以 $C_7=1$。最后，决定 C_8 值的权值电流 $I_\omega=1216$，仍有 $I_s>I_\omega$，所以 $C_8=1$。

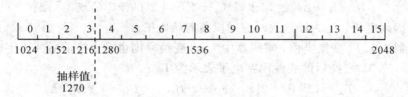

图 6-22　第八段落量化间隔

这样编码得到的 8 位码组为 $C_1C_2C_3C_4C_5C_6C_7C_8=11110011$，它表示的量化值应该在第八段落的量化间隔 3 中间。换句话说，只要抽样值落在 1216 和 1280 之间，则得到的码组都是 11110011。在接收端译码时，通常是将此码组转换成此量化间隔中间值输出，即输出电压等于 $(1216+1280)/2=1248$（量化单位）。将此量化值和上面的信号抽样值相比，得知量化误差等于 $1270-1248=22$（量化单位）。

顺便指出，除极性码外，若用自然二进制码表示此折叠二进制码所代表的量化值（1248），则需要 11 位二进制数（10011100000）。

3. A 律 13 折线解码器

解码器的作用是把收到的 PCM 信号还原成相应的 PAM 信号，即进行 D/A 转换。还原出的样值信号电平为量化电平，又称为解码电平，近似等于原始的 PAM 样值信号，但存在一定的误差，即量化误差。A 律 13 折线解码器原理如图 6-23 所示。它与逐次比较型编码器中的本地解码器基本相同，所不同的是增加了极性控制部分，并用带有寄存器读出的 7/12 位码变换电路代替了本地解码器中的 7/11 位码变换电路。

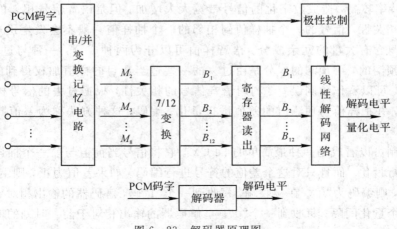

图 6-23　解码器原理图

串/并变换记忆电路的作用是将接收的串行 PCM 码变为并行码，并记忆下来。极性控制部分的作用是根据收到的极性码 C_1 是"1"还是"0"来控制解码器后 PAM 信号的极性，恢复原始信号极性。

解码器中采用 7/12 变换电路，它和编码器中的本地解码器采用 7/11 变换类似。但是需要指明的是：7/11 变换是将 7 位非线性码转换为 11 位线性码，使得量化误差有可能大于本段落量化间隔的一半。7/12 变换为了保证最大量化误差不超过 $\Delta/2$，人为地补上了半个量化间隔，即 $\Delta/2$。解码器输出的电平和样值之差称为解码误差（即量化误差），用 I_D 表示：

$$I_D = I_C + \Delta/2 = I_{Bi} + (2^3 C_5 + 2^2 C_6 + 2^1 C_7 + 2^0 C_8 + 2^{-1})\Delta \tag{6-36}$$

式中，I_C 为编码电平，I_{Bi} 为段落码对应的段落起始电平。

与解码器中 7/11 变换类似，解码器中 7/12 变换原则也是变换前后的码字电平相同（不考虑极性码）。7/12 变换后的线性码字电平表示为 I_{DL}：

$$I_{DL} = (2^{10} B_1 + 2^9 B_2 + \cdots + 2^1 B_{10} + 2^0 B_{11} + 2^{-1} B_{12})\Delta \tag{6-37}$$

寄存器读出电路是将输入的串行码在储存器中寄存起来，待全部接收后再一起读出，送入解码网络，实质上是进行串/并转换。12 位线性解码电路与编码器中解码网络类同，它是在寄存器读出电路的控制下，输出相应的 PAM 信号。

例 6.4 采用 13 折线 A 律编解码电路，设接收端收到的码字为"10000011"，最小量化单位为 1 个单位。已知段内码为自然二进制码，试写出解码电平和经 7/12 变换得到的 12 位码。

解 因为接收端收到的码字为"10000011"，位于第一段落第 3 量化级，所以量化电平为（即解码电平）3.5Δ。将解码电平从十进制变换为二进制，就得到等效的 12 位线性码。

因为 $(3.5)_{10} = (00000000011.1)_2$，所以 12 位码 $B_1 \sim B_{12}$ 为 000000000111。

6.2 增量调制

6.2.1 增量调制的基本原理

PCM 是对波形的每个样值都独立进行量化编码，这样，样值的整个幅值编码需要较多的位数，比特率较高，造成数字化的信号带宽大大增加。但是语音信号相邻的抽样值之间存在很强的相关性，信号的一个抽样值到相邻的一个抽样值一般不会发生迅速的变化，这说明信源本身含有大量的冗余成分。语音样值可以分为两种成分：一种与过去样值有关，因而是可以预测的，可预测的成分是由过去的一些适当数目的样值加权得到的；另一种是不可预测的，可以看作预测误差。利用语音信号的相关性，根据过去的信号样值预测当前时刻的样值，并把样值与预测值的差值进行量化、编码，这种方法称为差值脉冲编码调制（DPCM）。

增量调制可以看成是一种最简单的 DPCM。它将信号当前值与前一个抽样时刻的量化电平之差进行量化，而且只对这个差值的符号进行编码。如果差值为正，则编码为"1"；如果差值为负，则编码为"0"。在接收端，每收到一个"1"码，解码器的输出相对于前一时刻的值就上升一个量化间隔；每收到一个"0"码，解码器的输出相对于前一时刻的值就下降一个量化间隔。

　　如果抽样频率很高（远大于奈奎斯特抽样频率），抽样间隔很小，那么语音信号的相邻样点之间的幅度变化不会很大，相邻抽样值的相对大小（差值）就能反映模拟信号的变化规律。若将这些差值编码进行传输，同样可以传输模拟信号所包含的信息，此差值称为增量。这种用差值编码进行通信的方式就称为增量调制（Delta Modulation，ΔM 或 DM）。图 6－24 为其原理方框图。图 6－24(a)中预测误差 $e_k = m_k - m'_k$ 被量化成两个电平 σ 和 $-\sigma$，σ 值称为量化台阶，即量化器输出信号 r_k 只取两个值 $+\sigma$ 或 $-\sigma$。因此，r_k 可以用一个二进制符号表示。例如，用"1"表示"$+\sigma$"，用"0"表示"$-\sigma$"。译码器由延时相加电路组成，它和编码器中的延迟电路相同。所以当传输误码为零时，$m_k^{*'} = m_k^*$。

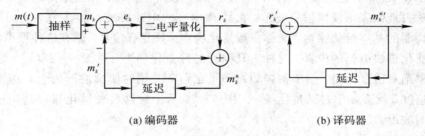

(a) 编码器　　　　　　　　　　　　　　　(b) 译码器

图 6－24　增量调制原理方框图

　　为了简单起见，通常用一个积分器来代替上述延迟相加电路，并将抽样放到相加器后面，与量化器合并为抽样判决器，如图 6－25 所示。

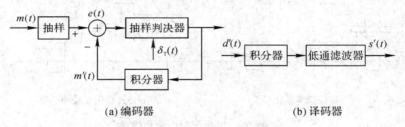

(a) 编码器　　　　　　　　　　　　　　　(b) 译码器

图 6－25　增量调制原理方框图

　　图 6－25 中，编码器输入模拟信号为 $m(t)$，它与预测信号 $m'(t)$ 值相减，得到预测误差 $e(t)$。预测误差 $e(t)$ 被周期为 T_s 的抽样冲激序列 $\delta_T(t)$ 抽样。若抽样值为正值，则判决输出电压 $+\sigma$（用"1"代表）；若抽样值为负，则判决输出电压 $-\sigma$（用"0"代表）。这样就得到二进制输出数字信号。图 6－26 中示出了这一过程。因积分器含抽样保持电路，故图中 $m'(t)$ 为阶梯波形。

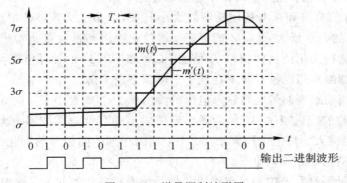

图 6－26　增量调制波形图

与编码器对应，在译码器中，积分器只需要每收到一个"1"码元，就使其输出升高 σ，每收到一个"0"码元，就使其输出降低 σ，这样就可以恢复出图 6-26 中的阶梯形电压。这个阶梯电压通过低通滤波器平滑后，就可得到十分近似编码器原输入的模拟信号。

6.2.2 增量调制系统中的量化噪声

由上述增量调制原理可知，译码器恢复信号是阶梯形电压经过低通滤波器平滑后的解调电压。它与编码器输入模拟信号的波形近似，但是存在失真。将这种失真称为量化噪声（quantization noise）。这种量化噪声的产生有两个原因。第一个原因是由于编码、译码时用阶梯波形法去近似表示模拟信号波形，由阶梯本身的电压突变产生失真，见图 6-27(a)。这是增量调制的基本量化噪声，又称一般量化噪声。只要有信号，就有这种噪声。第二个原因是信号变化过快引起的失真，这种失真称为过载量化噪声，见图 6-27(b)。它发生在输入信号斜率绝对值过大时，由于抽样频率和量化台阶一定时阶梯波形的上升速度赶不上信号的上升速度，就会发生过载量化噪声。图 6-27 示出的这两种量化噪声是经过输出低通滤波器前的波形。

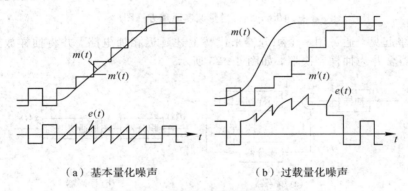

（a）基本量化噪声　　　　　　　（b）过载量化噪声

图 6-27　增量调制的量化噪声

设抽样周期为 T_s，抽样频率 $f_s=1/T_s$，量化台阶为 σ，则一个阶梯台阶的斜率 k 为

$$k=\frac{\sigma}{T_s}=\sigma f_s \ (\mathrm{V/s}) \tag{6-38}$$

它也就是阶梯波的最大可能斜率，或称为译码器的最大跟踪斜率。当增量调制器的输入信号斜率超过这个最大值时，将发生过载量化噪声。所以，为了避免发生过载量化噪声，必须使 σ 和 f_s 的乘积足够大，使信号的斜率不会超过这个值。

另一方面，σ 值直接和基本量化噪声的大小有关，σ 值太大，势必增加基本量化噪声。所以，用增大 f_s 的办法增大 σf_s，才能保证基本量化噪声和过载量化噪声两者都不超过要求。实际中增量调制采用的抽样频率 f_s 值比 PCM 和 DPCM 的抽样值都大很多；对于话音信号而言，增量调制采用的抽样频率在几十千赫到百余千赫。

顺便指出，当增量调制编码器输入电压的峰峰值为 0 或者小于 σ 时，编码器的输出就成为"1"和"0"交替的二进制序列。因为译码器的输出端有低通滤波器，这时译码器的输出电压为 0。只有当输入的峰值电压大于 $\sigma/2$ 时，输出序列才随信号的变化而变化。故称 $\sigma/2$ 为增量调制编码器的起始编码电平。

下面讨论增量调制系统中的量化噪声和信号量噪比的计算过程。这时仅考虑基本量化噪声，假定系统不会产生过载量化噪声。这样，图 6-27 中的阶梯波 $m'(t)$ 就是译码积分器输出波形，而 $m'(t)$ 和 $m(t)$ 之差就是低通滤波器前的量化噪声 $e(t)$。由图 6-27(a)可知，$e(t)$ 随时间在区间($-\sigma$，$+\sigma$)内变化。假设它在此区间内均匀分布，则 $e(t)$ 的概率分布密度为

$$f(t) = \frac{1}{2\sigma} \qquad -\sigma \leqslant e \leqslant +\sigma \qquad (6-39)$$

所以，$e(t)$ 的平均功率可以表示为

$$E[e^2(t)] = \int_{-\sigma}^{\sigma} e^2 f(e)\mathrm{d}e = \frac{1}{2\sigma}\int_{-\sigma}^{\sigma} e^2 \mathrm{d}e = \frac{\sigma^2}{3} \qquad (6-40)$$

假设这个功率的频谱均匀分布在从 0 到抽样频率 f_s 之间，即其功率谱密度 $P(f)$ 可以近似地表示为

$$P(f) = \frac{\sigma^2}{3f_s} \qquad 0 < f < f_s \qquad (6-41)$$

因此，此量化噪声通过截止频率为 f_m 的低通滤波器以后，其功率为

$$N_q = P(f)f_m = \frac{\sigma^2}{3}\left(\frac{f_m}{f_s}\right) \qquad (6-42)$$

由式(6-42)可以看出，基本量化噪声功率只和量化台阶 σ 及(f_m/f_s)有关，和输入信号大小无关。

下面将讨论信号量噪比。首先来考虑信号功率，设输入信号为

$$m(t) = A\sin\omega_k t \qquad (6-43)$$

式中，A 为振幅，ω_k 为角频率，则其斜率由下式决定：

$$\frac{\mathrm{d}m(t)}{\mathrm{d}t} = A\omega_k \cos\omega_k t \qquad (6-44)$$

可以看出，此斜率的最大值等于 $A\omega_k$。

为了保证不发生过载，要求信号的最大斜率不超过译码器的最大跟踪斜率，见式(6-38)。信号的最大斜率为 $A\omega_k$，所以要求

$$A\omega_k \leqslant \frac{\sigma}{T} = \sigma \cdot f_s \qquad (6-45)$$

式(6-45)表明，保证不过载的临界振幅为

$$A_{max} = \frac{\sigma \cdot f_s}{\omega_k} \qquad (6-46)$$

即临界振幅 A_{max} 与量化台阶 σ 和抽样频率 f_s 成正比，与信号角频率 ω_k 成反比。这个条件限制了信号的最大功率。由式(6-46)不难推导出最大信号功率为

$$S_{max} = \frac{A_{max}^2}{2} = \frac{\sigma^2 f_s^2}{2\omega_k^2} = \frac{\sigma f_s^2}{8\pi^2 f_k^2} \qquad (6-47)$$

式中，$f_k = \omega_k/2\pi$。因此，根据式(6-42)和式(6-47)，可得最大信号量噪比为

$$\frac{S_{max}}{N_q} = \frac{\sigma^2 f_s^2}{8\pi^2 f_k^2} = \left[\frac{3}{\sigma^2} \cdot \frac{f_s}{f_m}\right] = \frac{3}{8\pi^2}\left(\frac{f_s^2}{f_k^2 f_m}\right) \approx 0.04\,\frac{f_s^3}{f_k^2 f_m} \qquad (6-48)$$

式(6-48)表明，最大信号量噪比和抽样频率 f_s 的三次方成正比，和信号频率 f_k 的平方成反比。所以在增量调制系统中，提高抽样频率将能显著增大信号量噪比。

增量调制系统用于对话音信号编码时，要求的抽样频率较高，而且话音质量也不如 PCM 系统。为了提高增量调制的质量和降低编码速率，出现了一些改进方案，如增量总和调制、压扩式自适应增量调制等，这里就不再详细讲解了。

6.3 时 分 复 用

为了提高通信系统信道的利用率，通常采用多路信号共享同一信道实现信号的传输，因此这里引入多路复用的概念。所谓多路复用，就是在同一信道上传输多路信号而不相互干扰的一种技术。常用的多路复用方式有频分复用（FDM）和时分复用（TDM）等。在模拟通信系统的传输中一般采用 FDM 技术；随着数字通信的发展，时分复用技术在通信系统中的应用越来越广泛。

6.3.1　时分复用原理

时分多路复用（TDM）是按传输信号的时间进行分割，它使不同的信号在不同的时间内传送，将整个传输时间分为许多时间间隔，每个时间片被一路信号占用。TDM 就是通过在时间上交叉发送每一路信号的一部分来实现一条电路传送多路信号的功能。电路上的每一短暂时刻只有一路信号存在。

1. 时分复用的 PAM 系统（TDM - PAM）

下面通过举例说明时分复用技术的基本原理。假设有 3 路 PAM 信号进行时分复用，其具体实现方法如图 6 - 28 所示。各路信号首先通过相应的低通滤波器（预滤波器）变为频带受限的低通型信号，然后再送至旋转开关（抽样开关），每 T_s 秒将各路信号依次抽样一次，在信道中传输的合成信号就是 3 路在时间域上周期地相互错开的 PAM 信号，即 TDM - PAM 信号。

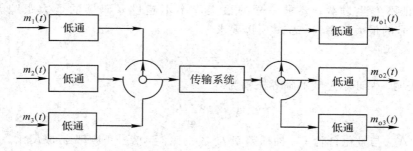

图 6 - 28　3 路 PAM 信号时分复用原理图

抽样时各路每轮一次的时间称为一帧，长度记为 T_s，它就是旋转开关旋转一周的时间，即一个抽样周期。一帧中相邻两个抽样脉冲之间的时间间隔叫作路时隙（简称时隙），即每路 PAM 信号每个样值允许占用的时间间隔，记为 $T_a = T_s/n$，这里复用路数 $n = 3$。3 路 PAM 信号时分复用的帧和时隙如图 6 - 29 所示。

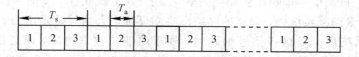

图 6 - 29　3 路 PAM 信号时分复用的帧和时隙

上述概念可以推广到 n 路信号进行时分复用的情况。多路信号可以直接送入信道进行基带传输，也可以加至调制器后再送入信道进行频带传输。

在接收端，合成的时分复用信号由旋转开关（分路开关，又称选通门）依次送入各路相应的低通滤波器，重建或恢复出原始的模拟信号。需要指明的是，TDM 中发送端的抽样开关和接收端的分路开关必须保持同步。

TDM – PAM 系统目前在通信中几乎不采用。抽样信号一般在量化和编码后以数字信号的形式传输，目前电话信号采用最多的编码方式是 PCM 和 DPCM。

2. 时分复用的 PCM 系统（TDM – PCM）

PCM 和 PAM 的区别在于 PCM 要在 PAM 的基础上再进行量化和编码。为简便起见，假设 3 路话音信号 PCM 时分复用的原理图如图 6 – 30 所示。

图 6 – 30　3 路 PCM 信号时分复用原理图

在发送端，3 路话音信号 $m_1(t)$、$m_2(t)$ 和 $m_3(t)$ 经过低通滤波后成为最高频率为 f_H 的低通型信号，再经过抽样得到 3 路 PAM 信号，它们在时间上是分开的，由各路发送信号的定时取样脉冲进行控制，然后将 3 路 PAM 信号一起进行量化和编码，每个 PAM 信号的抽样脉冲经量化后编码为 l 位二进制代码。最后选择合适的传输码型，经过数字传输系统（基带传输或频带传输）传到接收端。

在接收端，收到信码后，首先经过码型反变换，然后加到解码器进行解码。解码后得到的是 3 路合在一起的 PAM 信号，再经过分路开关把各路 PAM 信号区分开来，最后经过低通滤波重建原始的话音信号 $m_{o1}(t)$、$m_{o2}(t)$ 和 $m_{o3}(t)$。

TDM – PCM 系统的二进制代码在每一个抽样周期内有 $n \cdot l$ 个，这里 n 表示复用路数，l 表示每个抽样值编码的二进制码元位数。一位二进制码占用的时间称为位时隙，长度记为 T_b。容易得到

$$T_b = \frac{T_s}{n \cdot l} = \frac{T_a}{l} \qquad (6-49)$$

其中，T_s 为一帧的长度，$T_a = T_s/n$ 为路时隙。

6.3.2　多路数字电话系统

对于多路数字电话系统，国际上有两种标准化制式，即 PCM 30/32 路制式（E 体系）和 PCM 24 路制式（T 体系）。我国规定采用的是 PCM 30/32 路制式，一帧有 32 个时隙，可以传送 30 路电话，即复用的路数 $n=32$ 路，其中话路数为 30。

下面对 E 体系进行详细介绍。

E 体系的结构如图 6-31 所示。它以 30 路 PCM 数字电话信号的复用设备为基本层次（E-1），每路 PCM 信号的比特率为 64 kb/s。由于需要加入群同步码元和信令码元等额外开销，所以实际占用 32 路 PCM 信号的比特率。故其输出总比特率为 2.048 Mb/s，此输出称为一次群信号。4 个一次群信号进行复用，得到比特率为 34.368 Mb/s 的三次群信号和比特率为 139.264 Mb/s 的四次群信号等。

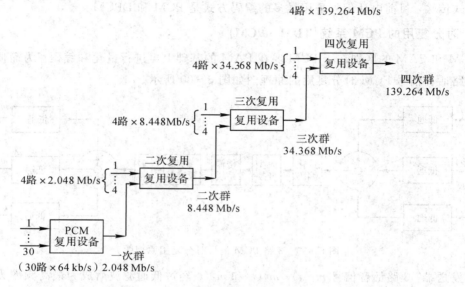

图 6-31 E 体系结构图

下面对 E 体系的一次群做详细介绍，因为它是 E 体系的基础。

如前所述，E 体系是以64 kb/s的 PCM 信号为基础的。它将 30 路 PCM 信号合为一次群，如图 6-31 所示。由于 1 路 PCM 电话信号的抽样频率为 800 Hz，即抽样周期为 125 μs，这就是一帧的时间。将此 125 μs 时间分为 32 个时隙（TS），每个时隙容纳 8 b。这样每个时隙正好可以传输一个 8 b 的码组。在 32 个时隙中，30 个时隙传输 30 路话音信号，另外 2 个时隙可以传输信令和同步码。

PCM 一次群的帧结构如图 6-32 所示，其中时隙 TS0、TS16 规定用于传输帧同步码和信令等信息；其他 30 个时隙，即 TS1~TS15 和 TS17~TS31 用于传输 30 路话音抽样值的 8 b 码组。时隙 TS0 的功能在偶数帧和奇数帧上又有不同。由于帧同步码每两帧发一次，故规定在偶数帧的时隙 TS0 发送。每组帧同步码含 7 b，为"0011011"，规定占用时隙 TS0 的后 7 位。

时隙 TS0 的第 1 位"*"供国际通信用；若不是国际链路，则它可以供国内通信用。TS0 的奇数帧留作警告等其他用途。在奇数帧中，TS0 第 1 位"*"的用途和偶数帧的相同。第 2 位的"1"用于区别偶数帧的"0"，辅助表明其后不是帧同步码。第 3 位"A"用于远端警告，"A"在正常状态时为"0"，在警告状态下为"1"。第 4~8 位保留作维护、性能监测等其他用途，在没有其他用途时，在跨国链路上应该全是"1"（如图 6-32 所示）。

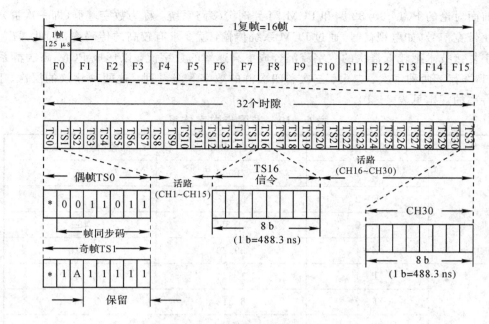

图 6 - 32　PCM 一次群的帧结构

时隙 TS16 可以用于传输信令，但是当无需用于传输信令时，它可以像其他 30 路一样传输话音。信令是电话上由键盘发出的电话号码信息等。在电话网中传输信令的方法有两种：一种为共路信令（Common Channel Signal，CCS），另一种为随路信令（Common Associated Signal，CAS）。共路信令是将各路信令通过一个独立的信令网络集中传输；随路信令则是将各路信令放在传输各路信息的信道中和各路信息一起传输。在此建议中为随路信令作了具体规定，如表 6 - 9 所示。采用随路信令时，需将 16 个帧组成一个复帧，时隙 TS16 依次分配给各路使用，如图 6 - 32 第一行所示。在一个复帧中按表 6 - 9 所示的结构共用此信令时隙。在 F0 帧中，前 4 个比特"0000"是复帧同步码组，后 4 个比特中"x"为备用，无用时全部置为"1"，"y"用于向远端指示警告，在正常工作状态它为"0"，在警告状态它为"1"。在其他帧（F1～F15）中，此时隙的 8 个比特用于传输 2 路信令，每路 4 b。由于复帧的速率是 500 帧/s，所以每路的信令传送速率为 2 kb/s。

表 6 - 9　随 路 信 令

帧	比 特							
	1	2	3	4	5	6	7	8
F0	0	0	0	0	x	y	x	x
F1	CH1				CH16			
F2	CH2				CH17			
F3	CH3				CH18			
...	...				...			
F15	CH15				CH30			

前面讨论的 PCM 30/32 路和 PCM 24 路时分多路系统，称为数字基群（即一次群）。为了能使带宽信号（如电视信号）通过 PCM 系统传输，就要求有较高的传码率，因此提出了采用数字复接技术把较低群次的数字流汇合成更高速率的数字流，以形成 PCM 高次群系统。CCITT 推荐了两种一次、二次、三次和四次群的数字等级系列，这两种建议的层次、路数和比特率的规定见表 6-10。

表 6-10　准同步数字体系

层　次		比特率/(Mb/s)	路数(每路 64 kb/s)
E 体 系	E-1	2.048	30
	E-2	8.448	120
	E-3	34.368	480
	E-4	139.264	1920
T 体 系	T-1	1.544	24
	T-2	6.312	96
	T-3	32.064	480
	T-4	97.728	1440

表 6-10 所示的复接系列具有以下四个优点：

（1）易于构成通信网，便于分支与插入。

（2）复用倍数适中，具有较高效率。

（3）可视电话、电视信号以及频分制载波信号能与某一高次群相适应。

（4）传输速率可与同轴电缆、微波、波导和光纤等传输媒质的传输容量相匹配。

数字通信系统除了传输电话外，也可传输其他相同速率的数字信号，如可视电话、频分制载波信号以及电视信号。为了提高通信质量，这些信号可以单独变为数字信号传输，也可和相应的 PCM 高次群一起复接成更高一级的高次群进行传输。

PCM 高次群都是采用准同步方式进行复接的，称为准同步数字系列（PDH）。和一次群需要额外开销一样，高次群也需要额外开销，故其输出比特率都比相应的 1 路输入比特率的 4 倍还高一些。此额外开销占总比特率的百分比很小，但是当总比特率增高时，此开销的绝对值还是不小的，这很不经济。所以，当比特率更高时，就不采用这种准同步数字体系了，转而采用同步数字体系（SDH）。

6.3.3　SDH 简介

随着光纤通信的发展，准同步数字系列已经不能满足大容量高速传输的要求，不能适应现代通信网的发展要求，其缺点主要体现在以下几个方面。

（1）标准不统一。欧洲、北美和日本等国规定话音信号编码率不相同，给国际间互通带来了不便。

（2）没有世界性的标准光接口规范，导致各厂家自行开发的专用接口（包括码型）在光路上无法实现互通。只有通过光电变换变换成标准电接口（G.703 建议）才能互通，从而限制了物联网应用的灵活性，也增加了网络运营成本。

（3）复用结构复杂，缺乏灵活性，硬件数量大，上下业务费用高。

（4）复用结构中用于网络运行、管理和维护的比特很少。

为了克服 PDH 的上述缺点，CCITT 制定了 TDM 制的 150 Mb/s 以上的同步数字系列（SDH）标准。它不仅适用于光纤传输，也适用于微波以及其他传输手段，可以有效地按照动态需求方式改变传输网拓扑，充分发挥网络构成的灵活性和安全性，在网络管理功能方面也大大增强。在 SDH 中，信息是以同步传输模块（Synchronous Transport Module，STM）的信息结构传送的。一个 STM 主要由信息有效负荷和段开销（Section OverHead，SOH）组成块状帧结构，其重复周期为 125 μs。按照模块的大小和传输速率的不同，SDH 分为若干等级，如表 6-11 所示。

表 6-11　数字复接系列

同步数字系列	STM-1	STM-4	STM-16	STM-64
速率/(Mb/s)	155.52	622.08	2488.32	9953.28

与 PDH 相比，SDH 有以下优点：

（1）具有全国统一的网络节点接口。

（2）有一套标准化的信息结构等级，称为同步传输模块 STM-N。

（3）帧结构为页面式，具有丰富的用于管理维护的比特。

（4）所有网络单元都有标准光接口。

（5）有一套灵活的复用结构和指针调整技术，允许现有的准同步数字体系和同步数字体系都能进入其帧结构，因而具有广泛的适应性。

（6）大量采用软件进行网络配置和控制，使得功能开发、性能改变较为方便。

综上所述，SDH 具有同步复接、标准光纤口和强大的网络管理能力等优点，在生活中已得到了广泛的应用，而原有的 PDH 数字传输网已逐步纳入 SDH 中。

6.4　PCM 编解码仿真实例

6.4.1　Simulink 环境下的仿真实验

1. 仿真参数

输入直流信号：幅值为 0.5 V；

输入正弦信号：幅值为 1 V，频率为 10 Hz。

2. 基于 Simulink 的仿真模型

在 Simulink 仿真环境下，设计一个 PCM 编解码器模型，模拟取值在［-1，1］内归一化信号样值的编解码过程，电路仿真模型如图 6-33 所示，其中图（a）、（b）、（c）分别为编码器电路、解码器电路和编解码器电路。

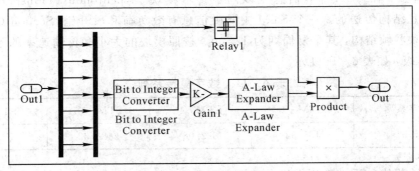

（a）编码器电路模型

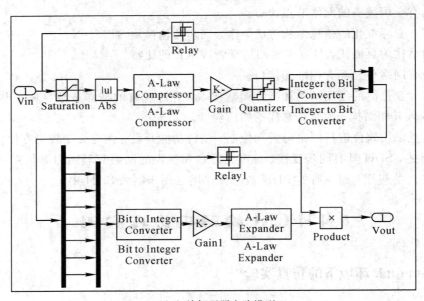

（b）解码器电路模型

（c）编解码器电路模型

图 6-33　PCM 编解码器电路模型

　　图 6-33（a）为 PCM 编码器电路图，其中以 Saturation 作为限幅器，将输入信号幅值限制在 PCM 编码的定义范围内，以 A-Law Compressor 作为压缩器，Relay 模块的门限值设置为 0，其输出即可作为 PCM 编码输出的最高位——极性码。样值取绝对值后，用增益模块将样值放大到 0～127，然后用间隔为 1 的 Quantizer（量化器）进行四舍五入取整，最后将整数编码为 7 位二进制序列，作为 PCM 编码的低 7 位。图 6-33（b）为 PCM 解码器电路模

型图，首先分离并行数据中的最高位极性码和 7 位数据，然后将 7 位数据转换为整数值，再进行归一化，归一化值扩张后与双极性的极性码相乘得出译码值。图 6 - 33(c)为编解码器电路图。

下面为对每个电路模型创建子模块，选中对应的模块并点击右键，出现 Create Subsystem 选项，点击即可完成子模块的创建，编码器、解码器、编解码器的子模型分别如图 6 - 34 (a)、(b)、(c)所示。

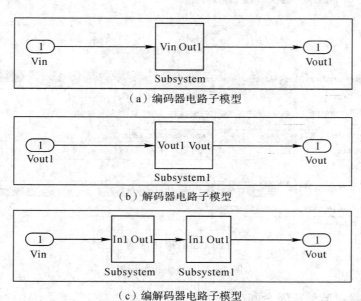

（a）编码器电路子模型

（b）解码器电路子模型

（c）编解码器电路子模型

图 6 - 34　PCM 编解码器电路子模型

3. 仿真电路模型配置

下面简单介绍一些模块的配置方法，主要包括位转换器、量化器和增益模块的配置。用鼠标右键点击模块，出现相应的配置框图并设置参数，分别如图 6 - 35(a)、(b)、(c)所示。

（a）Integer to Bit Converter 模块配置

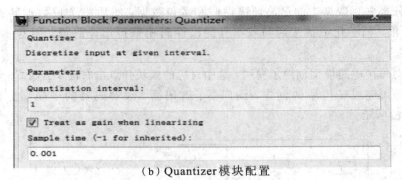

（b）Quantizer模块配置

（c）Gain1模块配置

图 6 - 35　模块相关配置

4. 仿真电路实验结果及分析

（1）输入取值为 0.5 V 时，观察仿真电路的输出结果，如图 6 - 36 所示。

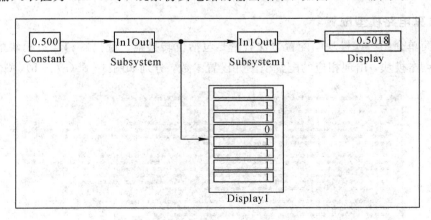

图 6 - 36　输入 0.5 V 的仿真结果

　　图 6 - 36 是编解码器的仿真结果，当输入为 0.500 时，编码器的输出值为 11101111，解码器的输出值为 0.5018。可以看出，在正常的信噪比条件下，该通信系统失真较小，达到了预期的研究目的。

　　（2）输入为正弦信号时，电路模型和仿真结果分别如图 6 - 37、图 6 - 38 所示。

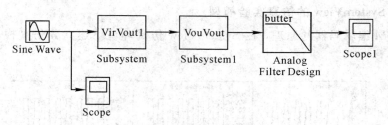

图 6 - 37　输入正弦信号的仿真电路

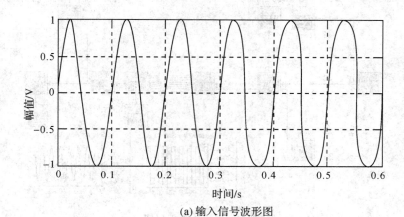

(a) 输入信号波形图

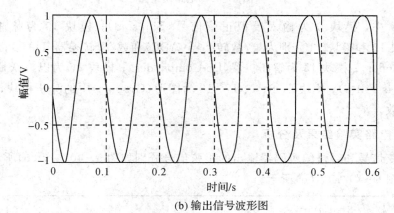

(b) 输出信号波形图

图 6 - 38　输入正弦信号的仿真结果

　　图 6 - 38(a)为编解码器输入信号波形图,即 Scope 所测波形,6 - 38(b)为编解码器输出信号波形图,即 Scope1 所测波形。通过对比可以看出,输入信号经过压缩后,其波形虽然会发生变化,但是接收端基本上能够正确地恢复原始输入信号。

6.4.2　SystemView 环境下的仿真实验

1. 仿真参数

输入正弦信号:幅值为 2 V,频率为 400 Hz;

系统时间设置:采样点数为 1024 个,抽样频率为 100 kHz。

2. 基于 SystemView 的仿真实验模型

根据 PCM 编解码器的原理，在 SystemView 仿真环境下建立其仿真模型如图 6 - 39 所示。

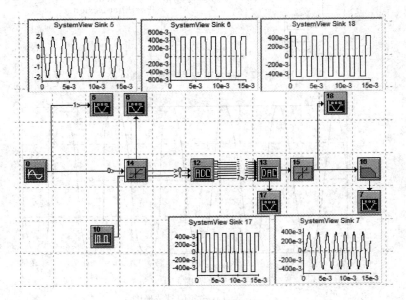

图 6 - 39   电路模型图

图 6 - 39 中，模块 0 为输入模拟正弦信号（Sinusoid）；模块 10 为脉冲序列（Pulse Train）；模块 12 和模块 13 分别为模/数转换器（ADC）和数/模转换器（DAC）；模块 14 为压扩器（Compander）；模块 15 为解压扩器（De-Compander）；模块 16 为巴特沃斯模拟低通滤波器（Lowpass Filter）；模块 5、6、7、17、18 为图形（Graphic）中的分析模块，根据需求设置适当的参数。

3. 仿真电路实验结果及分析

输入正弦信号和经过编解码器输出的正弦信号分别如图 6 - 40(a)、(b)所示，其对应的频谱分别如图 6 - 41(a)、(b)所示。

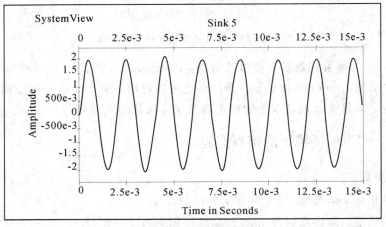

（a）输入正弦信号波形图

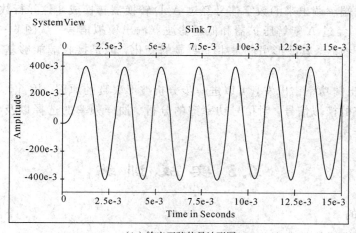

（b）输出正弦信号波形图

图 6 - 40　输入输出信号波形图

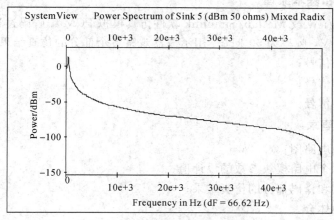

（a）输入正弦信号频谱图

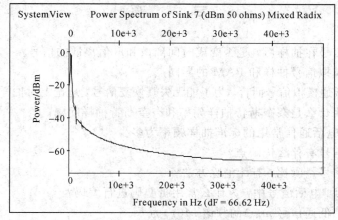

（b）输出正弦信号频谱图

图 6 - 41　正弦信号频谱图

　　从信道接收端解调出来的数字信号经过 A/D 转换器转换成 8 位并行数据输出，然后送入 D/A 转换器，经过 A 律解压扩器和低通滤波器输出模拟信号。从图 6 - 41 中可以看出，输入信号经过压缩后，其波形虽然发生了明显的变化，但是接收端能够基本正确地恢复原始输入信号。

　　从输入/输出的功率谱出发，可以进一步分析波形失真的原因。因此，要在经过采样后更好地恢复原有的模拟信号，对信号功率谱的分析、抽样频率的选择以及低通滤波器的设计具有关键性作用。

6.5　实 战 训 练

1. 实训目的

(1) 能掌握模拟信号数字化的原理、过程和基本方法；

(2) 了解模拟信号数字化的用途。

2. 实训内容和基本原理

　　采用 SystemView 或 Matlab/Simulink 软件仿真模拟 PCM 编解码过程，输入信号采用正弦波，幅值为 1 V，频率为 50 kHz。用示波器观察各个部分的仿真结果。

(1) 模拟输入信号；

(2) 数字输出信号；

(3) 解码输出信号。

3. 实训报告要求

(1) 画出仿真电路图；

(2) 标注出每个电路模块参数的设计值；

(3) 分析编码和译码部分的仿真结果；

(4) 写出心得体会。

习　　题

6 - 1　模拟信号在抽样后，是否变成时间离散和取值离散的信号？

6 - 2　试述模拟信号抽样和 PAM 的异同点。

6 - 3　对于低通模拟信号而言，为了能无失真恢复信号，理论上对抽样频率有什么要求？

6 - 4　试说明什么是奈奎斯特抽样频率和奈奎斯特抽样间隔。

6 - 5　PCM 电话通信常用的标准抽样频率为多少？

6 - 6　量化信号有什么优缺点？

6 - 7　何谓信号量噪比？有无消除办法？

6 - 8　在 PCM 电话信号中，为什么常用折叠码进行编码？

6 - 9　已知一低通信号 $m(t)$ 的频谱 $M(f)$ 为

$$M(f)=\begin{cases} 1-\dfrac{|f|}{200} & |f|<200\ \text{Hz} \\ 0 & \text{其他} \end{cases}$$

（1）假设以 $f_s = 300$ Hz 的速率对 $m(t)$ 进行理想抽样，试画出已抽样信号 $m_s(t)$ 的频谱草图；

（2）若用 $f_s = 400$ Hz 的速率抽样，重做上一步。

6-10　已知一基带信号 $m(t) = \cos 100\pi t \cos 2000\pi t$，对 $m(t)$ 进行理想抽样。

（1）若将 $m(t)$ 作低通信号处理，则抽样频率应如何选择？

（2）若将 $m(t)$ 作带通信号处理，则抽样频率应如何选择？

6-11　已知信号 $m(t)$ 的频谱 $M(\omega)$ 如题图 6-1(a) 所示，让它通过传输函数为 $H_1(\omega)$ 的滤波器（题图 6-1(b)）后再进行理想抽样。

（1）计算抽样频率为多少；

（2）若抽样频率 $f_s = 4f_1$，试画出已抽样信号 $m_s(t)$ 的频谱；

（3）如何在接收端恢复出原始信号？

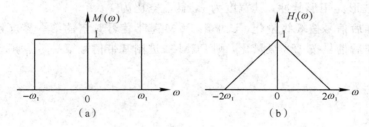

题图 6-1

6-12　已知信号 $m(t)$ 的最高频率为 f_m，由矩形脉冲对 $m(t)$ 进行瞬时抽样，矩形脉冲的宽度为 2τ、幅度为 1，试确定已抽样信号及其频谱的表示式。

6-13　设信号 $m(t) = 9 + A\cos\omega t$，其中 $A < 10$ V。若 $m(t)$ 被均匀量化为 40 个电平，试确定所需的二进制码组的位数 N 和量化间隔 Δ。

6-14　已知模拟信号抽样值的概率密度 $f(x)$ 如题图 6-2 所示。若按 4 电平进行均匀量化，试计算：

（1）量化器的输入信号功率；

（2）量化器的输出信号功率；

（3）量化噪声功率。

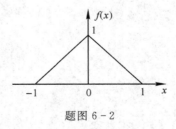

题图 6-2

6-15　设输入信号抽样值 $I_s = -870\Delta$，写出按 13 折线 A 律编码成的 8 位码 $C_1 C_2 C_3 C_4 C_5 C_6 C_7 C_8$。

6-16　采用 13 折线 A 律编码电路，设接收端接收到的码组为"01010011"、最小量化间隔为 1 个量化单位，并已知段内码改用折叠二进制码。

（1）译码器输出为多少量化单位？

（2）试写出对应于该 7 位码（不包括极性码）的均匀量化 11 位码。

6-17　某 A 律 13 折线 PCM 编码器的输入范围为 $-5 \sim +5$ V，如果抽样脉冲值为 -2.5 V，试计算编码器的输出码字及其对应的量化电平和量化误差。

6-18　一个截止频率为 4000 Hz 的低通信号 $m(t)$ 是一个均值为零的平稳随机过程，一维概率分布服从均匀分布，电平范围为 $-5 \sim +5$ V。

（1）对低通信号 $m(t)$ 进行均匀量化，量化间隔 $\Delta = 0.01$ V，计算量化信噪比；

（2）对低通信号 $m(t)$ 抽样后进行 A 律 13 折线 PCM 编码，计算码字 11011110 出现的概率，该码字所对应的量化电平是多少？

6-19　采用 A 律 13 折线编解码电路，假设接收端收到的码字为"10000111"，最小量化单位为 1 个单位，则解码器输出为多少单位？

6-20　一单路话音信号的最高频率为 4 kHz，抽样频率为 8 kHz，以 PCM 方式传输。设传输信号的波形为矩形脉冲，其宽度为 τ，且占空比为 $1:1$。

（1）若抽样后信号按 8 级量化，试求出 PCM 基带信号频谱的第一零点频率；

（2）若抽样后信号按 128 级量化，则 PCM 二进制基带信号第一零点频率又为多少？

第7章 同步原理

在通信系统中，特别是在数字通信系统中，同步是一个非常重要的问题。所谓同步是指收发双方在时间上步调一致，故又称为定时。按照同步的功能可将同步分为四种：载波同步、码元同步、群同步和网同步。

7.1 载波同步

在相干解调时，接收端需提供一个与接收信号中的调制载波同频同相的相干载波，这个载波的获取称为载波提取或载波同步。当接收信号中包含离散的载频分量时，需从信号中分离出信号载波作为本地相干载波，这样分离出来的本地载波其频率必然和接收端信号载波的频率相同，相干载波必须与接收信号的载波严格同频同相。为了使相位也相同，可能需要对分离出来的载波相位作适当的调整。若接收端需要用较复杂的方法从信号中提取载波，则在这些接收设备中需要有载波同步电路，以提供相干解调所需的相干载波。

载波提取方法一般分为两类：一类是在发送有用信号的同时，在适当的频率位置上，插入一个（或多个）称为导频的正弦波，接收端就由导频提取载波，这类方法称为插入导频法，也称为外同步法；另一类是不专门发送导频，而在接收端直接从发送信号中提取载波，这类方法称为直接法，也称为自同步法。

7.1.1 外同步法

某些信号中不包含载频分量，例如先验概率相等的 2PSK 信号。为了用相干接收法接收这种信号，可以在发送信号中加入一个或者几个导频信号。在接收端用窄带滤波器将其从接收信号中滤出，用以辅助产生相干载频。目前多采用锁相环代替简单的窄带滤波器，因为锁相环的性能比后者的性能好，所以可改善提取出载波的性能。

锁相环（Phase-Locked Loop，PLL）的原理方框图如图 7-1 所示。锁相环输出导频的质量和环路中的窄带滤波器的性能有很大关系。此环路滤波器的带宽设计应当将输入信号中噪声引起的电压波动尽量消除。但是由于有多普勒效应等原因引起的接收信号中辅助导频相位漂移，而又要求此滤波器的窄带允许辅助导频的相位变化通过，使压控振荡器能够跟踪此相位漂移，显然这两个要求是矛盾的。环路滤波器的通带越窄，能够通过的噪声越少，但是对导频相位漂移的限制越大。

在数字化接收机中，锁相环已经不再采用图 7-1 中的模拟电路实现，但其工作原理不变。图中的环路滤波器可改成一个数字滤波器；压控振荡器（Voltage Controlled Oscillator，

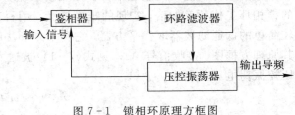

图 7-1　锁相环原理方框图

VCO)可以用一个只读存储器(Read-Only Memory，ROM)代替，存储器的指针由时钟和滤波器输出的相位误差值共同控制；鉴相器(Phase Discriminator)则可以是一组匹配滤波器，与它们匹配的一组振荡器之间有小的相位差，因而能够得到相位误差的估值。

7.1.2 自同步法

1. 平方环

现以 2PSK 信号为例进行讨论。设此信号为

$$s(t)=m(t)\cos(\omega_c t+\theta) \tag{7-1}$$

其中，$m(t)=\pm 1$。当 $m(t)$ 取 $+1$ 和 -1 的概率相等时，此信号的频谱中无角频率 ω_c 的离散分量。对式(7-1)平方，得到

$$S^2(t)=m^2(t)\cos^2(\omega_c t+\theta)=\frac{1}{2}[1+\cos2(\omega_c t+\theta)] \tag{7-2}$$

式(7-2)中 $m^2(t)=1$，可见平方后的接收信号 $s^2(t)$ 中包含 2 倍载频的频率分量。所以将此 2 倍频分量用窄带滤波器滤出后再作二分频，可得出所需载频。在实用中，为了改善滤波性能，通常采用锁相环代替窄带滤波器。这样构成的载频提取电路称为平方环，其原理方框图如图 7-2 所示。

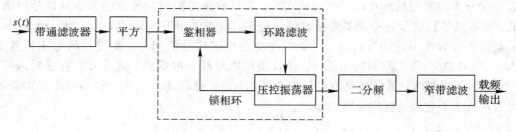

图 7-2 平方环原理方框图

在此方案中采用了二分频器，而二分频器的输出电压有相差 180°的两种可能相位，即其输出电压的相位取决于分频器的随机初始状态，这就导致分频器得出的载频存在相位模糊性，而这种相位模糊性是无法克服的。因此，为了能够将其用于接收信号的解调，通常的办法是在发送端采用 2DPSK 体制。采用此方案时，有可能发生错误锁定。这是由于平方得到的接收电压中有可能存在其他的离散频率分量，致使锁相环锁定在错误的频率上。解决这个问题的办法是降低环路滤波器的带宽。

2. 科斯塔斯环

科斯塔斯环法又称同相正交环法，它仍然利用锁相环提取载频，但是不需要对接收信号作平方运算就能得到载频输出。在载波频率上进行平方运算后，由于频率倍增，使后面的锁相环工作频率加倍，实现的难度增大。用科斯塔斯环法对其进行改进，即用相乘器和较简单的低通滤波器取代平方器。它和平方环法的性能在理论上是一样的。图 7-3 所示为其原理方框图。接收信号 $s(t)$(见式(7-1))被送入两路相乘器，两相乘器在 a 和 b 点输入的压控振荡电压分别为

$$v_a=\cos(\omega_c t+\varphi) \tag{7-3}$$

$$v_b=\sin(\omega_c t+\varphi) \tag{7-4}$$

它们和接收信号电压相乘后，得到 c 点和 d 点的电压为

$$v_c = m(t)\cos(\omega_c t + \varphi)\cos(\omega_c t + \theta)$$

$$= \frac{1}{2}m(t)[\cos(\varphi - \theta) + \cos(2\omega_c t + \theta + \varphi)] \tag{7-5}$$

$$v_d = m(t)\sin(\omega_c t + \varphi)\cos(\omega_c t + \theta)$$

$$= \frac{1}{2}m(t)[\sin(\varphi - \theta) + \sin(2\omega_c t + \theta + \varphi)] \tag{7-6}$$

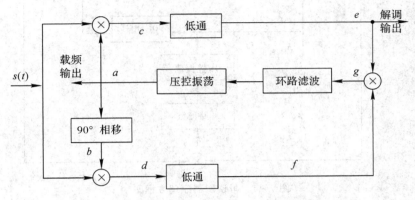

图 7-3　科斯塔斯环法原理方框图

这两个电压经过低通滤波器后，变成

$$v_e = \frac{1}{2}m(t)\cos(\varphi - \theta) \tag{7-7}$$

$$v_f = \frac{1}{2}m(t)\sin(\varphi - \theta) \tag{7-8}$$

上面这两个电压相乘后，得到 g 点窄带滤波器的输入电压

$$v_g = v_e v_f = \frac{1}{8}m^2(t)\sin 2(\varphi - \theta) \tag{7-9}$$

式中，$(\varphi - \theta)$ 是压控振荡电压和接收信号载波相位之差。

将 $m(t) = \pm 1$ 代入式（7-9），考虑到当 $(\varphi - \theta)$ 很小时，$\sin(\varphi - \theta) \approx (\varphi - \theta)$，则式（7-9）为

$$v_g = \frac{1}{4}(\varphi - \theta) \tag{7-10}$$

电压 v_g 通过环路窄带低通滤波器控制压控振荡器的振荡频率。此窄带低通滤波器的截止频率很低，只允许电压 v_g 中近似直流的电压分量通过。这个电压控制压控振荡器的输出电压相位，使 $(\varphi - \theta)$ 尽可能地小。当 $\varphi = \theta$ 时，$v_g = 0$。压控振荡器的输出电压 v_a 就是科斯塔斯环提取出的载波电压，可以用来作为相干接收的本地载波电压。

此外，由式（7-7）可见，当 $(\varphi - \theta)$ 很小时，除了一个常数因子外，电压 v_e 就近似等于解调输出电压 $m(t)$。所以科斯塔斯环本身就兼有提取相干载波和相干解调的功能。

为了得到科斯塔斯环法在理论上给出的性能，要求两路低通滤波器的性能完全一致。用硬件模拟电路很难做到这一点，但是若用数字滤波器则不难做到。此外，由锁相环原理可知，锁相环在 $(\varphi - \theta)$ 值接近 0 的稳定点有两个，即在 $\varphi - \theta = 0$ 和 π 处。所以科斯塔斯环法

提取出的载频也存在相位模糊性。

3. 再解调器

再解调器是将介绍的第三种提取相干载波的方法，其原理方框图如图 7-4 所示。图中的输入接收信号 $s(t)$ 和两路压控振荡电压 a 和 b 仍如式(7-1)、式(7-3)和式(7-4)所示。

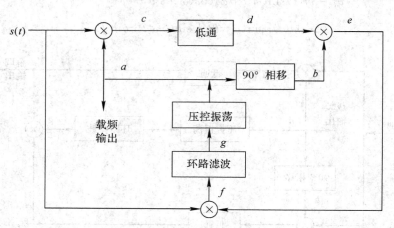

图 7-4　再调制器原理方框图

$s(t)$ 接收信号和 a 点振荡电压相乘后得到的 c 点电压仍满足式(7-5)，即

$$v_c = \frac{1}{2} m(t) \left[\cos(\varphi - \theta) + \cos(2\omega_c t + \theta + \varphi) \right]$$

它经过低通滤波器后，在 d 点的电压为

$$v_d = \frac{1}{2} m(t) \cos(\varphi - \theta) \tag{7-11}$$

v_d 实际上是解调电压，它经 b 点的振荡电压在相乘器中再调制后，得出 e 点电压

$$v_e = \frac{1}{2} m(t) \cos(\varphi - \theta) \sin(\omega_c t + \varphi)$$

$$= \frac{1}{4} m(t) \left[\sin(\omega_c t + \theta) + \sin(\omega_c t + 2\varphi - \theta) \right] \tag{7-12}$$

式(7-12)的 v_e 和信号 $s(t)$ 再次相乘，得到 f 点的电压

$$v_f = \frac{1}{4} m^2(t) \cos(\omega_c t + \theta) \left[\sin(\omega_c t + \theta) + \sin(\omega_c t + 2\varphi - \theta) \right]$$

$$= \frac{1}{4} m^2(t) \left[\cos(\omega_c t + \theta) \sin(\omega_c t + \theta) + \cos(\omega_c t + \theta) \sin(\omega_c t + 2\varphi - \theta) \right]$$

$$= \frac{1}{8} m^2(t) \left[\sin(\omega_c t + \theta) + \sin 2(\varphi - \theta) + \sin 2(\omega_c t + \varphi) \right] \tag{7-13}$$

v_f 经过窄带低通滤波器后，得到压控振荡器的控制电压为

$$v_d = \frac{1}{8} m^2(t) \sin 2(\varphi - \theta) \tag{7-14}$$

比较式(7-9)和式(7-14)，可以发现压控振荡器的控制电压相同。

4. 多进制信号的载频恢复

上面介绍了无辅助导频时的三种载波提取方法。这些方法都是适用于 2PSK 信号的载波提取方法。对于多进制信号，如 QPSK、8PSK 等，当它们以等概率取值时，也没有载频分量。为了恢复其载频，上述各种方法都可以推广到多进制。例如，对于 QPSK 信号，平方环法需要将对信号的平方运算改成 4 次方运算。

QPSK 信号提取载频的科斯塔斯环法的原理方框图如图 7-5 所示。

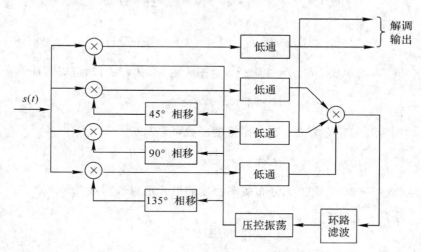

图 7-5　QPSK 科斯塔斯环法原理方框图

7.1.3　载波同步系统的性能指标

1. 相位误差

载波同步系统的相位误差是一个重要的性能指标。我们希望提取的载频和接收信号的载频尽量保持同频同相，但是实际上无论哪种方法提取的载波相位总是存在一定的误差。相位误差有两种，一种是由电路参量引起的恒定误差，另一种是由噪声引起的随机误差。

现在优先考虑由电路参量引起的恒定误差。当提取载波电路中存在窄带滤波器时，例如在图 7-2 所示的平方法原理中，若其中心频率 f_q 和载波频率 f_c 不相等，存在小的频率偏差 Δf，则载波通过它时会有附加相移。设此窄带滤波器由一个单谐振电路组成，则由其引起的附加相移

$$\Delta \varphi = 2Q \frac{\Delta f}{f_q} \qquad (7-15)$$

由式(7-15)可见，电路的品质因数 Q 值越大，附加相移也越大。若品质因数 Q 值恒定，则此附加相移也是恒定的。

目前在提取载频的电路中多采用锁相环。这时，锁相环的压控振荡器输入端必然有一个控制电压来调整其振荡频率，此控制电压来自相位误差。当锁相环工作在稳态时，压控振荡电压的频率 f_o 应与信号载频 f_c 相同，并且其相位误差应很小。设锁相环压控振荡电压的稳态相位误差为 $\Delta \varphi$，则有

$$\Delta \varphi = \frac{\Delta f}{k_d} \qquad (7-16)$$

式中，Δf 是 f_c 和 f_o 之差，k_d 是锁相环路直流增益。为了减少误差 $\Delta \varphi$，由式(7-16)可见，应当尽量增大环路的增益 k_d。

其次，考虑由窄带高斯噪声引起的相位误差，设相位误差为 θ_n，它是由窄带高斯噪声引起的，所以是随机量。可以证明，当信噪比较大时，此随机相位误差 θ_n 的概率密度函数近似为

$$f(\theta_n)=\sqrt{\frac{r}{\pi}}\cos\theta_n\cdot e^{-r\sin^2\theta_n}\qquad \frac{2.5}{\sqrt{r}}<\cos\theta_n<1 \tag{7-17}$$

$$f(\theta_n)\approx 0 \qquad -1<-\cos\theta_n<\frac{-2.5}{\sqrt{r}} \tag{7-18}$$

式中，r 为信号噪声功率比。在 $\theta_n=0$ 附近，对于大的 r，式(7-17)可以写成

$$f(\theta_n)=\sqrt{\frac{r}{\pi}}e^{-r\theta_n^2} \tag{7-19}$$

又因为均值为 0 的正态分布，其概率密度函数可以写成

$$f(x)=\frac{1}{\sqrt{2\pi}\sigma^2}e^{-x^2/(2\sigma^2)} \tag{7-20}$$

式(7-19)参照式(7-20)，则正态分布概率密度的形式可以改写成

$$f(\theta_n)=\frac{1}{\sqrt{2\pi}\sqrt{\frac{1}{2r}}}e^{-\theta_n^2/\left[2\left(\frac{1}{2r}\right)\right]} \tag{7-21}$$

故此随机相位误差 θ_n 的方差 $\overline{\theta_n^2}$ 与信号噪声功率比 r 的关系为

$$\overline{\theta_n^2}=\frac{1}{2r} \tag{7-22}$$

所以，大信号时由窄带高斯噪声引起的随机相位误差的方差大小直接和信噪比成反比。通常将此随机相位误差 θ_n 的标准偏差 $\sqrt{\overline{\theta_n^2}}$ 称为相位抖动，并记为 σ_n。

提取载频电路中的窄带滤波器对于信噪比有直接影响。对于给定的噪声功率谱密度，窄带滤波器的通频带越窄，使通过的噪声功率越小，信噪比越大，这样由式(7-22)可以看出相位误差越小。另一方面，通频带越窄，要求滤波器的 Q 值越大，则由式(7-15)可见，恒定相位误差 $\Delta\varphi$ 越大。所以，恒定相位误差和随机相位误差对于 Q 值的要求是矛盾的。

2. 同步建立时间和保持时间

从开始接收信号(或从系统失步状态)至提取出稳定的载频所需要的时间称为同步建立时间。在同步建立时间内，由于相干载频的相位还没有调整稳定，所以不能正确接收码元。

从开始失去信号到失去载频同步的时间称为同步保持时间。显然希望此时间越长越好。长的同步保持时间有可能在使信号短暂丢失，或接收断续信号(如时分制信号)时，不需要重新建立同步，保持连续提供稳定的本地载频。

在同步电路中的低通滤波器和环路滤波器都是通频带很窄的电路。一个滤波器的通频带越窄，其惰性越大。这就是说，一个滤波器的通频带越窄，则当在其输入端加入一个正弦振荡信号时，输出端建立的振荡时间越长。显然，这个特性和我们对于同步性能的要求是相反的，即建立时间短和保持时间长是相互矛盾的要求。在设计同步系统时需折中处理。

3. 载波同步误差对解调信号的影响

对于相位键控信号而言，载波同步不良引起的相位误差直接影响着接收信号的误码率。在前面提出，载波同步的相位误差包括两个部分，即恒定误差 $\Delta\varphi$ 和随机误差(相位抖

动)σ_n。将其写为

$$\varepsilon = \Delta\varphi + \sigma_n \tag{7-23}$$

这里,将具体讨论此相位误差 ε 对于 2PSK 信号误码率的影响。由式(7-7)

$$v_e = \frac{1}{2}m(t)\cos(\varphi-\theta)$$

可知,其中 $(\varphi-\theta)$ 为相位误差,v_e 即解调输出电压,而 $\cos(\varphi-\theta)$ 就是由于相位误差引起的解调信号电压下降因子,因此信号噪声功率比 r 是原来的 $\cos^2(\varphi-\theta)$ 倍。将它代入误码率公式中,得到相位误差为 $\cos(\varphi-\theta)$ 时的误码率

$$P_e = \frac{1}{2}\mathrm{erfc}(\sqrt{r}\cos(\varphi-\theta)) \tag{7-24}$$

载波相位同步误差除了直接使相位键控信号信噪比下降,影响误码率外,对于单边带和残留边带等模拟信号,还会使信号波形产生失真。

7.2 位 同 步

数字通信系统中,发送端按照确定的时间顺序,逐个传输数码脉冲序列中的每个码元。而在接收端必须有准确的抽样判决时刻才能正确判决所发送的码元,因此,接收端必须提供一个确定抽样判决时刻的定时脉冲序列。这个定时脉冲序列的重复频率必须与发送的数码脉冲序列一致,同时在最佳判决时刻(或最佳相位时刻)对接收码元进行抽样判决。把在接收端产生的定时脉冲序列称为位同步或码元同步。

实现位同步的方法和载波同步类似,分为插入导频法(外同步法)和直接法(自同步法)两类。基带信号若为随机的二进制不归零脉冲序列,这种信号本身不包含位同步信号,为了获得位同步信号,就应该在基带信号中插入位同步导频信号,或者对该基带信号进行某种变换。

7.2.1 外同步法

外同步法又称辅助信息同步法。它在发送码元序列中附加码元同步用的辅助信息,以达到提取码元同步信息的目的。常用的外同步法是在发送信号中插入频率为码元速率 $(1/T)$ 或码元速率倍数的同步信号。在接收端利用一个窄带滤波器将其分离出来,并形成码元定时脉冲。这种方法的优点是设备简单,缺点是需要占用一定的频带宽带和发送功率。然而,在宽带传输系统(如多路电话系统)中,传输同步信息占用的宽带和功率为各路信号所分担,每路信号的负担不大,所以这种方法还是很实用的。

在发送端插入码元同步信号的方法有很多。从时域考虑,可以连续插入,并随信息码元同步传输;也可以在每组码元信息之前增加一个"同步头",由它在接收端建立码元同步,并用锁相环使同步信号在相邻两个"同步头"之间得以保持。从频域考虑,可以在信息码元频谱之外占用一段频谱专用于传输同步信息,也可以在信息码元频谱的"空隙"处插入同步信息。

在数字通信系统中外同步法不是很常用,这里对其不做详细的介绍。下面着重介绍自同步法。

7.2.2 自同步法

自同步法不需要辅助同步信息，它分为开环同步法和闭环同步法。由于二进制等先验概率的不归零码元序列中没有离散的码元速率频谱分量，故需要在接收时对其进行某种非线性变换，才能使其频谱中含有离散的码元同步速率频谱分量，并从中提取出码元定时信息。开环同步法就是采用这种方法提取码元同步信息的。闭环同步法则用比较本地时钟周期和输入信号码元周期的方法，将本地时钟锁定在输入信号上。闭环同步法更为准确，当然也比较复杂。下面对这两种方法分别作一介绍。

1. 开环码元同步法

开环码元同步法也称为非线性变换同步法。在这种同步方法中，将解调后的基带接收码元先通过某种非线性变换，再送入一个窄带滤波电路，从而滤除码元速率的离散频率分量。在图 7-6 中给出了两个方案。图 7-6(a)所示为延迟相乘法的原理框图。这里用延迟相乘的方法作非线性变换，使得接收码型得到变换。其中相乘器输入和输出的波形示于图 7-7 中。由图 7-7 可见，延迟相乘后码元波形的后一半始终是正值，而前一半则当输入状态有改变时为负值，因此，变换后码元序列的频谱中就产生了码元速率的分量。选择延迟时间，使其等于码元速率持续时间的一半，就可以得到最强的码元速率分量。

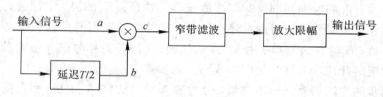

（a）延迟相乘法

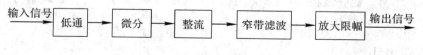

（b）微分整乘法

图 7-6 开环码元同步法的两种方案

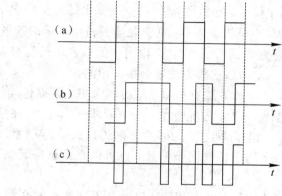

图 7-7 延迟相乘法

图 7-6(b)为第二种方案。它采用的非线性电路是一个微分电路,用微分电路去检测矩形码元脉冲的边沿。微分电路的输出是正负窄带脉冲,它经过整流后得到正脉冲序列。此序列的频谱中就包含有码元速率的分量。由于微分电路对于宽带噪声很敏感,所以在输入端接入一个低通滤波器。但是,加入低通滤波器后又会使码元波形的边缘变缓,使微分后的波形上升和下降也变慢。因此,在选取低通滤波器的截止频率时,需作折中考虑。

上述两种方案中,由于有随机噪声叠加在接收信号上,使所提取的码元同步信息产生误差。这个误差也是一个随机量。可以证明,若窄带滤波器的宽带等于 $1/(kT)$,其中 k 为一个常数,则

$$\frac{|\bar{\varepsilon}|}{T} = \frac{0.33}{\sqrt{kE_b/n_0}} \qquad \frac{E_b}{n_0} > 5 \qquad k \geqslant 18 \qquad\qquad (7-25)$$

式中,$\bar{\varepsilon}$ 为同步误差时间的均值,T 为码元持续时间,E_b 为码元能量,n_0 为单边噪声功率谱密度。因此,只要接收信噪比大,上述方案就能保证足够准确的码元速率。

2. 闭环码元同步法

开环码元同步法的主要缺点是同步跟踪误差的平均值不等于零。增加信噪比可以降低此跟踪误差,但同步是直接从接收信号波形中提取的,所以跟踪误差是不可能降为零的。闭环码元同步法是将接收信号和本地产生的码元定时信号作比较,使本地产生的定时信号和接收码元波形的转变点保持同步。这种方法类似载频同步中的锁相环法。

常用的一种闭环码元同步器称为超前/滞后门同步器,如图 7-8 所示。图中有两个支路,每个支路都有一个与输入基带信号 $m(t)$ 相乘的门信号,分别称为超前门和滞后门。设输入基带信号 $m(t)$ 为双极性不归零波形,分别对两路相乘后的信号进行积分。通过超前门的信号其积分时间是从码元周期的开始时间到 $(T-d)$ 时刻。码元周期的开始时间是环路对此时间的最佳估计值,标称此时间为 0。通过滞后门信号的积分其时间晚于开始时间 d,积分时间终点为码元周期的末尾,即标称时间 T。这两个积分器输出电压的绝对值之差 e 就代表接收端码元同步误差。它接着通过环路滤波器反馈到压控振荡器,从而可来校正环路的定时误差。

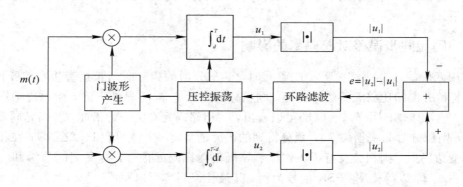

图 7-8 超前/滞后门同步原理方框图

图 7-9 为超前/滞后门同步器波形图。在完全同步的状态下,这两个门的积分时间都全部在一个码元持续时间内,如图 7-9(a)所示。所以,两个积分器对信号 $m(t)$ 的积分结果相等,故其绝对值相减后得到的误差信号 e 为零。这样,同步器就稳定在此状态。若压控振

荡器的输出超前于输入信号码元 Δ（如图 7 - 9(b)所示），则滞后门仍然在其全部积分时间 $(T-d)$ 内积分，而超前门的前 Δ 时间落在前一码元内，这将使码元波形突跳前后的 2Δ 时间内信号的积分值为零。因此，误差电压 $e=-2\Delta$，它使压控振荡器得到一个负的控制电压，压控振荡器的振荡频率从而减小，并使超前/滞后门受到延迟。同理，若压控振荡器的振荡频率升高，从而使其输出提前。图 7 - 9 中画出的两个门的积分区间大约等于码元持续时间的 3/4。实际上，若此区间设计在等于码元持续时间的一半将能够给出最大的误差电压，即压控振荡器能得到最大的频率受控范围。

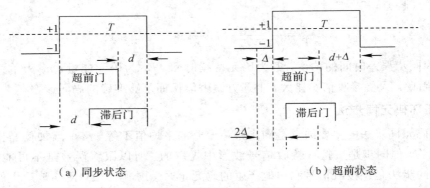

（a）同步状态　　　　　　　　　　　　　　　（b）超前状态

图 7 - 9　超前/滞后门同步器波形图

上面的讨论中，已经假定接收信号中的码元波形有突跳边沿。若它没有突跳边沿，则无论有无时间误差，超前门和滞后门的积分结果总是相等的，这样就没有误差信号去控制压控振荡器，故不能使用此法取得同步。这个问题在所有自同步法的码元同步器中都存在，在设计时必须加以考虑。此外，由于两个支路积分器的性能也不可能做得完全一致，这样将使本来应该等于零的误差值产生偏差。当接收码元序列中较长时间没有突跳边沿时，此误差值偏差持续在压控振荡器上，使振荡频率持续偏移，从而会使系统失去同步。

为了使接收码元序列中不会长时间地没有突跳边沿，可以在发送时对基带码元的传输码型做某种变换，例如改用 HDB$_3$ 码或使用扰乱技术，使发送码元序列不会长时间地没有突跳边沿。

7.2.3　码元同步误差对误码率的影响

在用匹配滤波器或相关器接收码元时，其积分器的积分时间长短直接和信噪比 E_b/n_0 有关。若积分区间比码元持续时间短，则积分的码元能量 E_b 显然下降，而单边噪声功率谱密度 n_0 却不受影响。由图 7 - 9(b)可以看出，在相邻码元有突变边沿时，若码元同步时间误差为 Δ，则积分时间将损失 2Δ，积分得到的码元能量将减少为 $E_b(1-2\Delta/T)$；在相邻码元没有突变边沿时，则积分没有损失。对于等概率随机码元信号，有突变的边沿和无突变的边沿各占 1/2。以等概率 2PSK 信号为例，其最佳误码率可以写成

$$P_e=\frac{1}{2}\mathrm{erfc}\sqrt{\frac{E_b}{n_0}} \tag{7-26}$$

故有相位误差时的平均误码率为

$$P_e=\frac{1}{4}\mathrm{erfc}\sqrt{\frac{E_b}{n_0}}+\frac{1}{4}\mathrm{erfc}\sqrt{\frac{E_b}{n_0}\left(1-\frac{2\Delta}{T}\right)} \tag{7-27}$$

7.3　群　同　步

　　信息流是用若干码元组成一个"字"，又用若干个"字"组成"句"，即组成一个个的"群"进行传输，因此群同步信号的频率很容易由位同步分频得出。但是，每群的开头和结尾时刻却无法用分频器的输出决定。群同步的任务就是要给出这个"开头"和"结尾"的时刻。群同步有时又称为帧同步。

　　群同步码的插入方法有两种：一种是集中插入；另一种是分散插入。集中插入法是将标志码组开始位置的群同步码插入一个码组的前面，如图 7 - 10(a)所示。这里的群同步码是一组符合特殊规律的码元，它出现在信息码元序列中的可能性非常小。接收端一旦检测到这个特定的群同步码组，就能判断出这组信息码元的"头"。所以这种方法适用于要求快速建立同步的地方，或间断传输信息并且每次传输时间很短的场合。检测到此特定码组插入每组信息码元之前。

　　分散插入法是将一种特殊的周期性同步码元序列分散插入在信息码元序列中。在每组信息码元前插入一个(也可以插入很少几个)群同步码元即可，如图 7 - 10(b)所示。因此，必须花费较长时间接收若干组信息码元后，根据群同步码元的周期性，从长的接收码元序列中找到群同步码元的位置，从而确定信息码元的分组。这种方法的好处是其对信息码元序列的连贯性影响较小，不会使信息码组之间分离过大。但是它需要较长的同步建立时间，故适用于连续传输信息的场合，例如数字电话系统中。

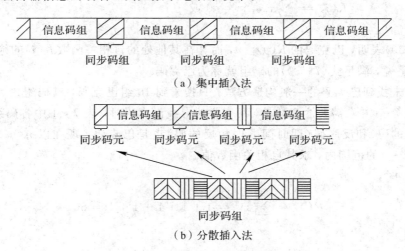

图 7 - 10　群同步码的插入方法

　　为了建立正确的群同步，无论上述哪种方法，接收端的同步电路都有两种状态，即捕捉态和保持态。在捕捉态时，确认搜索到群同步码的条件必须规定得很高，以防发生假同步。一旦确认达到群同步状态后，系统进入保持态。在保持态下，仍需不断监视同步码的位置是否正确。但是，这时为了防止因为噪声引起的个别错误导致认为失去同步，应该降低判断同步的条件，以使系统稳定工作。

7.3.1 集中插入法

集中插入法又称连贯式插入法，这种方法中采用的群同步码组集中插入在信息码组的前头，使得接收时能够容易立即捕捉它。因此，要求同步码的相关特性曲线具有尖锐的单峰，以便从接收码元序列中识别出来。这里，将有限长度码组的局部自相关函数定义如下：设有一个码组，它包含 n 个码元$\{x_1, x_2, \cdots, x_n\}$，则其局部自相关函数为（下面简称自相关函数）

$$R(j) = \sum_{i=1}^{n-j} x_i x_{i+j} \qquad 1 \leqslant i \leqslant n, j \text{ 为整数} \qquad (7-28)$$

式中：n 为码组中的码元数目；当 $1 \leqslant i \leqslant n$ 时 $x_i = +1$ 或 -1，当 $i<1$ 和 $i>n$ 时 $x_1 = 0$。显然可见，当 $j=0$ 时，满足

$$R(0) = \sum_{i=1}^{n} x_i x_i = \sum_{i=1}^{n} x_i^2 = n \qquad (7-29)$$

自相关函数的计算，实际上是计算两个相同的码组互相移位、相乘再求和。若一个码组的自相关函数仅在 $R(0)$ 处出现峰值，其他处的 $R(j)$ 值均很小，则可以用求自相关函数的方法寻求峰值，从而发现此码组并确定其位置。

目前常用的一种群同步码为巴克（Barker）码。设一个 n 位的巴克码组为$\{x_1, x_2, \cdots, x_n\}$，则其自相关函数可以用下式表示：

$$R(j) = \sum_{i=1}^{n-j} x_i x_{i+j} = \begin{cases} n & j=0 \\ 0 \text{ 或 } \pm 1 & 0<j<n \\ 0 & j \geqslant n \end{cases} \qquad (7-30)$$

式（7-30）表明，巴克码的 $R(0)=n$，而其在其他处的自相关函数 $R(j)$ 的绝对值均不大于 1。这就是说，满足式（7-30）的码组就称为巴克码。

目前尚未找到巴克码的一般构造方法，只搜索到 10 组巴克码，其码组最大长度为 13，全部列在表 7-1 中。需要注意的是，用穷举法寻找巴克码时，表 7-1 中各码组的反码（即正负号相反的码）和反序码（即时间顺序相反的码）也是巴克码。现在以 $n=5$ 的巴克码为例，在 $j=0 \sim 4$ 的范围内，求其自相关函数值。

当 $j=0$ 时，

$$R(0) = \sum_{i=1}^{5} x_i^2 = 1+1+1+1+1 = 5$$

当 $j=1$ 时，

$$R(1) = \sum_{i=1}^{4} x_i x_{i+j} = 1+1-1-1 = 0$$

当 $j=2$ 时，

$$R(2) = \sum_{i=1}^{3} x_i x_{i+2} = 1-1+1 = 1$$

当 $j=3$ 时，

$$R(3) = \sum_{i=1}^{2} x_i x_{i+3} = -1+1 = 0$$

当 $j=4$ 时，

$$R(4) = \sum_{i=1}^{1} x_i x_{i+4} = 1$$

表 7-1　巴 克 码

N	巴 克 码
1	$+$
2	$++,+-$
3	$++-$
4	$++ + -,+ + - +$
5	$+ + + - +$
7	$+ + + - - + -$
11	$+ + + - - - + - - + -$
13	$+ + + + + - - + + - + - +$

注："+"代表"+1"；"-"代表"-1"。

由以上计算结果可见，其自相关函数绝对值除 $R(0)$ 外，均不大于 1。由于自相关函数是偶函数，所以其自相关函数值画成曲线如图 7-11 所示。有时将 $j=0$ 时的 $R(j)$ 值称为主瓣，其他处的值称为旁瓣。上面得到的巴克码自相关函数的旁瓣值不大于 1，是指局部自相关函数的旁瓣值。在实际通信中，在巴克码前后都可能存在其他码元。但是，若假设信号码元出现的概率是相等的，即出现 +1 和 -1 的概率相等，则相当于在巴克码前后的码元取平均值为 0。所以，计算巴克码的局部自相关函数的结果，近似符合在实际通信中计算全部自相关函数的结果。

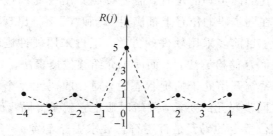

图 7-11　巴克码自相关函数曲线

实现集中插入法时，在接收端中可以按上述公式用数学处理技术计算接收码元序列的自相关函数。在开始接收时，同步系统处于捕捉态。若计算结果小于 N，则等待接收到下一个码元后再计算，直到自相关函数值等于同步码组的长度 N 时，就认为捕捉到了同步码组，并将系统从捕捉态转换为保持态。此后，继续考察后面的同步位置上接收码组是否仍然具有等于 N 的自相关值。当系统失去同步时，自相关值立刻下降。但是自相关值下降并不等于失去同步，因为噪声也可能引起自相关值下降。所以为了保护同步状态下不易被噪声等干扰打断，在保持状态时要降低对自相关值的要求，即规定一个小于 N 的值，例如

$(N-2)$，只有所考察的自相关值小于$(N-2)$时才能被判定为系统失步。于是系统转入捕捉态，重新捕捉同步码组。按照这一原则计算的流程图如图 7-12 所示。

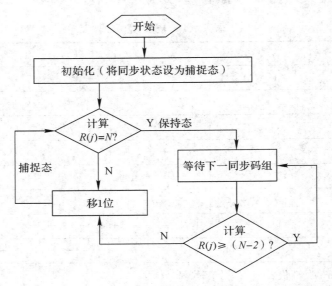

图 7-12　集中插入法群同步码检测流程图

7.3.2　分散插入法

分散插入法又称间隔式插入法，如图 7-10(b)所示。通常，分散插入法的群同步码都很短。例如，在数字电话系统中常采用"10"交替码，即在图 7-10(b)所示的同步码元位置上轮流发送二进制数字"1"和"0"。这种有规律的周期性出现的"10"交替码，在信息码元序列中出现的可能性很小。因此在接收端有可能将同步码的位置检测出来。

在接收端，为了找到群同步码的位置，需要按照其出现周期搜索若干个周期。若在规定数目的搜索周期内，在同步码的位置上都满足"1"和"0"交替出现的规律，则认为该位置就是群同步码元的位置。目前多采用软件的方法，不再采用硬件逻辑电路实现。软件搜索方法大体有移位搜索法和存储检测法。下面简单介绍移位搜索法。

在移位搜索法中，系统开始处于捕捉状态时，对接收码元逐个考察，若考察第一个接收码元就发现它符合群同步码元的要求，则暂时假定它就是群同步码元。等待一个周期后，再考察下一个预期周期位置上的码元是否还符合要求。若连续 n 个周期都符合要求，就认为捕捉到了群同步码，这里 n 是预先设定的一个值。若第一个接收码元不符合要求或在 n 个周期内出现一次被考察的码元不符合要求，则推迟一位考察下一个接收码元，直到找到符合要求的码元并保持连续 n 个周期都符合为止，这时捕捉态转换为保持态。在保持态，同步电路仍然不断考察同步码元是否正确，但是为了防止考察时因噪声偶然发生一次错误而导致认为失去同步，一般可以规定在连续 n 个周期内发生 $m(m<n)$ 次考察错误才认为是失去同步。这种措施称为同步保护。

存储检测法是首先将接收码元序列存在计算机的 RAM 中，然后再进行检验。这里不再详细讲解。

7.3.3　群同步系统的性能指标

群同步性能的主要指标有两个，即假同步（false synchronization）概率 P_f 和漏同步（miss synchronization）概率 P_1。假同步是指同步系统在捕捉时将错误的同步位置当做正确的同步位置捕捉到，而漏同步是指同步位置漏过而没有捕捉到。漏同步的主要原因是噪声的影响，使正确的同步码元变换成错误的码元。而产生假同步的主要原因是噪声的影响使信息码元错成同步码元。

下面先来计算漏同步概率。设接收码元错误的概率为 p，需检验的同步码元数为 n，检验时容许错误的最大码元数为 m，即被检验同步码组中错误码元数不超过 m 时仍判定为同步码组，则未漏判定为同步码的概率为

$$P_u = \sum_{r=0}^{m} C_n^r p^r (1-p)^{n-r} \qquad (7-31)$$

式中，C_n^r 是 n 中取 r 的组合数。所以，漏同步概率为

$$P_1 = 1 - \sum_{r=0}^{m} C_n^r p^r (1-p)^{n-r} \qquad (7-32)$$

当不允许有错误时，即假定 $m=0$ 时，则式（7-32）变为

$$P_1 = 1 - (1-p)^n \qquad (7-33)$$

这就是不允许有错同步码时漏同步的概率。

现在来分析假同步概率。假设信息码元是等概率的，即其中"1"和"0"的先验概率相等，并且假设假同步完全是由于某个信息码组被误认为是同步码组造成的。同步码组长度为 n，所以 n 位的信息码组有 2^n 种排列。它被错当成同步码组的概率和容许错误码元数 m 有关。若不容许有错码，即 $m=0$，则只有一种可能，即信息码组中的每个码元恰好都和同步码元相同。若 $m=1$，则有 C_n^1 种可能将信息码组误认为同步码组。因此假同步的总概率为

$$P_f = \frac{\sum_{r=0}^{n} C_n^r}{2^n} \qquad (7-34)$$

式中，C_n^r 是全部可能出现的信息码组数。

比较式（7-32）和式（7-34）可见，当判定条件放宽时，即 m 增大时，漏同步概率减小，但假同步概率增大。所以，两者是矛盾的。

除了上述两个指标外，对于群同步的要求还有平均建立时间。所谓建立时间是指从捕捉态开始捕捉到保持态所需的时间。显然，平均建立时间越快越好。按照不同的群同步方法，此时间不难计算出来。现以集中插入法为例进行计算。假设漏同步和假同步都不发生，由于在一个群同步周期内一定有一次同步码组出现，所以按照图7-12所示的流程图捕捉同步码组时，最长需要等待的时间为一个周期，最短则不需要等待，立即捕捉到。平均而言，需要等待的时间为半个周期。设 N 为每群的码元数目，其中群同步码元数目为 n，T 为码元持续时间，则一次群的时间为 NT，它就是捕捉到同步码组所需要的最长时间；而平均捕捉时间为 $NT/2$。若考虑到出现一次漏同步或假同步大约需要多用 NT 的时间才能捕获到同步码组，这时的群同步平均建立时间约为

$$t_e \approx NT\left(\frac{1}{2} + P_f + P_1\right) \qquad (7-35)$$

7.4 网 同 步

网同步是指通信网的时钟同步，用以解决网中各站的载波同步、位同步和群同步等问题。实现网同步的方法主要有两大类：一类是全网同步系统，即在通信网中使各站的时钟彼此同步，各站的时钟频率和相位都保持一致。建立这种网同步的主要方法有主从同步法和互同步法。另一类是准同步系统，也称独立时钟法，即在各站均采用高稳定性的时钟，相互独立，允许其速率偏差在一定的范围之内，在转接时设法把各处输入的数码率变换成本站的数码率，再传送出去。在变换过程中要采用一定措施使信息不致丢失。实现这种方式的方法有码速调整法和水库法。

7.4.1 全网同步系统

全网同步方式采用频率控制系统去控制各交换站的时钟，使它们都达到同步，即使它们的频率和相位均保持一致，没有滑动。采用这种方法可用稳定度低而廉价的时钟，在经济上是有利的。

1. 主从同步方式

在通信网内设立一个主站，它备有一个高稳定的主时钟源，再将主时钟源产生的时钟逐站传输至网内的各从站，控制各从站的时钟频率。主从同步方式中，同步信息可以包含在传送信息业务的数字比特流中，接收端从所接收的比特中提取同步时钟信号；也可以用指定的链路专门传送主基准时钟源的时钟信号。各从站数字传输设备通过锁相环电路使其时钟频率锁定在主时钟基准源的时钟频率上，从而使网络内各从站时钟与主站时钟同步。

直接主从同步方式（星型结构）如图 7-13(a) 所示，各从站的基准时钟都由同一个主时钟源提供。一般在一个楼内设备可用这种星型结构。

等级主从同步方式（树型结构）如图 7-13(b) 所示。等级主从同步方式使用一系列分级的时钟，每一级时钟都与其上一级时钟同步，在网中的最高一级时钟称为基准主时钟或基准时钟，这是一个高精度和高稳定度的时钟，它通过树型时钟分配网络逐级向下传输，分配给下面的各级时钟，然后通过锁相环使本地时钟的相位锁定到收到的定时基准上，从而使网内各从站的时钟都与基准主时钟同步，达到全网同步时钟统一。

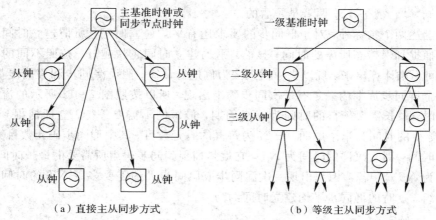

（a）直接主从同步方式　　　　　　　　（b）等级主从同步方式

图 7-13　主从同步网连接方式示意图

2. 互同步方式

互同步方式是在网中不设主时钟，由网内各从站的时钟相互控制，最后都调整到一个稳定的、统一的系统频率上，实现全网的时钟同步。

3. 同步网的组网方式及等级结构

我国数字同步网采用等级主从同步方式，按照时钟性能可以划分为四级，其结构如图7－14所示。

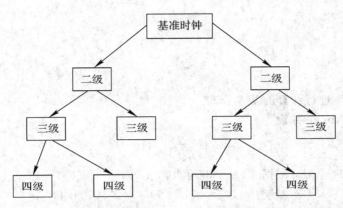

图 7－14　等级主从同步方式结构示意

网同步的基本功能是应能准确地将基准时钟向同步网内的各下级或同级时钟站传递，通过主从同步方式使各从时钟与基准时钟同步。我国同步时钟等级如表7－2所示。

表 7－2　我国同步时钟等级

类　型	第一级		基　准　时　钟	
长途网	第二级	A 类	一级、二级长途交换中心，国际局的局内综合定时供给设备时钟和交换设备时钟	在大城市内有许多长途交换中心时，应按照它们在国内的等级相应地设置时钟
		B 类	三级、四级长途交换中心的局内综合定时供给设备时钟和交换设备时钟	
本地网	第三级		汇接局时钟、端局的局内综合定时供给设备时钟和交换设备时钟	
	第四级		远端模块、数字用户交换设备、数字终端设备时钟	

7.4.2　准同步系统

1. 码速调整法

准同步系统各站各自采用高稳定时钟，不受其他站的控制，它们之间的时钟频率允许有一定的容差。这样各站送来的数字码流首先进行码速调整，使之变成相互同步的数字码流，即对本来是异步的各种数字码流进行码速调整。

2. 水库法

水库法是依靠在各交换站设置极高稳定度的时钟源和容量大的缓冲存储器，使得在很长的时间间隔内存储器不发生"取空"或"溢出"的现象。容量足够大的存储器就像水库一样，既很难将水抽干，也很难将水库灌满，因而可用作水流量的自然调节，故称为水库法。

下面计算存储器发生一次"取空"或"溢出"现象的时间间隔 T。设存储器的位数为 $2n$，起始为半满状态，存储器写入和读出的速率之差为 $\pm\Delta f$，则显然有

$$T=\frac{n}{\Delta f} \tag{7-36}$$

假设数字码流的速率为 f，相对频率稳定度为 S，令

$$S=\left|\pm\frac{\Delta f}{f}\right| \tag{7-37}$$

则由式(7-36)得

$$fT=\frac{n}{S} \tag{7-38}$$

式(7-38)是对水库进行计算的基本公式。

假设 $f=512$ kb/s，并设

$$S=\left|\pm\frac{\Delta f}{f}\right|=10^{-9}$$

需要使 T 不小于 24 小时，根据式(7-38)可求出 n，即

$$n=SfT=10^{-9}\times512\ 000\times24\times3600\approx44$$

显然，这样的设备不难实现，若采用更高稳定度的振荡器，例如镓原子振荡器，其频率稳定度可达 5×10^{-11}，因此，可在更高速率的数字通信网中采用水库法作网同步。但水库法每隔一定时间总会发生"取空"或"溢出"的现象，所以每隔一定的时间 T 要对同步系统校准一次。

7.5 载波同步仿真实例

7.5.1 科斯塔斯环法载波提取 Simulink 模型

1. 仿真参数

调制正弦波信号：振幅为 1 V、频率为 1 kHz；

正弦载波信号：频率为 10 kHz，调幅指数为 2/3；

高斯信道噪声：方差设为 0.01。

相干解调部分低通滤波器截止频率为 1 kHz，科斯塔斯环中的低通滤波器的截止频率为 2 kHz。VCO(压控振荡器)输出信号的振幅为 1 V，中心频率可设为 10.15 kHz，压控灵敏度可设为 1000 Hz/V。

2. 基于 Simulink 的科斯塔斯环法载波同步仿真模型

载波同步分为外同步法和自同步法，其中科斯塔斯环法载波同步为自同步法中的一种，根据图 7-3 所示的原理框图，在 Simulink 仿真环境下对科斯塔斯环法载波同步恢复进行建模，主要由四大模块组成，分别为调制模块、高斯噪声信道模块、相干解调模块和载波同步恢复模块。其电路模型如图 7-15 所示。

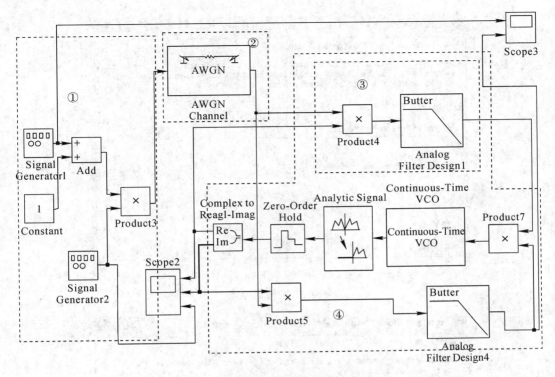

图 7 - 15　科斯塔斯环法载波同步恢复模型

图 7 - 15 中，Signal Generator 为信号发生器，可以产生正弦波；AWGN 模块为加性高斯白噪声，VCO 为压控振荡器，输出信号的 90°移相是通过希尔伯特变换来完成的；Butter 为模拟滤波器，设计中采用低通滤波器；Product 为乘法器；Analytic Signal 为解析信号。

3. 部分模块参数配置

图 7 - 16(a)、(b)、(c)分别为 AWGN、VCO、Filter 参数配置图。

```
Function Block Parameters: AWGN Channel1                     X

AWGN Channel1 (mask) (link)

Add white Gaussian noise to the input signal. The input and output
signals can be real or complex. This block supports multichannel
input and output signals as well as frame-based processing.

When using either of the variance modes with complex inputs, the
variance values are equally divided among the real and imaginary
components of the input signal.

Parameters

Initial seed:

67

Mode: Signal to noise ratio (Eb/No)

Eb/No (dB):

0.01
```

(a) AWGN参数配置

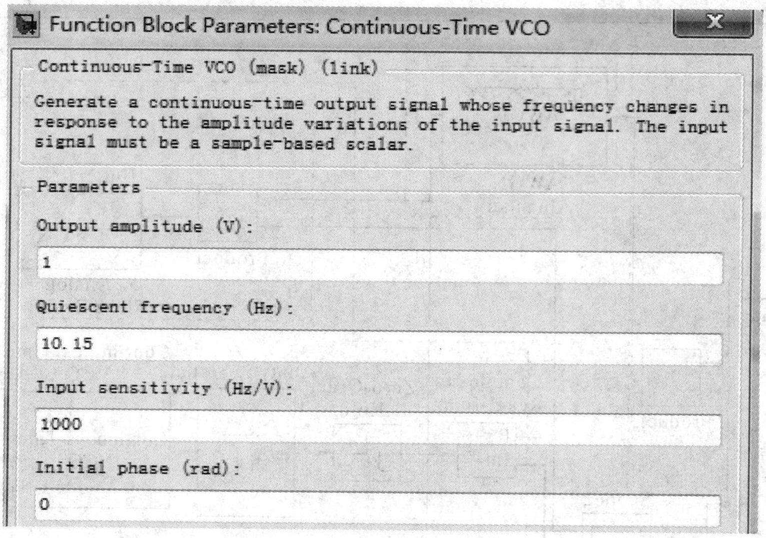

（b）VCO参数配置

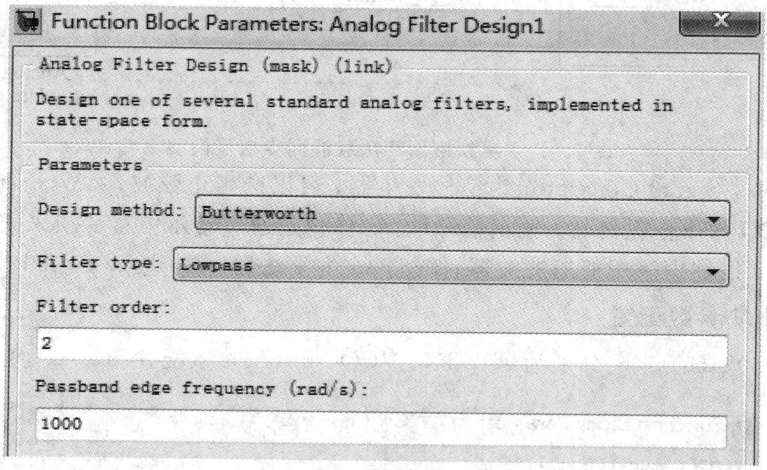

（c）Filter参数配置

图 7-16　模块参数配置图

4. 仿真结果及其分析

图 7-17(a)所示为 Scope2 所测的信号波形图，分别为载波正交信号、载波恢复信号和发端载波信号。图 7-17(b)所示为 Scope3 所测的信号波形图，分别为原始基带信号和解调输出信号。

由图 7-17(a)可知，VCO 输出的恢复载波与发送载波接近反相位，如果改变 VCO 的初始相位值可以使它们的相位接近同相，这就是环路输出载波的相位模糊现象。由图 7-17(b)可知，经相干解调后可输出原始基带信号。

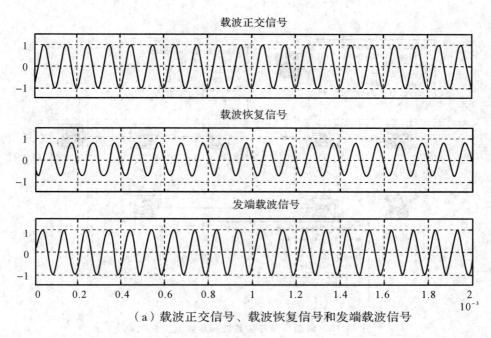

（a）载波正交信号、载波恢复信号和发端载波信号

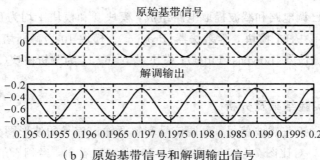

（b）原始基带信号和解调输出信号

图 7 - 17　科斯塔斯环法载波同步恢复电路仿真结果

7.5.2　科斯塔斯环法载波提取 SystemView 模型

1. 仿真参数

基带信号：幅值为 1 V，频率为 0～5 Hz；

正弦信号：幅值为 1 V，频率为 20 Hz；

科斯塔斯环：VCD＝20 Hz；

抽样频率：256 Hz 。

2. 基于 SystemView 的仿真模型

在 SystemView 仿真环境下对科斯塔斯环法载波同步恢复进行建模，电路模型如图 7 - 18所示。

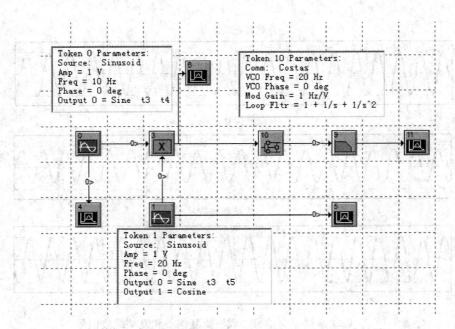

图 7 - 18　科斯塔斯环法载波同步恢复仿真电路

该模型由输入已调电路和载波提取电路组成，模块 0 和模块 1 均为正弦信号（Sinusoid），不同的是频率大小不一样；模块 3 为乘法器（Product）；模块 10 为科斯塔斯环（Costas Loop）；模块 9 为模拟低通滤波器（Lowpass Filter）；模块 4、5、6、11 为分析模块（Analysis），根据需求进行参数配置。

3. 仿真电路实验结果及分析

输入基带信号、正弦载波信号、已调信号和解调输出信号的波形图分别如图 7 - 19(a)、(b)、(c)、(d)所示。对比图 7 - 19(a)和图 7 - 19(d)可以看出，经相干解调后输出信号和原始基带信号基本一致。

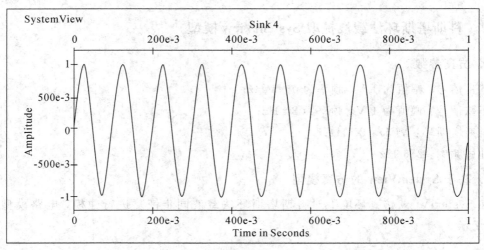

（a）基带信号波形图

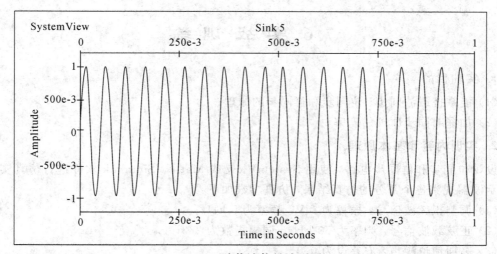

（b）正弦载波信号波形图

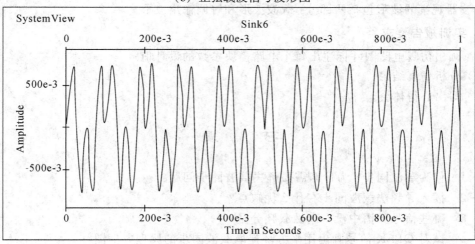

（c）已调信号波形图

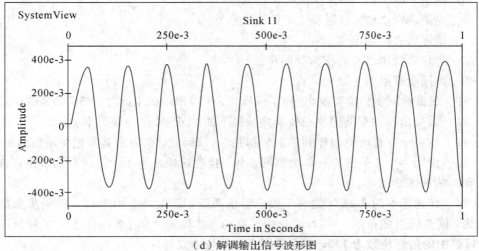

（d）解调输出信号波形图

图 7 - 19 科斯塔斯环法载波同步电路仿真结果

7.6 实 战 训 练

1. 实训目的

(1) 能掌握载波同步、位同步和群同步的原理；

(2) 加深对同步原理的理解。

2. 实训内容和基本原理

设计位同步和群同步电路，使用 SystemView 或 Matlab/Simulink 软件进行仿真实验，并用示波器观察各个部分的仿真结果，仿真参数如下：

(1) 调制正弦波信号：振幅为 1 V、频率为 5 kHz；

(2) 正弦载波信号：频率为 50 kHz，调幅指数为 2/3；

(3) 高斯信道噪声：方差设为 0.01。

示波器观察的波形包括两部分：载波波形和解调输出波形。

3. 实训报告要求

(1) 画出仿真电路图并标注出每个电路模块参数的设计值；

(2) 分析仿真结果；

(3) 写出心得体会。

习 题

7-1 何为载波同步？为什么需要解决载波同步问题？

7-2 插入导频法载波同步有什么优缺点？

7-3 哪些信号频谱中没有离散载频分量？

7-4 试对 QPSK 信号画出用平方环提取载波同步的原理方框图。

7-5 何谓外同步法？外同步法有何优缺点？

7-6 何谓自同步法？自同步法有何优缺点？

7-7 试述巴克码的定义。

7-8 为什么要用巴克码作为群同步法？

7-9 群同步有哪些主要优缺点？

7-10 设载波同步相位误差 $\theta = 10°$，信噪比 $r = 10$ dB，试求此时 2PSK 信号的误码率。

7-11 试写出存在载波同步相位误差条件下的 2DPSK 信号误码率公式。

7-12 设一个 5 位巴克码序列的前后都是"-1"码元，试画出其自相关函数曲线。

7-13 设用一个 7 位巴克码作为群同步码，接收误码率为 10^{-4}，试分别求出容许错码率为 0 和 1 的漏同步概率。

7-14 传输速率为 1 kb/s 的一个数字通信系统，设误码率为 10^{-4}，群同步采用集中插入方式，同步码组的位数 $n = 7$，试分别计算 $m = 0$ 和 $m = 1$ 时的漏同步概率和假同步概率。若每群中的信息位数为 153，估算群同步的平均建立时间。

第 8 章　信道编码与差错控制

　　数字通信系统中涉及的编码主要有信源编码、信道编码和密码（也称为安全编码）三种，其中，信源编码的目的是提高通信的有效性，使用密码的目的是提高通信的安全性，而信道编码的目的是提高通信的可靠性。信道编码又称为差错控制编码或纠错编码，其基本思路是在待传输数据中增加一定数量受到控制的冗余数据，使得数据在传输或接收中发生的差错可以被发现或纠正，从而达到提高通信可靠性的目的。本章首先讨论信道编码和差错控制的基本概念、常用的简单信道编码技术，最后重点讨论线性分组码和循环码的编译码方法。

8.1　概　　述

　　在数字通信系统中，由于信道传输特性不理想和加性噪声的影响，使得数字信号的码元波形变坏，可能引起接收端发生误判而产生误码。对于乘性干扰引起的码间干扰，通常可以采取时域均衡或频域均衡的方法予以纠正，而加性干扰的影响则需要采用其他途径解决。例如，合理地设计基带信号、选择合适的调制解调方式以及适当增加发送信号的功率等。如果采取以上措施仍难以满足通信系统对误码率的要求，则就要考虑采用本章介绍的信道编码与差错控制措施。

8.1.1　信道编码的概念

　　通信系统的性能指标包括有效性、可靠性、适应性、标准性及维护使用的方便性等，但从研究消息传输的角度来说，通信的有效性和可靠性最为重要。有效性主要是指传输的"速度"，而可靠性主要是指传输的"质量"。显然这是一对矛盾，在实际系统中只能根据具体要求进行折中，即在满足可靠性指标的前提下，尽量提高消息的传输速度；或者在满足一定传输速度指标的前提下，尽量提高消息的可靠性。在通信系统中，一般采用信源编码技术来提高数字通信系统的有效性，而采用信道编码技术来提高数字通信系统传输的可靠性。也就是说，信道编码的目的是改善通信系统的传输质量，以提高通信系统的可靠性。

　　从信道编码的构造方法来看，其基本思路是根据一定的规律在待发送的信息码元中加入一些冗余码元，这些码元称为监督码元，也叫校验码元。这样接收端就可以利用监督码元与信息码元的关系来发现或纠正错误，以使受损或出错的信息仍能在接收端恢复。一般来说，增加的监督码元越多，检错或纠错的能力就越强。因此，信道编码的实质是以牺牲有效性来换取可靠性的提高。

　　在研究信道编码时，我们关注的是通信系统中的信道编/译码器。为了研究方便，我们将通信系统的模型简化为图 8－1 所示的模型。在此模型中等效信源中包括了信源编码器，其输出是二（多）进制信息序列。编码信道是包括发射机、实际信道和接收机在内的广义信道，它的输入是经过信道编码后的二(多)进制数字序列，输出一般也是二(多)进制数字序列。而信宿可以是人或计算机。

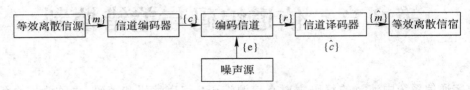

图 8-1　数字通信系统的简化模型

8.1.2　差错控制的概念

所谓差错控制，就是通过某种方法，发现并纠正数据传输中出现的错误，控制数字通信系统的信息误码率的大小，以便达到设计指标的要求。差错控制技术是提高数字通信可靠性的重要手段之一，现代数字通信系统中使用的差错控制方式大都是基于信道编码技术来实现的，因此，信道编码也称为差错控制编码、纠错编码、抗干扰编码或可靠性编码。

从差错控制的角度看，按照加性干扰造成错码的统计特性不同来划分，信道可以分成随机信道、突发信道和混合信道三类。在随机信道中，错码的出现是随机的，且各错码之间是统计独立的，称为随机错码(又称随机错误或随机差错)。例如，由加性高斯白噪声引起的错码就具有这种特性。在突发信道中，错码是成串集中出现的，也就是说，在一些短促的时间区间内会出现大量错码，而在这些短促的时间区间之间又存在较长的无错码区间。这种成串出现的错码称为突发错码(又称突发错误或突发差错)。产生突发错码的主要原因之一是脉冲干扰，而信道中的衰落现象也是产生突发错码的另一个主要原因。把既存在随机错码又存在突发错码，且二者都不能忽略不计的信道，称为混合信道。对于不同类型的信道，应采取不同的差错控制技术。

从不同的角度出发，差错控制编码可有不同的分类方法。

(1) 从功能上讲，差错控制码可以分为三类，即检错码、纠错码和纠删码。检错码只检测信息传输是否出现错误，本身没有纠错的能力，如奇偶校验码、循环冗余校验码等；纠错码不仅能够检测信息传输中的错误，并且能够自动纠正错误；纠删码用于纠正误码位置已知的删除错误。

检错码、纠错码和纠删码在理论上没有本质区别，只是应用场合不同，而侧重的性能参数也不同。

(2) 根据对信息序列处理方法的不同，纠错码可以分为分组码和卷积码。分组码是将信息序列划分为不同的信息组，然后对各个信息组分别进行编码，形成一个对应的码字。由于分组之间相互独立编码，因此译码时对每个码字单独译码，然后拼接为信息序列。

卷积码也是首先将信息序列划分为组，但当前码组的编译码不仅与当前信息组有关，而且与前面若干码组的编译码有关，这样就利用了码组间的相关性。

(3) 根据码元与原始信息之间的关系，纠错码可以分为线性码和非线性码。线性码的所有码元都是原始信息元的线性组合，而非线性码的码元不是信息元的线性组合。

由于非线性码的分析比较困难，早期实用的纠错码多为线性码，但当今发现的很多性能较好的码恰恰是非线性码。

（4）按照适用的差错类型，纠错码主要分成纠随机差错码和纠突发差错码两种，此外还有介于两者之间的纠随机/突发差错码。其中，纠随机差错码用于随机信道，其纠错能力用码组内允许的独立差错的个数来衡量；纠突发差错码针对突发信道，其纠错能力主要用可纠突发差错的最大长度来衡量；纠随机/突发差错码用于混合信道。

（5）根据构造码字的理论，纠错码可以分为代数码、几何码、算术码和组合码等。代数码的基础是近世代数，几何码的基础是投影几何，算术码的基础是数论等，而组合码的基础是排列组合和数论等理论。

（6）根据码元的取值不同，纠错码可以分为二进制码和多进制码。二进制码也称为二元码。本章后面如无特别说明，所讨论的码均指二元码。

8.1.3　差错控制的方式

在数字通信中，常见的差错控制的方式有反馈重发（ARQ）、前向纠错（FEC）、混合纠错（HEC）和信息反馈（IRQ）四种。四种差错控制方式的系统结构示意图如图 8-2 所示，图中带阴影的方框表示在该端检出错误。

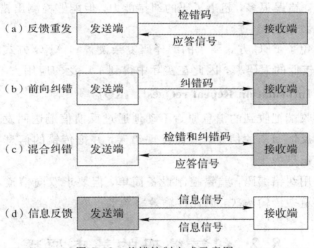

图 8-2　差错控制方式示意图

1. 反馈重发（Automatic Repeat reQuest，ARQ）

发端发送检错码，收端译码器判断当前码字传输是否出错；当有错时按照某种协议通过一个反向信道请求发送端重传已发送的码字（全部或部分）。

ARQ 必须有一反馈信道，一般适合一个用户对一个用户（点对点）的通信，且要求信源能够控制。系统收发两端必须互相配合，密切协作，因此这种方式的控制电路比较复杂。由于反馈重发的次数与信道干扰情况有关，若信道干扰很频繁，则信道经常处于重发消息的状态，因此这种方式传送消息的连贯性和实时性较差。这种工作方式具有以下优点：

（1）编译码设备比较简单。

（2）在一定的冗余码元下，检错码的检错能力比纠错码的纠错能力要高得多，所以系统具有极强的纠错能力。

（3）能获得极低的误码率。由于检错码的检错能力与信道干扰的变化基本无关，因此这种系统的适应性很强，特别适应于短波、散射、有线等干扰情况特别复杂的信道中。

2．前向纠错（Forward Error Correction，FEC）

发端信息经纠错编码后传送，收端通过纠错译码自动纠正传输过程中的差错。

这种工作方式的优点在于不需要反馈信道，能够实现一对多的同步广播通信，而且译码实时性好，控制电路也比 ARQ 系统简单。

实际上，这种工作方式是假设纠错码的纠错能力足够纠正信息序列传输中的错误，也就是纠错码与信道的干扰是相匹配的，所以 FEC 系统对信道变化的适应性较差。为了获得合适的误码率，往往按照信道最差的情况设计纠错码，增加的冗余码元比检错码要多，编码效率一般较低。随着编码理论的发展和大规模集成技术的发展，复杂算法的译码设备越来越简单，成本也越来越低，所以这种方式在实际中得到了越来越广泛的应用。

3．混合纠错（Hybrid Error Correction，HEC）

混合纠错是 FEC 与 ARQ 方式的结合。发端发送同时具有自动纠错和检测能力的码组，收端收到码组后，检查差错情况，如果差错在码的纠错能力以内，则自动进行纠正。如果信道干扰很严重，错误很多，超出了码的纠错能力，但能够检测出错误来，则经反馈信道请求发端重发这组数据。

由于该方式避免了 FEC 方式要求的编译码复杂设备和 ARQ 方式的信息连贯性差的缺点，并且可以达到较低的误码率，因此在实际中得到了广泛的应用。

4．信息反馈（Information Repeat reQuest，IRQ）

这种方式是接收端把收到的消息原封不动地通过反馈信道送回发送端，由发送端比较发送出去的信息与反馈回来的信息，从而发现错误，并把传错的信息再次传送出去，直到发送端正确接收到信息为止。

该方式无需采用纠错编码，差错控制设备简单，但要求双向信道，而且正确传输信息至少需要在双向信道中传输两次，因此传输效率较低。

8.2 纠错编码的基本原理

纠错编码的理论基础是香农的信道编码定理，其基本思路是在信息码元中附加一些监督码元，并使它们之间满足一定的约束关系，在接收端根据这种约束关系是否被破坏来发现或纠正错误。可见纠错码的纠错能力是通过增加信息冗余度来换取的。本节通过实例说明纠错编码的基本原理，并介绍纠错码的一些基本概念和术语，最后讨论纠错能力与码距的关系。

8.2.1 增加冗余度提高纠错能力

香农的信道编码定理指出：对于一个给定的有扰信道，如果信道容量为 C，只要发送端以低于 C 的信息传输率 R 发送信息，则一定存在一种编码方法，使译码差错概率随着码长的增加，按指数规律下降到任意小的值。这就是说，通过信道编码可以使通信过程不发生差错，或者使差错率控制在允许的数值之下。

为了便于理解纠错编码的基本原理，先来考察一个简单的例子。例如，要传送 A 和 B 两个消息，可以用一位二进制码元来表示，比如用"0"码表示 A，用"1"码表示 B。在这种情况下，若传输中产生错码，即"0"错成"1"，或"1"错成"0"，接收端将无法检测到差错。因此，从传输信息的角度看，这种编码虽然没有冗余，但也没有检错和纠错能力，一旦传输中发生错误，则无法进行检错和纠错。

如果在信息码元后增加一位监督码元，即用两位二进制码元来表示一个消息，则有 4 种可能的码字，即"00""01""10"和"11"。比如规定"00"表示消息 A，"11"表示消息 B。码字"01"或"10"不允许使用，称为禁用码字，相应地，用来传输消息的码字"00"和"11"称为许用码字。如果在传输消息的过程中发生一位错码，变成了禁用码字"01"或"10"，译码器就可判定为有错。这表明在信息码元后面附加一位监督码元以后，当只发生一位错码时，码字具有了检错能力。但由于不能判定是哪一位发生了错码，所以该码没有纠错能力。

进一步，如果在信息码元后面附加两位相同的监督码元，即用"000"表示消息 A，用"111"表示消息 B，则由于 3 位二元码共有 8 种组合，除去 2 组许用码字外，余下的 6 组"001""010""100""011""101""110"均为禁用码字。此时，如果传输中发生一位错码，则接收端都将收到禁用码字，可以判断传输有错，而且同时还可以根据"大数规则"译码，纠正一位错码，即收到的 3 位码中如果有 2 个或 3 个"0"，则译为消息 A；收到的 3 位码中如果有 2 个或 3 个"1"，则译为消息 B。如果传输中发生两位错码，接收端也将收到禁用码字，译码器仍然可以检错，但此时不再具有纠错能力。如果传输中发生三位错码，接收端收到的是许用码字，将不再具有检错能力。因此，该纠错编码具有检出 2 位及 2 位以下错码的能力，或者具有纠正 1 位错码的能力。

通过以上实例可以清楚地看出，增加监督码元位数，即增加冗余度可以提高纠错码的纠错能力。也就是说，纠错编码的检错和纠错能力是通过信息量的冗余度来换取的。

8.2.2　纠错编码的基本概念

1. 分组码的定义及其表示

分组码是对每段 k 个码元的信息组，以一定的编码规则，将其变换成长度为 $n(n>k)$ 的序列 $(c_{n-1}c_{n-2}\cdots c_1 c_0)$，称这个序列为码字（码组，码矢量），常记为 $\boldsymbol{c}=(c_{n-1}c_{n-2}\cdots c_1 c_0)$。以二元码为例，$k$ 位信息组共有 2^k 种组合，如果将每一种信息组合对应成一个码字，则通过编码后，相应的码字也有 2^k 个，称这 2^k 个码字构成的集合 C 为 (n,k) 分组码。

在 (n,k) 分组码中，n 为码字长度，简称码长，每段 k 位信息组独立进行编码，被编成 n 位码字，从而增加了 $r=n-k$ 位冗余码元（又称监督码元或校验码元）。定义 $R=k/n$ 为编码效率，也称为码率。编码效率 R 表示信息位在码字中所占的比重，它是衡量分组码有效性的一个基本参数，R 值越大，表示编码效率越高。

由于二元 n 长序列的排列组合共有 2^n 种，而二元 (n,k) 分组码的码字集合（简称为码集）C 只有 2^k 个不同码字，一般 $2^n>2^k$，所以，分组码的编码任务就是从 2^n 种 n 长序列中选出 2^k 个构成码集 C，然后按照一定的映射关系，将 k 位信息组一一对应地映射到码集 C。不同的码集 C 的选择方法以及不同的映射关系，就构成了不同的编码方法。称被选取构成码集 C 的 2^k 个 n 长序列为许用码组（许用码字），其余的 2^n-2^k 个为禁用码组（禁用码字）。

由以上分析可知，在无错码传输的情况下，接收端收到的码组只能是许用码组而不会是禁用码组，一旦接收端收到禁用码组，一定是传输中发生了错码。利用此特性可以进行检错。

另外需要指出的是，分组编码涉及码字集合的选择和信息组与码字集合中码字的映射关系两个方面，码字集合相同而映射关系不同构成不同的分组编码方法。

例如，上节实例中的编码方法就构成二元重复码。二元重复码是$(n, 1)$分组码，它的编码规则是在一个信息位后面增加$(n-1)$个监督位，而每个监督位都是信息位的重复。二元$(n, 1)$重复码的信息位只有 1 位，许用码组只有两个，即$(00\cdots0)$和$(11\cdots1)$，其余(2^n-2)个码组都是禁用码组。

2. 码重与码距

码字 c 中非零码元的数目称为码字的汉明（Hamming）重量，简称码重，记为 $w(c)$。对于二进制码而言，码重就是码组中"1"码元的数目，如码字 $c=(10110)$ 的码重 $w(10110)=3$。

两个等长码字 c_1 和 c_2 之间对应码元不同的数目称为这两个码字的汉明距离，简称码距，记为 $d(c_1, c_2)$。如码字 $c_1=(11000)$ 与码字 $c_2=(11011)$ 有两个对应位不同，故码距 $d(c_1, c_2)=2$。由于两个二进制码字模 2 相加，其不同的对应位必为"1"，因此两个码字模 2 相加得到的新码字的重量就是这两个码字之间的距离，即

$$d(c_1 c_2)=w(c_1+c_2) \tag{8-1}$$

码字集合 C 中任意两个许用码字之间汉明距离的最小值称为该码的最小汉明距离，简称最小码距，用 $d_{\min}$ 或 $d(C)$ 表示，即

$$d_{\min}=d(C)=\min\{d(c_i, c_j)\,|\,c_i, c_j\in C, c_i\neq c_j\} \tag{8-2}$$

从几何上看，码长为 n 的码字可以表示为 n 维空间中的一个点。例如，对于码长 $n=3$ 的码字 $c=(c_2 c_1 c_0)$，3 位二进制码元共有 8 种不同的可能码字，它们分别位于三维空间的单位立方体的各个顶点上，如图 8-3 所示。每一码字的 3 个码元值 (c_2, c_1, c_0) 就是此立方体的各顶点坐标。两个码字 c_i 和 c_j 的码距 $d(c_i, c_j)$ 就是从 c_i 顶点沿立方体各边移动到 c_j 顶点所经过的最少边数。如果图中的这 8 种码字都作为许用码字，则最小码距 $d_{\min}=1$；如果只选用(000)和(111)两种码字作为许用码字，则最小码距 $d_{\min}=3$。

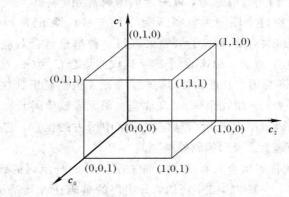

图 8-3　码距的几何意义

3. 纠错编码的效用

假设二进制对称信道（BSC 信道）的错误概率为 p，在码长为 n 的码组中恰好发生 x 个错误的概率为

$$P_n(x) = C_n^x p^x (1-p)^{n-x} \tag{8-3}$$

实际信道一般满足 $p \ll 1$，上式可简化为

$$P_n(x) \approx C_n^x p^x = \frac{n!}{x!\,(n-x)!} p^x \tag{8-4}$$

例如，当码长 $n=7$，错误概率 $p=10^{-3}$ 时，则有

$P_7(1) \approx 7p = 7 \times 10^{-3}$，$P_7(2) \approx 21p^2 = 2.1 \times 10^{-7}$，$P_7(3) \approx 35p^3 = 3.5 \times 10^{-8}$，…

可见在随机信道中，码组在传输中发生一个错码的概率比发生两个错码的概率大得多，而发生两个错码的概率比发生三个错码的概率大得多，以此类推。采用信道编码后，即使仅能纠正（或检测）这种码组中 1～2 个错误，也可以使通信系统的误码率下降几个数量级。这表明纠错编码具有较大的实际应用价值。

4. 译码方法

信道译码器的任务是从受损的信息序列中尽可能正确地恢复原信息。译码器译码时，先根据接收到的码字 r 解得发送的码字序列 c_i 的估值序列 $\widehat{c_i}$，再实行编码的逆过程，从码字的估值序列 $\widehat{c_i}$ 还原出消息序列 $\widehat{m_i}$，如图 8-4 所示。上述 $r \to \widehat{c_i} \to \widehat{m_i}$ 的过程是从功能角度描述的，具体实现时可以综合到译码算法中一次实现。由于消息序列与码字序列是一一对应的关系，因此从 $\widehat{c_i}$ 可以唯一地解得 $\widehat{m_i}$，所以还原的信息正确与否取决于 $\widehat{c_i}$ 是否等于 c_i。显然，当且仅当 $\widehat{c_i} = c_i$ 时，估值序列 $\widehat{m_i} = m_i$，此时译码器做到了正确译码。

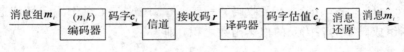

图 8-4　译码过程

常见的信道译码方法有最大后验概率译码、最大似然译码和最小汉明距离译码三种，三者之间存在一定的相互转换关系。下面分别予以讨论。

1）最大后验概率译码

对于接收到的码字 r，译码器从码集 C 的 2^k 个许用码组中找出可能性最大的发码作为译码的估值 $\widehat{c_i}$，即令

$$\widehat{c_i} = \arg \max_{c_i \in C} P(c_i | r) \tag{8-5}$$

这种译码方法称为最大后验概率译码（Maximum A Posteriori，MAP）。对于每一个收码 r，MAP 译码使条件译码正确的概率 $P(\widehat{c_i} = c_i | r)$ 最大，对应于条件译码错误的概率 $P(\widehat{c_i} \neq c_i | r)$ 最小，所以这种译码方法一定使信道译码器的译码错误概率

$$P_{\mathrm{E}} = \sum_{r} P(\widehat{c}_i \neq c_i | r) P(r) \qquad (8-6)$$

最小。这里，$P(r)$为接收 r 的概率，与译码方法无关。因此，MAP 译码使信道译码器的译码错误概率最小，是一种最优译码算法，也称为最佳译码。但在实际译码时，要定量找出后验概率值 $P(c_i|r)$ 相当困难。通常只知道信道的转移概率即先验概率 $P(r|c_i)$。当满足一定条件时，MAP 译码可以转化为最大似然译码和最小汉明距离译码。

2）最大似然译码

假设发送端每个码字的发送概率 $P(c_i)$ 均相等，且由于 $P(r)$ 与译码方法无关，利用贝叶斯公式有

$$P(c_i | r) = \frac{P(c_i) P(r | c_i)}{P(r)} \qquad (8-7)$$

由此可知，此时，后验概率 $P(c_i|r)$ 最大等效为先验概率 $P(r|c_i)$ 的最大值，即

$$\max_{c_i \in C} P(c_i | r) \Rightarrow \max_{c_i \in C} P(r | c_i)$$

因此，在此前提下，最大后验概率译码等效为最大先验概率译码。最大先验概率译码也称为最大似然译码（Maximum Likelihood Decoding，MLD），其中 $P(r|c_i)$ 称为似然函数。最大似然译码就是从码集 C 的 2^k 个许用码组中找出使似然函数 $P(r|c_i)$ 最大的 c_i 作为译码的估值 $\widehat{c}_i$，即令

$$\widehat{c}_i = \arg \max_{c_i \in C} P(r | c_i) \qquad (8-8)$$

尽管实际中未必满足发送端每个码字发送概率相同的条件，最大似然译码仍是实践中可行的、最常用的译码方法。

3）最小汉明距离译码

设发码 $c_i = (c_{in-1} c_{in-2} \cdots c_{i1} c_{i0})$，收码 $r = (r_{n-1} r_{n-2} \cdots r_1 r_0)$，对于无记忆信道，似然函数 $P(r|c_i)$ 等于组成码字的各码元的似然函数之积，即

$$P(r | c_i) = \prod_{j=0}^{n-1} P(r_j | c_{ij}) \qquad (8-9)$$

对于无记忆二进制对称信道，即 BSC 信道而言，发码和收码各码元只有相等和不相等两种情况。假设 BSC 信道的错误概率为 p，则

$$P(r_j | c_{ij}) = \begin{cases} p & c_{ij} \neq r_j \\ 1-p & c_{ij} = r_j \end{cases} \qquad (8-10)$$

假设收码 r 与发码 c_i 的汉明距离为 $d(r, c_i) = d$，也就是说 r 与 c_i 有 d 个码元不同，即码元错误个数为 d，则

$$P(r | c_i) = \prod_{j=0}^{n-1} P(r_j | c_{ij}) = p^d (1-p)^{n-d} = (1-p)^n \left(\frac{p}{1-p}\right)^d \qquad (8-11)$$

式中 $(1-p)^n$ 是常数，而实际 BSC 信道通常满足 $p < 0.5$，此时 $(p/(1-p)) < 1$，d 越小，似然函数 $P(r|c_i)$ 越大，求最大似然函数的问题就转化为求最小汉明距离的问题，即

$$\max_{c_i \in C} P(r | c_i) \Rightarrow \min_{c_i \in C} d(r, c_i) \qquad (8-12)$$

因此，在 BSC 信道中，最大似然译码等效为最小汉明距离译码。最小汉明距离译码就是从码集 C 的 2^k 个许用码组中，寻找与接收码字 r 汉明距离最小的码字 c_i 作为译码的估值 $\hat{c}_i$，即令

$$\hat{c}_i = \arg \min_{c_i \in C} d(r, c_i) \tag{8-13}$$

在前述重复码译码方法中，所谓"大数规则"译码是根据接收到的码序列中"0"和"1"的多少，依照少数服从多数的原则来判断发送的信息码元是"0"还是"1"，这种译码方法实际上就是最小汉明距离译码。

8.2.3　码距与纠、检错能力的关系

在 8.2.2 节曾经提到，(n, k) 分组码的任一码字与 n 维空间的一个点对应，全体许用码字所对应的点构成了 n 维空间的一个子集，称为码集。显然，发码一定在这个子集中，若传输无误，则收码也一定位于此子集中。当出现差错时，收码有两种可能：一种是变为子集外空间的某一点，成为禁用码字；另一种是仍然位于该子集内，但却对应该子集内的另一点，即变为另一个许用码字。对于前一种情况，接收端可以根据收码是禁用码字这一点判断出错的存在，并进而利用最大似然译码或最小汉明距离译码来纠正错误，而对于后一种情况，接收端根本无法判断是传输发生错误，还是原本发送的就是另一个许用码字。显然，对于给定信道，当码集中码字的汉明距离越大，后一种情况越不容易发生，越有利于检错和纠错。正如木桶的最短边决定木桶的容量一样，最小码距 $d_{\min}$ 决定了码的检错和纠错能力。下面具体讨论分组码的检、纠错能力与最小码距 $d_{\min}$ 的关系。

（1）若要检测出任一码字中小于等于 e 个随机错误，则要求最小码距

$$d_{\min} \geqslant e + 1 \tag{8-14}$$

式（8-14）可用图 8-5(a) 来说明。图中 c_i 为某许用码字，当其误码不超过 e 个时，该码字的位置将不会超过以码字 c_i 为中心，以 e 为半径的圆（实际一般为 n 维空间的圆球，此处简化为圆）。当 $d_{\min} \geqslant e + 1$ 时，其他许用码字都不会落入此圆内，因此 c_i 发生 e 个误码时必然变为禁用码字，因此可以用这一条件来检错。

（2）若要纠正任一码字中小于等于 t 个的随机错误，则要求最小码距

$$d_{\min} \geqslant 2t + 1 \tag{8-15}$$

式（8-15）可用图 8-5(b) 来说明。图中 c_i 和 c_j 分别为任意两个许用码字，当错码不超过 t 个时，发生错码后，这两个许用码字的位置将分别不会超过以 c_i 和 c_j 为圆心，以 t 为半径的圆。当 $d_{\min} \geqslant 2t + 1$ 时，这两个圆不相交。此时，就可以根据最小汉明距离译码准则，依照收码落入哪个圆内而判定发码为 c_i 或 c_j，即可以纠正错码。

（3）若要检测出任一码字中的 e 个随机错误，同时纠正其中的 $t(t < e)$ 个随机错误，则要求最小码距

$$d_{\min} \geqslant e + t + 1 \tag{8-16}$$

能检出 e 个错码同时纠正 t 个错码的含义是：当错码个数不超过 t 个时，能自动纠正错码，而当错码个数超过 t 个且小于等于 e 个时，译码器虽不能纠正错误但仍可以检测出错码。这用于需要检纠错结合的场合。例如，对于前面介绍差错控制方式中的混合纠错方式，

就需要采用这种检纠错结合的编码方式。

式(8-16)可用图 8-5(c)来说明。图中 c_i 和 c_j 分别为任意两个许用码字，码的检错能力为 e，当 c_i 码字存在 e 个错码时，该码字的位置将位于以 c_i 为圆心，以 e 为半径的圆上，它与任一许用码字 c_j 的距离至少应该为 $t+1$，否则将可能进入码字 c_j 的纠错范围，即落入以 c_j 为圆心，以 t 为半径的圆内，被错纠为 c_j。因此要求 $d_{min} \geqslant e+t+1$。

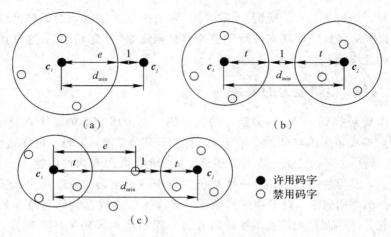

图 8-5　最小码距与纠错能力示意图

例 8.1　讨论二元(4，1)重复码的检错和纠错能力。

解　二元(4，1)重复码的许用码字有两个，即(0000)和(1111)，最小码距 $d_{min} = 4$，因此最多可以检出 3 位错码或纠正 1 位错码。如果采用检纠结合的方式，则可以检出 2 位错码同时纠正 1 位错码。

8.3　常用的简单编码

本节介绍几种常用的检错码，这些编码都属于分组码，它们具有较强的检错能力，并且容易实现，在实际中应用广泛。

8.3.1　奇偶监督码

奇偶监督码是一种最简单的检错码，又称为奇偶校验码，被广泛应用于以随机错误为主的计算机通信系统中。其编码规则是：将所要传输的数据码元分成组，然后在每组数据后附加一位监督位，使得该组码元连同监督位在内的码组中的"1"的个数为偶数（称为偶校验）或者为奇数（称为奇检验）；在接收端按同样的规律检查，如发现不符就说明产生了差错，但它不能确定差错的具体位置，即不能纠错。

可见奇偶校验码是(n，$n-1$)分组码。设码字为 $c = (c_{n-1}c_{n-2}\cdots c_1 c_0)$，其中，前面 $n-1$ 位($c_{n-1}c_{n-2}\cdots c_1$)是信息位，c_0 为监督位，则二者之间的监督关系可用以下公式表示：

偶校验时，监督关系式为

$$c_0 \oplus c_1 \oplus c_2 \oplus \cdots \oplus c_{n-1} = 0 \tag{8-17}$$

其中监督码元 c_0 为

$$c_0 = c_1 \oplus c_2 \oplus \cdots \oplus c_{n-1} \tag{8-18}$$

奇校验时，监督关系式为

$$c_0 \oplus c_1 \oplus \cdots \oplus c_{n-1} = 1 \tag{8-19}$$

其中监督码元 c_0 为

$$c_0 = c_1 \oplus c_2 \oplus \cdots \oplus c_{n-1} \oplus 1 \tag{8-20}$$

以上各式中，符号 $\oplus$ 表示模 2 加运算。可以看出，这种奇偶校验只能发现单个或奇数个错误，而不能检测出偶数个错误，因此它的检错能力不高。

8.3.2　二维奇偶监督码

二维奇偶监督码也称为方阵码、水平垂直奇偶监督码或行列监督码。它是为了克服奇偶监督码检错能力不高，特别是不能检测突发错误的缺点而发展起来的一种编码方法。其编码规则是：先把上述奇偶监督码的若干码组排成矩阵，每一码组写成一行，然后再按列的方向增加第二维监督位，如图 8-6 所示。图中，前 m 行为奇偶监督码，$c_0^1 c_0^2 \cdots c_0^{m-1} c_0^m$ 分别为前 m 行奇偶监督码的监督位。$c_{n-1} c_{n-2} \cdots c_1 c_0$ 为按列进行第二次编码所增加

$$
\begin{array}{cccccc}
c_{n-1}^1 & c_{n-2}^1 & \cdots & c_1^1 & c_0^1 \\
c_{n-1}^2 & c_{n-2}^2 & \cdots & c_1^2 & c_0^2 \\
\cdots & & & & \cdots \\
c_{n-1}^m & c_{n-2}^m & \cdots & c_1^m & c_0^m \\
c_{n-1} & c_{n-2} & \cdots & c_1 & c_0
\end{array}
$$

图 8-6　二维奇偶监督码

的监督位，它们构成了方阵的最后一行。发送端发送时按行或按列顺序发送，接收端按照同样的行列顺序排成方阵，然后按行和按列进行奇偶校验，发现不符合监督规则的判为有错。

二维奇偶监督码不仅可以检测出每行和每列的全部奇数个错误，也能发现大部分偶数个错误，而某些特殊情况的偶数个错误不能检测出来。例如，如果碰到错误个数恰为 4 的倍数，而且错误位置正好处于某矩形四个角的情况，方阵码将无法发现错误。

二维奇偶监督码在某些情况下还能纠错。例如，如果位于第 2 行、第 3 列位置的码元出错，由于此错误同时破坏了第 2 行和第 3 列的监督关系，所以接收端很容易判断出第 2 行和第 3 列的交叉位置出错，从而给予纠正。

另外，二维奇偶监督码也常用于检测或纠正突发错误。它可以检测出错误码元长度小于或等于码组长度的所有错码，并纠正某些情况下的突发错误。

二维奇偶监督码实质上是利用矩阵变换，将突发错误变成独立随机错误。由于这种方法简单，所以被认为是克服突发错误的有效手段，当然，付出的代价是增加了译码延迟。

8.3.3　恒比码

码字中"1"的数目与"0"的数目保持恒定比例的码称为恒比码。由于恒比码中，每个码组均含有相同数目的"1"和"0"，因此恒比码又称等重码或定 1 码。这种码在译码时，只要计算接收码元中"1"的个数是否与规定的相同，就可判断有无错误。

目前我国电传机通信中普遍采用 3:2 的恒比码，又称"5 中取 3"码，即每个码组的长度为 5，其中有 3 个"1"。那么，许用码组的数目为 $C_5^3 = 10$，恰好表示 0～9 共 10 个阿拉伯数字，如表 8-1 所示。由于我国电传机通信中每个汉字是以 4 位十进制数来代表的，因此通过提高十进制数字传输的可靠性，就等于提高了汉字传输的可靠性。实践证明，采用恒

比码后，我国汉字电报的差错率大为降低。

表 8-1 3∶2 恒比码编码表

数字	0	1	2	3	4	5	6	7	8	9
编码	01101	01011	11001	10110	11010	00111	10101	11100	01110	10011

国际无线电报通信中广泛采用"7 中取 3"恒比码，每个码组的长度为 7，其中有 3 个"1"和 4 个"0"，也称为 3∶4 的恒比码。其许用码组的数目为 $C_7^3 = 35$，分别表示 26 个英文字母及其他符号。

恒比码具有较强的检错能力，它不但能够检出码组中所有奇数个错误，而且能够检出部分偶数错误，但不能检测码组中"1"变为"0"与"0"变为"1"成对出现的那些偶数错码。

8.4 线 性 分 组 码

在纠错编码的理论中，分组码是最早得到深入研究，也是成果最丰富、应用最广泛的一类码，而线性分组码是分组码中最重要的一类码，它是讨论各类纠错码的基础。本节首先介绍线性分组码的基本概念，然后介绍线性分组码的编码和译码原理，并引入线性分组码的生成矩阵、监督矩阵和伴随式等重要概念，最后讨论汉明码的特点和构造方法。

8.4.1 线性分组码的基本概念

既是分组码，又是线性码的纠错码称为线性分组码。像分组码一样，(n, k) 线性分组码编码时也是将信息序列分成每 k 个信息码元一组的信息段，每一信息段独立进行编码，按照一定的编码规则产生 $r = n - k$ 个监督码元，构成码长为 n 的码字。由于线性分组码是线性码，因此其监督码元与信息码元之间的关系是线性关系，该线性关系可以用 r 个独立线性方程组成的方程组来描述。定义不同的线性方程，就得到不同的 (n, k) 线性分组码。

一个 n 长的码字 c 可以用 n 重矢量 $\boldsymbol{c} = (c_{n-1} c_{n-2} \cdots c_1 c_0)$ 表示，相应地，k 位信息组可以用 k 重矢量 $\boldsymbol{m} = (m_{k-1} m_{k-2} \cdots m_1 m_0)$ 表示。按照码字的信息组结构，纠错码分为系统码和非系统码两种。在系统码中，每个码字的 k 位信息以不变的形式出现在码组中，而非系统码不具有这种结构特点。具有系统码结构的线性分组码称为系统线性分组码。本章采用的 (n, k) 系统线性分组码的结构如图 8-7 所示，即码字的前 k 位为信息码元，与编码前原样不变，后 $r = n - k$ 位为监督码元，也就是

$$\boldsymbol{c} = (c_{n-1} c_{n-2} \cdots c_1 c_0) = (m_{k-1} m_{k-2} \cdots m_1 m_0 c_{n-k-1} \cdots c_1 c_0) \tag{8-21}$$

图 8-7 (n, k) 系统线性分组码的结构

可以证明，二进制 (n, k) 线性分组码的码集中共有 2^k 个许用码字，它们构成二元域上

n 维线性空间的一个 k 维线性子空间，也称为 k 维码空间。在二元域中定义了两种基本运算，即模 2 加法和模 2 乘法，其运算规则如表 8 - 2 所示。

表 8 - 2　模 2 加/乘法表

模 2 加法			模 2 乘法		
$+$	0	1	$\times$	0	1
0	0	1	0	0	0
1	1	0	1	0	1

二进制 (n, k) 线性分组码具有如下性质：

(1) 任意两个许用码字之和（按位模 2 加）仍为一许用码字，即满足封闭性；

(2) 码集的最小汉明距离等于非零码字的最小汉明重量；

(3) 码集中一定包括全零码字。

许多实际应用的分组码都属于线性分组码，例如，前面介绍的重复码 $(n, 1)$ 和偶监督码 $(n, n-1)$ 均为线性分组码，而恒比码不是线性分组码。

8.4.2　线性分组码的编码

下面结合实例讨论线性分组码的编码原理，并引入监督矩阵与生成矩阵的概念。

1. 监督矩阵

例如，某 $(7, 3)$ 系统线性分组码，码字 $\boldsymbol{c} = (c_6 c_5 \cdots c_1 c_0)$，其中 c_6、c_5、c_4 为信息码元，c_3、c_2、c_1、c_0 为监督码元。这里，$n=7$，$k=3$，$r=7-3=4$，假设监督码元由下面的线性方程产生：

$$\begin{cases} c_3 = c_6 + c_4 \\ c_2 = c_6 + c_5 + c_4 \\ c_1 = c_6 + c_5 \\ c_0 = c_5 + c_4 \end{cases} \tag{8-22}$$

式 (8 - 22) 给出了 $(7, 3)$ 系统线性分组码的监督码元与信息码元之间的关系，也称为监督方程，或检验方程或监督关系式。将式 (8 - 22) 改写成

$$\begin{cases} c_6 + c_4 + c_3 = 0 \\ c_6 + c_5 + c_4 + c_2 = 0 \\ c_6 + c_5 + c_1 = 0 \\ c_5 + c_4 + c_0 = 0 \end{cases} \tag{8-23}$$

并用矩阵形式表示为

$$\begin{bmatrix} 1 & 0 & 1 & 1 & 0 & 0 & 0 \\ 1 & 1 & 1 & 0 & 1 & 0 & 0 \\ 1 & 1 & 0 & 0 & 0 & 1 & 0 \\ 0 & 1 & 1 & 0 & 0 & 0 & 1 \end{bmatrix} \begin{bmatrix} c_6 \\ c_5 \\ c_4 \\ c_3 \\ c_2 \\ c_1 \\ c_0 \end{bmatrix} = \begin{bmatrix} 0 \\ 0 \\ 0 \\ 0 \end{bmatrix} \tag{8-24}$$

记为

$$Hc^{\mathrm{T}} = 0^{\mathrm{T}} \tag{8-25}$$

或

$$cH^{T} = 0 \tag{8-26}$$

式中

$$H = \begin{bmatrix} 1 & 0 & 1 & 1 & 0 & 0 & 0 \\ 1 & 1 & 1 & 0 & 1 & 0 & 0 \\ 1 & 1 & 0 & 0 & 0 & 1 & 0 \\ 0 & 1 & 1 & 0 & 0 & 0 & 1 \end{bmatrix} \tag{8-27}$$

称为该码的监督矩阵或检验矩阵。这里，$0 = [0 \ 0 \ 0 \ 0]$ 为零矩阵，$c = [c_6 c_5 \cdots c_1 c_0]$ 表示编码器的输出码字，c^{T}、H^{T} 和 0^{T} 分别为矩阵 c、H 和 0 的转置矩阵。

对于一般 (n, k) 线性分组码，其监督矩阵 H 是一个 $r = n - k$ 行、n 列的矩阵，H 阵的每一行代表一个监督方程，表示该行中"1"对应的码字码元的和为 0。只要监督矩阵 H 给定，编码时监督码元与信息码元的关系就确定了。另外，对于码集中的任一码字 c，一定满足 $Hc^{\mathrm{T}} = 0^{\mathrm{T}}$ 或 $cH^{\mathrm{T}} = 0$，因此，利用式(8-25)或式(8-26)可以检验接收码是否正确。

本例 H 矩阵的后 $r = 4$ 列构成一个单位阵，从而 H 矩阵可以分成两部分，即

$$H = [Q \ \vdots \ I_r] \tag{8-28}$$

这里 Q 为 $r \times k$ 阶矩阵，I_r 为 $r \times r$ 阶单位阵。具有 $[Q \ \vdots \ I_r]$ 形式的 H 矩阵称为标准监督矩阵(典型监督矩阵)。由线性代数理论可知，标准监督矩阵的各行一定是线性无关的，非标准监督矩阵可以通过初等行变换转换为标准监督矩阵，除非非标准监督矩阵各行线性相关。

2. 生成矩阵

(n, k) 线性分组码的编码器输入为信息组 $m = (m_{k-1} m_{k-2} \cdots m_1 m_0)$，输出为码字 $c = (c_{n-1} c_{n-2} \cdots c_1 c_0)$。为了导出码字与输入信息码元序列的关系，将式(8-22)改写成

$$\begin{cases} c_6 = c_6 \\ c_5 = c_5 \\ c_4 = c_4 \\ c_3 = c_6 + c_4 \\ c_2 = c_6 + c_5 + c_4 \\ c_1 = c_6 + c_5 \\ c_0 = c_5 + c_4 \end{cases} \tag{8-29}$$

并用矩阵形式表示为

$$[c_6 c_5 \cdots c_1 c_0] = [c_6 c_5 c_4] \begin{bmatrix} 1 & 0 & 0 & 1 & 1 & 1 & 0 \\ 0 & 1 & 0 & 0 & 1 & 1 & 1 \\ 0 & 0 & 1 & 1 & 1 & 0 & 1 \end{bmatrix} \tag{8-30}$$

考虑到本例为 $(7, 3)$ 系统线性分组码，码字 $c = (c_6 c_5 c_4 c_3 c_2 c_1 c_0)$ 的前 3 位为信息组 $m = (m_2 m_1 m_0)$，即 $(c_6 c_5 c_4) = (m_2 m_1 m_0)$，因此，式(8-30)可以改写为

$$[c_6 c_5 \cdots c_1 c_0] = [m_2 m_1 m_0] \begin{bmatrix} 1 & 0 & 0 & 1 & 1 & 1 & 0 \\ 0 & 1 & 0 & 0 & 1 & 1 & 1 \\ 0 & 0 & 1 & 1 & 1 & 0 & 1 \end{bmatrix} \tag{8-31}$$

即

$$c = mG \tag{8-32}$$

式中

$$G = \begin{bmatrix} 1 & 0 & 0 & 1 & 1 & 1 & 0 \\ 0 & 1 & 0 & 0 & 1 & 1 & 1 \\ 0 & 0 & 1 & 1 & 1 & 0 & 1 \end{bmatrix} \tag{8-33}$$

c 和 m 分别为编码器的输出码字和输入信息组，称矩阵 G 为该码的生成矩阵。本例矩阵 G 由 3 个行矢量组成，所有码字都是这 3 个行矢量的线性组合，即

$$c = m_2(1001110) + m_1(0100111) + m_0(0011101) \tag{8-34}$$

知道了生成矩阵，对于给定信息组 m，利用式(8-32)或式(8-34)就可以很容易地求出对应的码字 c。

可见，生成矩阵 G 起着编码器的变换作用，它建立了编码器输入信息组与输出码字之间的一一对应关系。对于一般的 (n, k) 线性分组码，其生成矩阵 G 为一 k 行、n 列的矩阵，任一码字 c 都是 G 中 k 个行矢量的线性组合。生成矩阵 G 中各行必须是线性无关的，因为只有各行线性无关才能组合出 (n, k) 线性分组码的所有 2^k 个许用码字，否则如果 G 中各行线性相关，就不可能组合出所有 2^k 个许用码字。

例 8.2　设 $(7, 3)$ 线性分组码的生成矩阵如式(8-33)所示。

(1) 计算码集，列出信息组与码字的映射关系；

(2) 求码字集合的最小码距。

解　(1) $(7, 3)$ 线性分组码的信息码元数 $k = 3$，码长 $n = 7$。设输入信息组 $m = (m_2 m_1 m_0)$，编码输出码字为 $c = (c_6 c_5 \cdots c_1 c_0)$。由于 3 位信息组共有 $2^3 = 8$ 种不同的组合，把每一种信息组合代入式(8-32)或式(8-34)就可计算出对应的 8 种不同的码字，这 8 种不同的码字就构成了该码的码集。例如，$m = (110)$，利用式(8-32)得到码字 $c = [110]$ $G = [1101001]$。求出本例 $(7, 3)$ 线性分组码的所有码字如表 8-3 所示。

表 8-3　$(7, 3)$ 线性分组码的信息组与码字

信息组	用生成矩阵 G 得到的码字	用生成矩阵 G' 得到的码字
000	0000000	0000000
001	0011101	1110100
010	0100111	0100111
011	0111010	1010011
100	1001110	1001110
101	1010011	0111010
110	1101001	1101001
111	1110100	0011101

(2) 由于线性分组码的最小码距等于码集中非零码字的最小汉明重量，由表 8-3 可得码字集合的最小码距 $d_{min} = 4$。

另外,由表 8-3 可以看出,(n,k) 线性分组码生成矩阵 G 的每一行本身就是一个码字。因此,如果能够找到码集中 k 个线性无关的已知码字,用它们作为生成矩阵 G 的各行,就构成了该码的生成矩阵。这 k 个线性无关的已知码字就构成了 (n,k) 线性分组码 k 维码空间的一组基底。

(n,k) 线性分组码的码字集合构成 k 维码空间,对于同一 (n,k) 线性分组码的码空间,由于码空间基底的选择不是唯一的,任何 k 个线性无关的已知码字都可以作为其一组基底。因此,可以由不同的生成矩阵生成同一码空间。当然,由于生成矩阵不同,编码器输入信息组与输出码字之间的对应关系就不同,由于编码涉及码集和映射关系两方面,因此它们属于不同的编码方法,但由于二者生成的码集是相同的,所以两种编码的纠错和检错能力是相同的。例如,用下式作为生成矩阵得到的码集与式 $(8-33)$ 作为生成矩阵得到的码集是相同的(见表 8-3)。

$$G' = \begin{bmatrix} 1 & 0 & 0 & 1 & 1 & 1 & 0 \\ 0 & 1 & 0 & 0 & 1 & 1 & 1 \\ 1 & 1 & 1 & 0 & 1 & 0 & 0 \end{bmatrix} \tag{8-35}$$

式 $(8-33)$ 生成矩阵 G 的前 $k=3$ 列构成一个单位阵,从而 G 矩阵可以分成两部分,即

$$G = [I_k \vdots P] \tag{8-36}$$

这里 P 为 $k \times (n-k)$ 阶矩阵,I_k 为 $k \times k$ 阶单位阵。具有 $[I_k \vdots P]$ 形式的 G 矩阵称为标准生成矩阵(典型生成矩阵)。由标准生成矩阵生成的码必然是系统码,非标准生成矩阵可以通过初等行变换(行变换、行的线性组合)化为标准生成矩阵,这一过程称为系统化。注意,系统化不改变码集,只改变映射关系,相同的码空间只对应唯一的标准生成矩阵。

由于 (n,k) 系统线性分组码的编码器仅需存储 $k \times (n-k)$ 个 P 矩阵系数,译码时仅需对码字的前 k 个信息码元进行检错和纠错,译码和编码过程相对简单,而性能与对应的非系统码相同,因此实际应用中常常采用系统码。

3. 生成矩阵与监督矩阵的关系

(n,k) 线性分组码的生成矩阵 G 与监督矩阵 H 有着非常密切的关系。由于生成矩阵 G 的每一行都是一个码字,所以 G 的每行都满足关系式 $cH^T = 0$,因此有

$$GH^T = 0 \quad \text{或} \quad HG^T = 0 \tag{8-37}$$

这里,0 为 $k \times (n-k)$ 阶零矩阵。

将式 $(8-36)$ 标准生成矩阵和式 $(8-28)$ 标准监督矩阵代入式 $(8-37)$ 可得

$$P = Q^T \quad \text{或} \quad Q = P^T \tag{8-38}$$

因此,标准生成矩阵和标准监督矩阵之间可以相互转换。二者的转换关系为

$$G = [I_k \vdots P] = [I_k \vdots Q^T] \quad \text{或} \quad H = [Q \vdots I_r] = [P^T \vdots I_r] \tag{8-39}$$

例 8.3 设 $(7,3)$ 线性分组码的生成矩阵如式 $(8-33)$ 所示,试写出对应的监督矩阵。

解 由于

$$G = \begin{bmatrix} 1 & 0 & 0 & 1 & 1 & 1 & 0 \\ 0 & 1 & 0 & 0 & 1 & 1 & 1 \\ 0 & 0 & 1 & 1 & 1 & 0 & 1 \end{bmatrix} = [I_k \vdots P]$$

这里,

$$I_k = \begin{bmatrix} 1 & 0 & 0 \\ 0 & 1 & 0 \\ 0 & 0 & 1 \end{bmatrix}, \quad P = \begin{bmatrix} 1 & 1 & 1 & 0 \\ 0 & 1 & 1 & 1 \\ 1 & 1 & 0 & 1 \end{bmatrix}$$

利用式(8-39)可得

$$H = [Q \; \vdots \; I_r] = [P^T \; \vdots \; I_r] = \begin{bmatrix} 1 & 0 & 1 & 1 & 0 & 0 & 0 & 0 \\ 1 & 1 & 1 & 0 & 1 & 0 & 0 & 0 \\ 1 & 1 & 0 & 0 & 0 & 1 & 0 & 0 \\ 0 & 1 & 1 & 0 & 0 & 0 & 1 & 1 \end{bmatrix}$$

结果与式(8-27)相同。

8.4.3　线性分组码的译码

1. 错误图样

设发送端发送的许用码字为 $c = (c_{n-1}c_{n-2}\cdots c_1 c_0)$，经过有扰信道传输后，信道译码器收到的码字为 $r = (r_{n-1}r_{n-2}\cdots r_1 r_0)$，由于信道中存在干扰，因此 r 中某些码元与 c 中对应码元的值可能不同，也就是说，二者之间存在误差，其误差为 $e = r - c$，也可以写成

$$r = c + e \tag{8-40}$$

式中，$e = (e_{n-1}e_{n-2}\cdots e_1 e_0)$ 称为差错序列或错误图样。错误图样 e 表示了收码 r 中具体哪些位发生了错误，即：若 e 中分量 $e_i = 0$，表示 $r_i = e_i$，则对应位无错；若 e 中分量 $e_i = 1$，表示 $r_i \neq c_i$，则对应位有错。

例如，如果发码 $r = (10111000)$，收码 $c = (10011100)$，则错误图样为 $e = r - c = (00100100)$，表示收码第三、六位发生了错误。

2. 伴随式与伴随式译码

(n, k) 线性分组码的每一许用码字 c 都满足 $Hc^T = 0^T$ 或 $cH^T = 0$，这里，H 为该码的监督矩阵。因此接收码字 r 后，可以用这两式之一进行检验，实现检错或者纠错。定义

$$s = rH^T \quad 或 \quad s^T = Hr^T \tag{8-41}$$

称 $s = (s_{r-1}s_{r-2}\cdots s_1 s_0)$ 为接收码 r 的伴随式(或校正子)。它是一个 $r(r = n-k)$ 重行矢量。把 $r = c + e$ 代入上式，可得

$$s = rH^T = (c + e)H^T = cH^T + eH^T = eH^T \tag{8-42}$$

或

$$s^T = He^T \tag{8-43}$$

将 H 表示为 $H = (h_1 h_2 \cdots h_{n-1} h_n)$，其中 h_i 表示 H 的第 i 列，h_i 是一个 $r(r = n-k)$ 重列矢量，代入式(8-43)可得

$$s^T = e_{n-1}h_1 + e_{n-2}h_2 + \cdots + e_0 h_n \tag{8-44}$$

设在码字的第 $i1, i2, \cdots, it$ 位有错，共有 t 位错码，则对应错误图样 e 为

$$e = (e_{n-1}e_{n-2}\cdots e_1 e_0) = (0, \cdots 0, e_{i1}, 0, \cdots 0, e_{i2}, 0, \cdots 0, e_{it}, 0, \cdots 0)$$

代入式(8-44)可得

$$s^T = e_{i1}h_{i1} + e_{i2}h_{i2} + \cdots + e_{it}h_{it} \tag{8-45}$$

上式表明，伴随式的转置 s^T 是 H 矩阵中相应于 $e_{ij} \neq 0 (j = 1, 2, \cdots, t)$ 的列矢量 h_{ij} 之

和。对于码字中只发生一位错码的情况，错误图样 e 中只有一个分量为 1，而其他分量均为 0，则 s^T 就等于 H 矩阵的对应列矢量。

通过以上分析，可得到如下结论：

(1) 伴随式只与错误图样有关，而与发送的具体码字无关，即伴随式仅由错误图样决定。

(2) 伴随式是错误的判别式，若 $s=0$，表示接收的是一个许用码字，可以判断为无错码出现；若 $s\neq0$，则判为有错码出现。当然，如果发送的是一个许用码字，而接收到的是另一个许用码字，此时也有 $s=0$。这种情况已经超出了该码的检错能力，无法检测出错误。

(3) 对于二元码，伴随式的转置 s^T 是 H 矩阵中与错误码元对应列之和。对于纠一位错码的情况，伴随式的转置就是 H 矩阵中与这一错码对应的列矢量。据此可以指示错码位置，进行纠错。

例 8.4 已知 (7，3) 线性分组码的监督矩阵为

$$H=\begin{bmatrix} 1 & 0 & 1 & 1 & 0 & 0 & 0 \\ 1 & 1 & 1 & 0 & 1 & 0 & 0 \\ 1 & 1 & 0 & 0 & 0 & 1 & 0 \\ 0 & 1 & 1 & 0 & 0 & 0 & 1 \end{bmatrix}$$

发送码字为 $c=(1110100)$，试计算下列情况下的错误图样和伴随式：

(1) 收码为 $r=(1110100)$；

(2) 收码为 $r=(1100100)$；

(3) 收码为 $r=(0010100)$；

(4) 收码为 $r=(1100000)$。

解 (1) 此时，收码与发码相等，错误图样 $e=r-c=(0000000)$，利用式 (8-42) 可得伴随式 $s=(0000)$，译码器判断无错码。

(2) 错误图样 $e=r-c=(0010000)$，收码第 3 位出错，利用式 (8-45) 可知 s^T 为 H 矩阵第 3 列，即

$$s^T=[1 \quad 1 \quad 0 \quad 1]^T\neq[0 \quad 0 \quad 0 \quad 0]^T$$

可见，伴随式的转置 s^T 是 H 矩阵第 3 列。

(3) 错误图样 $e=r-c=(1100000)$，收码第 1、2 位出错，利用式 (8-45) 可知 s^T 是 H 矩阵第 1、2 列之和，即

$$s^T=\begin{bmatrix} 1 \\ 1 \\ 1 \\ 0 \end{bmatrix}+\begin{bmatrix} 0 \\ 1 \\ 1 \\ 1 \end{bmatrix}=\begin{bmatrix} 1 \\ 0 \\ 0 \\ 1 \end{bmatrix}\neq\begin{bmatrix} 0 \\ 0 \\ 0 \\ 0 \end{bmatrix}$$

(4) 错误图样 $e=r-c=(0010100)$，收码第 3、5 位出错，利用式 (8-45) 可知 s^T 是 H 矩阵第 3、5 列之和，即

$$s^T=\begin{bmatrix} 1 \\ 1 \\ 0 \\ 1 \end{bmatrix}+\begin{bmatrix} 0 \\ 1 \\ 0 \\ 0 \end{bmatrix}=\begin{bmatrix} 1 \\ 0 \\ 0 \\ 1 \end{bmatrix}\neq\begin{bmatrix} 0 \\ 0 \\ 0 \\ 0 \end{bmatrix}$$

可见，这种情况下的伴随式与 (3) 中伴随式相同。

从例 8.4 可以看出，由于该例中 $\boldsymbol{H}$ 矩阵每一列均不为全零，且每列均不同，因此当发生一个错误时，错误图样只有一个分量为 1，其他分量均为 0，此时伴随式 $s \neq \boldsymbol{0}$，且 s^{T} 是 $\boldsymbol{H}$ 相应的列矢量。因此，码字错误发生的位置不同，就得到不同的非 0 伴随式，从而可以由这些不同的伴随式求得不同的错误图样，因此该 (7,3) 线性分组码能纠正单个错误。而当发生两个错误时，虽然 $s \neq \boldsymbol{0}$，可以判断有错，但不能纠正。例如，例 8.4 中第 1、2 位出错和第 3、5 位出错，所得到的伴随式是相同的，所以不能判断是由哪几位错误引起的。可见该码能够纠正一个错误，同时发现两个错误。这是很显然的，因为例 8.4 和例 8.2 是同一 (7,3) 线性分组码，从例 8.2 我们知道，该码的最小码距 $d_{\min} = 4$。

由以上分析看出，一个 (n, k) 线性分组码要纠正 t 个错误，则要求 t 个错误所有可能组合的错误图样都必须有不同的伴随式与之对应。

监督矩阵 $\boldsymbol{H}$ 与线性分组码的纠错能力和最小码距有密切关系，有以下结论：

(1) 一个 (n, k) 线性分组码要纠正小于等于 t 个错误，其充要条件是 $\boldsymbol{H}$ 矩阵中任意 $2t$ 列线性无关。

(2) (n, k) 线性分组码最小码距等于 $d_{\min}$ 的充要条件的 $\boldsymbol{H}$ 矩阵中至少有一组 $d_{\min}$ 列线性相关，而任意 $d_{\min} - 1$ 列线性无关。

(3) (n, k) 线性分组码的最小码距必定小于等于 $(n - k + 1)$，即

$$d_{\min} \leqslant n - k + 1 \tag{8-46}$$

由结论 (2) 可知，交换线性分组码监督矩阵 $\boldsymbol{H}$ 的各列，并不会影响码的纠错能力。也就是说，所有列相同但排列位置不同的 $\boldsymbol{H}$ 矩阵所对应的线性分组码，在纠错能力上是完全相同的。

利用伴随式进行线性分组码译码的步骤可归结为以下三步：

(1) 由接收码字 r 计算伴随式 $s = r\boldsymbol{H}^{\mathrm{T}}$。

(2) 若 $s = 0$，则认为接收码字无误，即错误图样的估值 $\hat{e} = 0$；若 $s \neq 0$，则根据伴随式与错误图样的对应关系，找出与错误图样的估值 $\hat{e}$。

(3) 计算发送码字的估值 $\hat{c} = r - \hat{e}$。

显然，对于纠正单个错误的线性分组码，由于伴随式 s、错误图样 e 和监督矩阵 $\boldsymbol{H}$ 的列存在简单的对应关系，因此利用伴随式译码的方法是很简单的。但对于纠正多个错误的线性分组码而言，如何由 s 求得错误图样的估值 $\hat{e}$ 就比较复杂。此时一般采用标准阵列译码方法，这方面的内容本章不再讨论，请读者参考其他纠错码文献。

8.4.4　完备码与汉明码

前述已知，二元 (n, k) 线性分组码的伴随式 s 是一个 $n - k$ 重行矢量，共有 2^{n-k} 种可能的组合。另一方面，n 个码元中，无一错误的图样有 $C_n^0 = 1$ 种，一个错误的图样有 C_n^1 种，$\cdots$，t 个错误的图样有 C_n^t 种。假如该码的纠错能力为 t，则对于任何一个重量小于等于 t 的错误图样，都应有唯一的一个伴随式组合与之对应，即伴随式组合的数目必须满足

$$2^{n-k} \geqslant C_n^0 + C_n^1 + C_n^2 + \cdots + C_n^t = \sum_{i=0}^{t} C_n^i \tag{8-47}$$

式中 C_n^i 表示 n 中取 i 的组合。式 (8-47) 所给条件称为汉明限。如果该式取等号，即该码的

伴随式组合的数目不多不少恰好和不大于 t 个错误图样的数目相等，此时伴随式与可纠错误图样一一对应，校验位得到最充分的利用，这时的二元 (n,k) 线性分组码称为完备码。

纠错能力 $t=1$ 的完备码称为汉明码。汉明码属于线性分组码，1950 年由美国人 Hamming（汉明）提出。汉明码具有编码效率高、译码简单等特点，在实际中得到了广泛应用。

由式（8-47）可知，二元 (n,k) 汉明码满足关系式：

$$2^{n-k}=1+n \tag{8-48}$$

可见，二元 (n,k) 汉明码的监督码元位数 $r=n-k$，码长 $n=2^r-1$，信息码元位数 $k=2^r-1-r$，编码效率 $R=k/n=1-r/n=1-r/(2^r-1)$。当码长较长的，编码效率趋于 1，所以汉明码是一种高效码。另外，由于汉明码恰能纠正单个随机错误，因此其最小码距 $d_{\min}=3$。

由于汉明码仅能纠正一个错误，要求其监督矩阵即校验矩阵 $\boldsymbol{H}$ 的任意两列线性无关，对于二元汉明码，就是要求其 $\boldsymbol{H}$ 矩阵各列互不相同，且不能全为零。另一方面，(n,k) 汉明码的 $\boldsymbol{H}$ 矩阵是一个 $(n-k)\times n=r\times n$ 阶矩阵，这里，$n=2^r-1$，$r=n-k$ 是校验元的数目。显然，r 个校验元能够组成 2^r 个互不相同的 r 重列矢量，其中非零列矢量有 2^r-1 个，正好与 (n,k) 汉明码 $\boldsymbol{H}$ 矩阵的列数相等，如果用这 2^r-1 个非全零的列矢量作为 $\boldsymbol{H}$ 矩阵的全部列，则此 $\boldsymbol{H}$ 矩阵的各列均不相同，且无全零列，由此构成的 $\boldsymbol{H}$ 矩阵就是能够纠正一个错误的 (n,k) 汉明码。

另外，由于交换监督矩阵 $\boldsymbol{H}$ 的各列，并不影响码的纠错能力，因此，可以通过列交换，把非标准形式的监督矩阵 $\boldsymbol{H}$ 转换为标准形式，得到标准形式生成矩阵，生成系统汉明码。

汉明码的纠错译码过程也很简单。假设二元 (n,k) 汉明码在传输中仅第 i 位发生错误，则对应错误图样 e 中只有第 i 分量为 1，而其他分量均为 0，由式（8-45）可知

$$\boldsymbol{s}^{\mathrm{T}}=\boldsymbol{h}_i \tag{8-49}$$

即相应伴随式的转置恰好等于监督矩阵 $\boldsymbol{H}$ 的第 i 列矢量，据此可以方便地进行纠错译码。

例 8.5 构造监督码元数目 $r=3$ 的二元汉明码，写出其标准监督矩阵和标准生成矩阵。

解 根据二元汉明码码长与监督码元数目的关系可知，码长 $n=2^r-1=7$，信息位数目 $k=n-r=4$，该汉明码为 $(7,4)$ 汉明码。监督矩阵为 3×7 阶矩阵。三位二进制码元的非全零组合有 001、010、011、100、101、110 和 111 共 7 种，以它们作为 $(7,4)$ 汉明码监督矩阵 $\boldsymbol{H}$ 的各列可得

$$\boldsymbol{H}=\begin{bmatrix} 0 & 0 & 0 & 1 & 1 & 1 & 1 \\ 0 & 1 & 1 & 0 & 0 & 1 & 1 \\ 1 & 0 & 1 & 0 & 1 & 0 & 1 \end{bmatrix}$$

这样得到的 $\boldsymbol{H}$ 矩阵不是标准形式，交换 $\boldsymbol{H}$ 矩阵各列将其转换为标准监督矩阵 $\boldsymbol{H}_s$，得到

$$\boldsymbol{H}_s=\begin{bmatrix} 1 & 1 & 0 & 1 & 1 & 0 & 0 \\ 1 & 1 & 1 & 0 & 0 & 1 & 0 \\ 1 & 0 & 1 & 1 & 0 & 0 & 1 \end{bmatrix}$$

对应标准生成矩阵 $\boldsymbol{G}_s$ 为

$$\boldsymbol{G}_s=\begin{bmatrix} 1 & 0 & 0 & 0 & 1 & 1 & 1 \\ 0 & 1 & 0 & 0 & 1 & 1 & 0 \\ 0 & 0 & 1 & 0 & 0 & 1 & 1 \\ 0 & 0 & 0 & 1 & 1 & 0 & 1 \end{bmatrix}$$

由标准生成矩阵 G_s 可以生成 $(7，4)$ 系统汉明码。

8.5　循　环　码

循环码是线性分组码的一个重要子类，它除了具有线性分组码的一般特点外，还具有循环特性和优良的代数结构。由于这些特性的存在，使得循环码编/译码算法的复杂度比一般线性分组码简单且容易实现，因此循环码在实用的差错控制系统中得到了广泛应用。

本节首先讨论循环码的基本原理和编译码方法，并引入循环码生成多项式和监督多项式的概念，最后简单讨论循环码的编译码实现电路。

8.5.1　循环码原理

1. 循环码的定义

对于一个 $(n，k)$ 线性分组码，若将其任意一个许用码字 $(c_{n-1}c_{n-2}\cdots c_1 c_0)$ 向左或向右循环移动一位，所得到的码字 $(c_{n-2}\cdots c_1 c_0 c_{n-1})$ 或 $(c_0 c_{n-1}c_{n-2}\cdots c_1)$ 仍然是该码的一个许用码字，则称该码为循环码。

依此定义，对于循环码中的任一码字，对其进行循环左移或循环右移，无论移动多少位，所得到的结果均为该循环码的一个码字。这就是循环码的循环特性。

例 8.6　已知某 $(7，4)$ 循环码的生成矩阵为

$$G = \begin{bmatrix} 1 & 0 & 0 & 0 & 1 & 0 & 1 & 1 \\ 0 & 1 & 0 & 0 & 1 & 1 & 1 & 1 \\ 0 & 0 & 1 & 0 & 1 & 1 & 1 & 0 \\ 0 & 0 & 0 & 1 & 1 & 0 & 1 & 1 \end{bmatrix}$$

试求出其全部码字并分析其循环特性。

解　该码共有 $2^4 = 16$ 种许用码字。令信息组 m 依次等于 (0000)、(0001)、$\cdots$、(1111)，代入 $c = mG$ 式，可得所有 16 个码字。经分析，可将这 16 个码字归结为 4 个循环环，如表 8-4 所示。

表 8-4　$(7，4)$ 循环码码字循环表

第一循环	第二循环	第三循环	第四循环
(1011000)	(1110100)		
(0110001)	(1101001)		
(1100010)	(1010011)		
(1000101)	(0100111)	(1111111)	(0000000)
(0001011)	(1001110)		
(0010110)	(0011101)		
(0101100)	(0111010)		

从表 8-4 中可以看出，该码的全"1"码字和全"0"码字各自构成一个封闭的循环，其余码字形成两个周期为 7 的循环。事实上，循环码是线性码，因此一定包括全"0"码字，即任

何循环码一定包括全"0"码字循环。另外，由于(n,k)循环码的码字长度为n，任一码字循环移位n次必然变回到原码字，因此每一循环环的循环周期最长为n。可见，(n,k)循环码的所有2^k个码字并不是由一个码字循环得到的，码字循环一般有多个。

2. 循环码的码多项式

在代数编码理论中，为了便于用代数的理论分析循环码，通常把循环码中的码字用多项式来表示，称为码多项式。它把码字中各码元当作一个多项式的系数，即把一个n长的码字$c=(c_{n-1}c_{n-2}\cdots c_1 c_0)$用一个次数不超过$(n-1)$的多项式表示为

$$C(x)=c_{n-1}x^{n-1}+c_{n-2}x^{n-2}+\cdots+c_1 x+c_0 \tag{8-50}$$

式中，x^i是码元位置的标记，它表示由其系数所决定的码元值所处的对应位置。显然，码字与码多项式是一一对应的，二者只是形式不同，表示的含义是相同的。对于二进制编码，由于码元为二进制码元，码多项式的系数$c_i(i=n-1, n-2, \cdots, 1, 0)$只能取0或1，码多项式运算时，其系数按照模2规则运算。

例如，例8.6中的码字$c_1=(1011000)$和$c_2=(0110001)$的码多项式分别为$C_1(x)=x^6+x^4+x^3$和$C_2(x)=x^5+x^4+1$，且$C_1(x)+C_2(x)=x^6+x^5+x^3+1$。

3. 码多项式的按模运算及循环性表示

在整数运算中，有按模运算。整数的模n运算是这样定义的，若一整数m可以表示为

$$\frac{m}{n}=Q+\frac{p}{n} \qquad 0\leqslant p<n \tag{8-51}$$

式中，Q为整数，p为m被n除后的余数，则在模n运算下，有

$$m\equiv p(\bmod n) \tag{8-52}$$

也就是说，在模n运算下，一个整数m等于其被n除后的余数。

同样对于码多项式$C(x)$而言，也有类似的按模运算。若

$$\frac{C(x)}{N(x)}=Q(x)+\frac{R(x)}{N(x)} \tag{8-53}$$

式中，$N(x)$为除式，$Q(x)$为商式，$R(x)$为余式，$R(x)$的幂次低于除式$N(x)$的幂次，则

$$C(x)\equiv R(x)[\bmod N(x)] \tag{8-54}$$

也就是说，在模$N(x)$运算下，码多项式$C(x)$等于其被$N(x)$除后的余式$R(x)$。式(8-54)也可以记为

$$C(x)\bmod N(x)=R(x) \tag{8-55}$$

例如，$x^4+x^2+1\equiv(x^2+x+1)[\bmod(x^3+1)]$，因为

$$\frac{x^4+x^2+1}{x^3+1}=x+\frac{x^2+x+1}{x^3+1}$$

将循环码码集中的任一许用码字$c=(c_{n-1}c_{n-2}\cdots c_1 c_0)$循环左移一位变为$c_1=(c_{n-2}\cdots c_1 c_0 c_{n-1})$，对应的码多项式从$C(x)=c_{n-1}x^{n-1}+c_{n-2}x^{n-2}+\cdots+c_1 x+c_0$变为$C_1(x)=c_{n-2}x^{n-1}+\cdots+c_1 x^2+c_0 x+c_{n-1}$。一般地，我们以$C_i(x)$表示$C(x)$对应码字循环左移$i$位形成的码多项式。根据循环码的循环特性可知，$C_i(x)$也必是码集中的许用码字。

将$C(x)$乘以x得到

$$xC(x)=c_{n-1}x^n+c_{n-2}x^{n-1}+\cdots+c_1 x^2+c_0 x \tag{8-56}$$

再除以x^n+1，可得

$$\frac{xC(x)}{x^n+1}=c_{n-1}+\frac{c_{n-2}x^{n-1}+\cdots+c_1x^2+c_0x+c_{n-1}}{x^n+1}=c_{n-1}+\frac{C_1(x)}{x^n+1} \qquad (8-57)$$

即

$$xC(x)\equiv C_1(x)[\bmod(x^n+1)] \qquad (8-58)$$

可见，码多项式 $C(x)$ 乘以 x 再除以 x^n+1 所得到的余式就是原码字循环左移一位的码多项式。可以推知，$C(x)$ 的循环左移 i 位对应的码多项式 $C_i(x)$ 是 $C(x)$ 乘以 x^i 再除以 x^n+1 所得到的余式，即

$$x^iC(x)\equiv C_i(x)[\bmod(x^n+1)] \qquad (8-59)$$

4. 循环码的生成多项式与生成矩阵

(n,k) 循环码属于线性分组码，根据线性分组码生成矩阵的构成方法，只要能够找到 k 个线性无关的已知码字，用它们分别作为生成矩阵的各行就构成了 (n,k) 循环码的生成矩阵 $\boldsymbol{G}$。在 (n,k) 循环码的 2^k 个许用码字中，若用 $g(x)$ 表示其中前 $(k-1)$ 位均为 0 的、第 k 位非 0 的许用码字，即 $g(x)$ 为次数为 $n-k$ 的码多项式，再将 $g(x)$ 分别左移 $(k-1)$ 位，得到 $g(x)$、$xg(x)$、$\cdots$、$x^{k-1}g(x)$ 共 k 个码组，根据循环码的循环特性可知，这 k 个码组都是许用码组，且线性无关，可作为生成矩阵 $\boldsymbol{G}$ 的 k 行，于是得到 (n,k) 循环码的生成矩阵为

$$\boldsymbol{G}(x)=\begin{bmatrix} x^{k-1}g(x) \\ x^{k-2}g(x) \\ \vdots \\ xg(x) \\ g(x) \end{bmatrix} \qquad (8-60)$$

称 $g(x)$ 为 (n,k) 循环码的生成多项式。一旦确定了 $g(x)$，则整个 (n,k) 循环码也就确定了。值得注意的是，按照式 (8-60) 构成的生成矩阵一般不是标准生成矩阵，通过初等行变换可以将其转换为标准生成矩阵。

(n,k) 循环码的生成多项式 $g(x)$ 具有以下性质：

(1) $g(x)$ 是一个常数项不为 0 的 (n,k) 次码多项式，而且是唯一的。

在循环码中除全"0"码组外，再没有连续 k 位均为"0"的码组，即连续为"0"的长度最多只能有 $(k-1)$ 位；否则，在经过若干次循环移位后将得到一个 k 位信息位全为"0"，但监督位不全为"0"的码组，这在线性码中显然是不可能的。因此，$g(x)$ 必须是一个常数项不为"0"的 $(n-k)$ 次码多项式。而且，$g(x)$ 还是该 (n,k) 循环码码集中次数为 $(k-1)$ 的唯一码多项式。因为如果存在两个不同的 $(n-k)$ 次码多项式，则由码的封闭性，把这两个不同的 $(n-k)$ 次码多项式相加将得到一个次数小于 $(n-k)$ 的非零码多项式，即连续"0"的个数多于 $(k-1)$。显然，这与前面的结论矛盾，故是不可能的。

从以上分析还可以看出，除全"0"码组外，生成多项式 $g(x)$ 是 (n,k) 循环码中次数最低的码多项式。

(2) 所有码多项式 $C(x)$ 都可以被 $g(x)$ 整除，而且任一次数不大于 $(k-1)$ 的多项式乘以 $g(x)$ 都是码多项式。

设 (n,k) 循环码输入信息组为 $\boldsymbol{m}=(m_{k-1}m_{k-2}\cdots m_0)$，生成矩阵为 $\boldsymbol{G}(x)$，根据线性分组码编码器输入、输出与生成矩阵的关系，可得相应码多项式 $C(x)$ 为

$$C(x) = \boldsymbol{m}G(x) = \begin{bmatrix} m_{k-1}m_{k-2}\cdots m_0 \end{bmatrix} \begin{bmatrix} x^{k-1}g(x) \\ x^{k-2}g(x) \\ \vdots \\ xg(x) \\ g(x) \end{bmatrix}$$

$$= m_{k-1}x^{k-1}g(x) + m_{k-2}x^{k-2}g(x) + \cdots + m_0 g(x)$$

$$= (m_{k-1}x^{k-1} + m_{k-2}x^{k-2} + \cdots + m_0)g(x)$$

$$= M(x)g(x) \tag{8-61}$$

式中，$g(x)$ 为生成多项式，$M(x) = m_{k-1}x^{k-1} + m_{k-2}x^{k-2}\cdots + m_0$ 为信息组的多项式，称为信息多项式，它是一次数不大于 $(k-1)$ 的多项式，与 k 重信息组 $\boldsymbol{m} = (m_{k-1}m_{k-2}\cdots m_0)$ 相对应。

式 $(8-61)$ 表明，循环码的任一码多项式 $C(x)$ 都是 $g(x)$ 的倍式，它等于信息多项式 $M(x)$ 与生成多项式 $g(x)$ 的乘积。这就说明，一个循环码只要确定了生成多项式，编码问题也就解决了。所以，设计循环码的关键在于寻找一个适当的生成多项式 $g(x)$。

另外需要指出的是，由于式 $(8-60)$ 中的生成矩阵 $G(x)$ 一般不是标准生成矩阵，因此利用式 $(8-61)$ 编码生产的循环码通常是非系统码。

（3）(n,k) 循环码的生成多项式 $g(x)$ 一定是 (x^n+1) 的 $(n-k)$ 次因式；反之，如果多项式 $g(x)$ 是 (x^n+1) 的 $(n-k)$ 次因式，则 $g(x)$ 一定是某 (n,k) 循环码的生成多项式。

由于 $g(x)$ 是 $(n-k)$ 次多项式，所以 $x^k g(x)$ 为 n 次多项式。又由于 $g(x)$ 本身是一个码字，由式 $(8-59)$ 可知，$x^k g(x)$ 在模 (x^n+1) 运算下仍为一个码字 $C(x)$，即

$$\frac{x^k g(x)}{x^n+1} = Q(x) + \frac{C(x)}{x^n+1} \tag{8-62}$$

上式左端分子和分母都是 n 次多项式，故商式 $Q(x) = 1$。因此，上式可以简化成

$$x^k g(x) = (x^n+1) + C(x)$$

由式 $(8-61)$ 可知，$C(x) = M(x)g(x)$，将其代入上式可得

$$x^n + 1 = x^k g(x) + M(x)g(x) = g(x)[x^k + M(x)] \tag{8-63}$$

式 $(8-63)$ 表明，生成多项式 $g(x)$ 是 (x^n+1) 的 $(n-k)$ 次因式。

此性质为我们寻找 (n,k) 循环码的生成多项式指出了一条道路，即首先对 (x^n+1) 实施因式分解，然后选取其中的 $(n-k)$ 次因式作为 (n,k) 循环码的生成多项式。

例如，对于 $(7,4)$ 循环码，$n=7$，$k=4$，$n-k=3$。对 (x^7+1) 在二元域中分解因式，可得

$$x^7 + 1 = (x+1)(x^3+x^2+1)(x^3+x+1)$$

则 $(7,4)$ 循环码的生成多项式可以选为

$$g_1(x) = x^3 + x^2 + 1$$

或者

$$g_2(x) = x^3 + x + 1$$

两种生成多项式分别产生两种不同的 $(7,4)$ 循环码，例如，例 8.6 中的 $(7,4)$ 循环码的生成多项式就是 $g_2(x) = x^3 + x + 1$。

例 8.7　已知某 $(7, 4)$ 循环码的生成多项式为 $g(x) = x^3 + x + 1$，求其生成矩阵 $\boldsymbol{G}$。

解　由式 $(8-60)$ 可得，其生成矩阵为

$$\boldsymbol{G}(x) = \begin{bmatrix} x^3 g(x) \\ x^2 g(x) \\ x g(x) \\ g(x) \end{bmatrix} = \begin{bmatrix} x^6 + x^4 + x^3 \\ x^5 + x^3 + x^2 \\ x^4 + x^2 + x \\ x^3 + x + 1 \end{bmatrix}$$

或者

$$\boldsymbol{G} = \begin{bmatrix} 1 & 0 & 1 & 1 & 0 & 0 & 0 \\ 0 & 1 & 0 & 1 & 1 & 0 & 0 \\ 0 & 0 & 1 & 0 & 1 & 1 & 0 \\ 0 & 0 & 0 & 1 & 0 & 1 & 1 \end{bmatrix}$$

上式中的生成矩阵 $\boldsymbol{G}$ 不是标准生成矩阵，为了将其变成标准生成矩阵 $\boldsymbol{G}_s$，可进行初等行变换，将 $\boldsymbol{G}$ 矩阵的第 2 行和第 4 行相加作为 $\boldsymbol{G}_s$ 的第 2 行，将 $\boldsymbol{G}$ 矩阵的第 1 行、第 3 行和第 4 行相加作为 $\boldsymbol{G}_s$ 的第 1 行，得到对应标准生成矩阵为

$$\boldsymbol{G}_s = \begin{bmatrix} 1 & 0 & 0 & 0 & 1 & 0 & 1 \\ 0 & 1 & 0 & 0 & 1 & 1 & 1 \\ 0 & 0 & 1 & 0 & 1 & 1 & 0 \\ 0 & 0 & 0 & 1 & 0 & 1 & 1 \end{bmatrix}$$

将 $\boldsymbol{G}_s$ 与例 8.6 的标准生成矩阵相比较可知，二者是相等的。

5. 循环码的监督多项式与监督矩阵

如前所述，我们知道，(n, k) 循环码的生成多项式 $g(x)$ 一定是 $(x^n + 1)$ 的 $(n-k)$ 次因式，记为

$$x^n + 1 = g(x) h(x) \tag{8-64}$$

由于 $g(x)$ 是 $(n-k)$ 次多项式，则 $h(x)$ 必然为 k 次多项式，二者分别记为

$$g(x) = g_{n-k} x^{n-k} + \cdots + g_1 x + g_0 \tag{8-65}$$

$$h(x) = h_k x^k + \cdots + h_1 x + h_0 \tag{8-66}$$

称 $h(x)$ 为 (n, k) 循环码的监督多项式或校验多项式。很容易验证，对于任意一个码多项式 $C(x)$，必有

$$C(x) h(x) \equiv 0 (\bmod x^n + 1) \tag{8-67}$$

因为

$$C(x) h(x) = M(x) g(x) h(x) = M(x)(x^n + 1)$$

所以 $C(x) h(x)$ 一定能够被 $x^n + 1$ 整除。利用监督多项式 $h(x)$ 的这一性质，在接收端可以对循环码传输过程是否发生了错误进行检验。

$g(x)$ 与 $h(x)$ 乘积是 n 次多项式，记为

$$g(x) h(x) = a_0 + a_1 x + \cdots + a_{n-1} x^{n-1} + a_n x^n \tag{8-68}$$

将式 $(8-65)$ 和式 $(8-66)$ 代入式 $(8-64)$，并比较等式两边多项式各次项的系数，可知，除了零次项系数 $a_0 = g_0 h_0 = 1$ 以及 n 次项系数 $a_n = g_{n-k} h_k = 1$ 外，其余各次项系数全部为零，即

$$\begin{cases} a_1 = g_1h_0 + g_0h_1 = 0 \\ a_2 = g_2h_0 + g_1h_1 + g_0h_2 = 0 \\ \qquad\cdots \\ a_l = \sum_{i=0}^{l} g_ih_{l-i} = 0 \quad (l = 1,2\cdots,n-1) \\ \qquad\cdots \\ a_{n-1} = g_{n-k}h_{k-1} + g_{n-k-1}h_k = 0 \end{cases} \tag{8-69}$$

由式(8-60)并结合式(8-65)可知,(n,k)循环码的生成矩阵 $\boldsymbol{G}$ 可以写为

$$\boldsymbol{G} = \begin{bmatrix} g_{n-k} & g_{n-k-1} & \cdots & g_0 & 0 & 0 & \cdots & 0 \\ 0 & g_{n-k} & g_{n-k-1} & \cdots & g_0 & 0 & \cdots & 0 \\ \vdots & & & & & & & \vdots \\ 0 & \cdots & 0 & g_{n-k} & \cdots & g_1 & g_0 & 0 \\ 0 & \cdots & 0 & 0 & g_{n-k} & \cdots & g_1 & g_0 \end{bmatrix}_{k \times n} \tag{8-70}$$

利用式(8-69),分析 $g(x)$ 和 $h(x)$ 各系数之间的关系,可知(n,k)循环码的监督矩阵 $\boldsymbol{H}$ 为

$$\boldsymbol{H} = \begin{bmatrix} h_0 & h_1 & \cdots & h_k & 0 & 0 & \cdots & 0 \\ 0 & h_0 & h_1 & \cdots & h_k & 0 & \cdots & 0 \\ \vdots & & & & & & & \vdots \\ 0 & \cdots & 0 & h_0 & h_1 & \cdots & h_k & \\ 0 & \cdots & 0 & 0 & h_0 & h_1 & \cdots & h_k \end{bmatrix}_{(n-k) \times n} \tag{8-71}$$

由式(8-70)、式(8-71)和式(8-69)可以验证

$$\boldsymbol{G}\boldsymbol{H}^{\mathrm{T}} = \begin{bmatrix} a_{n-k} & a_{n-k-1} & \cdots & a_1 \\ a_{n-k+1} & a_{n-k} & \cdots & a_2 \\ \vdots & \vdots & & \vdots \\ a_{n-1} & a_{n-2} & \cdots & a_k \end{bmatrix}_{k \times (n-k)} = \boldsymbol{0}$$

这就证明了式(8-71)满足 $\boldsymbol{G}\boldsymbol{H}^{\mathrm{T}} = \boldsymbol{0}$ 的条件,按照式(8-71)确定的矩阵 $\boldsymbol{H}$ 的确是(n,k)循环码的监督矩阵。

为了使监督矩阵与式(8-60)生成矩阵 $\boldsymbol{G}(x)$ 的表示方法相一致,定义(n,k)循环码监督多项式 $h(x) = h_kx^k + \cdots + h_1x + h_0$ 的互逆(互反)多项式为

$$h^*(x) = x^kh(x^{-1}) = h_0x^k + \cdots + h_{k-1}x + h_k \tag{8-72}$$

则(n,k)循环码的监督矩阵 $\boldsymbol{H}(x)$ 可以表示为

$$\boldsymbol{H}(x) = \begin{bmatrix} x^{n-k-1}h^*(x) \\ x^{n-k-2}h^*(x) \\ \vdots \\ xh^*(x) \\ h^*(x) \end{bmatrix} \tag{8-73}$$

监督矩阵与生成矩阵相对应,式(8-73)中的监督矩阵 $\boldsymbol{H}(x)$ 一般也不是标准监督矩阵,可以通过初等变换将其转换为标准监督矩阵。

例 8.8 已知某 $(7,4)$ 循环码的生成多项式为 $g(x)=x^3+x+1$，求其监督矩阵 $\boldsymbol{H}$。

解 $(7,4)$ 循环码的监督多项式 $h(x)=\dfrac{x^n+1}{g(x)}=\dfrac{x^7+1}{x^3+x+1}=x^4+x^2+x+1$，互逆多项式为 $h^*(x)=x^4h(x^{-1})=x^4+x^3+x^2+1$，其监督矩阵 $\boldsymbol{H}(x)$ 为

$$\boldsymbol{H}(x)=\begin{bmatrix} x^2h^*(x) \\ xh^*(x) \\ h^*(x) \end{bmatrix}=\begin{bmatrix} x^6+x^5+x^4+x^2 \\ x^5+x^4+x^3+x \\ x^4+x^3+x^2+1 \end{bmatrix}$$

或者

$$\boldsymbol{H}=\begin{bmatrix} 1 & 1 & 1 & 0 & 1 & 0 & 0 \\ 0 & 1 & 1 & 1 & 0 & 1 & 0 \\ 0 & 0 & 1 & 1 & 1 & 0 & 1 \end{bmatrix}$$

由例 8.7 可知，该码的生成矩阵 $\boldsymbol{G}$ 为

$$\boldsymbol{G}=\begin{bmatrix} 1 & 0 & 1 & 1 & 0 & 0 & 0 \\ 0 & 1 & 0 & 1 & 1 & 0 & 0 \\ 0 & 0 & 1 & 0 & 1 & 1 & 0 \\ 0 & 0 & 0 & 1 & 0 & 1 & 1 \end{bmatrix}$$

可以验证

$$\boldsymbol{G}\boldsymbol{H}^{\mathrm{T}}=\begin{bmatrix} 1 & 0 & 1 & 1 & 0 & 0 & 0 \\ 0 & 1 & 0 & 1 & 1 & 0 & 0 \\ 0 & 0 & 1 & 0 & 1 & 1 & 0 \\ 0 & 0 & 0 & 1 & 0 & 1 & 1 \end{bmatrix}\begin{bmatrix} 1 & 0 & 0 \\ 1 & 1 & 0 \\ 1 & 1 & 1 \\ 0 & 1 & 1 \\ 1 & 0 & 1 \\ 0 & 1 & 0 \\ 0 & 0 & 1 \end{bmatrix}=\begin{bmatrix} 0 & 0 & 0 \\ 0 & 0 & 0 \\ 0 & 0 & 0 \\ 0 & 0 & 0 \end{bmatrix}=\boldsymbol{0}$$

8.5.2 循环码的编码

1. 系统循环码的构造方法

从原理上说，选定了循环码的生成多项式 $g(x)$，就可以按照式 $(8-61)C(x)=M(x)g(x)$ 进行编码，这里 $M(x)$（次数不大于 $k-1$）为信息多项式，$C(x)$ 为码多项式。但按照这种方法得出的循环码通常并非系统码，而实际中常常希望循环码又是系统码，称为系统循环码。下面介绍系统循环码的构造方法。

(n,k) 系统循环码的前 k 位原封不动照搬信息位，而后面 $(n-k)$ 位为监督位，也就是说要求码多项式具有以下形式：

$$C(x)=x^{n-k}M(x)+r(x) \tag{8-74}$$

这里，$r(x)$ 是码字中 $(n-k)$ 个监督码元对应的次数不大于 $(n-k-1)$ 的多项式，简称为 (n,k) 系统循环码的监督码元多项式，$x^{n-k}M(x)$ 相当于在信息码元后面加上 $(n-k)$ 个 "0"。对式 $(8-74)$ 两边取模 $g(x)$ 运算，可得左边为

$$C(x) \bmod g(x) = [M(x)g(x)] \bmod g(x) = 0$$

因此右边也必须为 0，即

$$[x^{n-k}M(x) + r(x)] \bmod g(x) = x^{n-k}M(x) \bmod g(x) + r(x) \bmod g(x) = 0 \quad (8-75)$$

由于监督码元多项式 $r(x)$ 的次数小于 $g(x)$（次数为 $n-k$）多项式的次数，可知

$$r(x) \bmod g(x) = r(x)$$

在二元域中，要使式(8-75)成立，必有

$$x^{n-k}M(x) \bmod g(x) = r(x) \qquad (8-76)$$

式(8-76)给出了计算 (n, k) 系统循环码的监督码元多项式 $r(x)$ 的公式。

由以上分析可知，在选定了循环码的生成多项式 $g(x)$ 之后，系统循环码的编码步骤如下：

(1) 用信息多项式 $M(x)$ 乘以 x^{n-k}，得到 $x^{n-k}M(x)$。

(2) 将 $x^{n-k}M(x)$ 除以 $g(x)$，得到余式（监督码元多项式）$r(x)$。

(3) 构成系统循环码 $C(x) = x^{n-k}M(x) + r(x)$。

例 8.9 已知某 $(7, 4)$ 循环码的生成多项式为 $g(x) = x^3 + x + 1$，试按照以上步骤产生系统循环码。

解 以输入信息组 $\boldsymbol{m} = (1010)$ 为例，对应信息多项式 $M(x) = x^3 + x$，则

(1) $x^{n-k}M(x) = x^3(x^3 + x) = x^6 + x^4$；

(2) $\dfrac{x^6 + x^4}{g(x)} = \dfrac{x^6 + x^4}{x^3 + x + 1} = x^3 + 1 + \dfrac{x + 1}{x^3 + x + 1}$，得到余式 $r(x) = x + 1$；

(3) $C(x) = x^{n-k}M(x) + r(x) = x^6 + x^4 + x + 1$，对应码字 $\boldsymbol{c} = (1010011)$。

依次将输入信息组 $\boldsymbol{m} = (0000)$、(0001)、…、(1111) 代入，按照以上步骤进行运算，可得全部 16 个码字如表 8-5 所示，可见其满足系统循环码的要求。

表 8-5　(7，4)系统循环码的信息组与码字

信息组	码　字	信息组	码　字
0000	0000000	1000	1000101
0001	0001011	1001	1001110
0010	0010110	1010	1010011
0011	0011101	1011	1011000
0100	0100111	1100	1100010
0101	0101100	1101	1101001
0110	0110001	1110	1110100
0111	0111010	1111	1111111

(n, k) 系统循环码的生成矩阵是标准生成矩阵，形式为 $\boldsymbol{G} = [\boldsymbol{I_k} \vdots \boldsymbol{P}]$，其每一行都对应一个码字，共有 k 行。与标准生成矩阵 $\boldsymbol{G}$ 第 i 行码字对应的输入信息多项式 $M_i(x)$ 为

$$M_i(x) = x^{k-i} \qquad i = 1, 2, \cdots, k \tag{8-77}$$

由式(8-76)可得相应的监督码元多项式 $r_i(x)$ 为

$$r_i(x) = [x^{n-k}M_i(x)] \bmod g(x) = [x^{n-k}x^{k-i}] \bmod g(x)$$

$$= x^{n-i} \bmod g(x) \tag{8-78}$$

由此得到标准生成矩阵 $\boldsymbol{G}$ 第 i 行码字多项式 $G_i(x)$ 为

$$G_i(x) = x^{n-k}M_i(x) + r_i(x) = x^{n-i} + r_i(x), i = 1, 2, \cdots, k \tag{8-79}$$

综上所述，(n, k) 系统循环码的生成矩阵 $\boldsymbol{G}(x)$ 为

$$\boldsymbol{G}(x) = \begin{bmatrix} G_1(x) \\ G_2(x) \\ \vdots \\ G_k(x) \end{bmatrix} = \begin{bmatrix} x^{n-1} + r_1(x) \\ x^{n-2} + r_2(x) \\ \vdots \\ x^{n-k} + r_k(x) \end{bmatrix} \tag{8-80}$$

例 8.10 已知某 $(7, 4)$ 循环码的生成多项式为 $g(x) = x^3 + x + 1$，试求其系统码生成矩阵 $\boldsymbol{G}$ 和监督矩阵 $\boldsymbol{H}$。

解 由式(8-78)得到，$r_1(x) = x^6 \bmod g(x) = x^2 + 1$，$r_2(x) = x^5 \bmod g(x) = x^2 + x + 1$，$r_3(x) = x^4 \bmod g(x) = x^2 + x$，$r_4(x) = x^3 \bmod g(x) = x + 1$，可得 $(7, 4)$ 系统循环码的生成矩阵 $\boldsymbol{G}(x)$ 为

$$\boldsymbol{G}(x) = \begin{bmatrix} x^6 + r_1(x) \\ x^5 + r_2(x) \\ x^4 + r_3(x) \\ x^3 + r_4(x) \end{bmatrix} = \begin{bmatrix} x^6 + x^2 + 1 \\ x^5 + x^2 + x + 1 \\ x^4 + x^2 + x \\ x^3 + x + 1 \end{bmatrix}$$

或者

$$\boldsymbol{G} = \begin{bmatrix} 1 & 0 & 0 & 0 & 1 & 0 & 1 \\ 0 & 1 & 0 & 0 & 1 & 1 & 1 \\ 0 & 0 & 1 & 0 & 1 & 1 & 0 \\ 0 & 0 & 0 & 1 & 0 & 1 & 1 \end{bmatrix}$$

对应监督矩阵 $\boldsymbol{H}$ 为

$$\boldsymbol{H} = \begin{bmatrix} 1 & 1 & 1 & 0 & 1 & 0 & 0 \\ 0 & 1 & 1 & 1 & 0 & 1 & 0 \\ 1 & 1 & 0 & 1 & 0 & 0 & 1 \end{bmatrix}$$

2. 循环码的编码电路

循环码编码既可以根据 $G(x) = M(x)g(x)$ 编码方程用多项式乘法电路实现，也可以根据式(8-74)用多项式除法电路实现。如前所述，前者生成的是非系统循环码，而后者生成的是系统循环码。多项式乘法与除法电路都可用移位寄存器实现。下面介绍多项式除法电路。

设二元域上的两个次数分别为 n 次、r 次的多项式 $A(x)$ 和 $B(x)$ 为

$$A(x) = a_n x^n + a_{n-1}x^{n-1} + \cdots + a_1 x + a_0 \quad a_i \in \{0, 1\}, i = 0, 1, \cdots, n$$

$$B(x) = b_r x^r + b_{r-1}x^{r-1} + \cdots + b_1 x + b_0 \quad b_j \in \{0, 1\}, j = 0, 1, \cdots, r, r \leqslant n$$

$A(x)$ 除以 $B(x)$ 得到

$$A(x) = Q(x)B(x) + r(x) \tag{8-81}$$

式中，$Q(x)$为商式，$r(x)$为余式。完成以上除法运算的电路如图8-8所示。

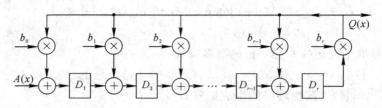

图 8-8　多项式除法电路

多项式除法电路由带反馈的移位寄存器实现，它由移位寄存器、模2加法器和反馈线组成。多项式除法电路只与除式$B(x)$有关，这里，反馈支路的乘法器实际只表示通断，如果$b_j = 0$，则表示相应支路连线断开，此时该支路下方的模2加法器不存在；如果$b_j = 1$，则表示相应支路连线接通，此时该支路下方的模2加法器存在。移位寄存器共有r个。多项式除法电路开始工作时，所有寄存器的初始状态为零，在寄存器时钟的作用下，被除式$A(x)$高位在前依次输入除法电路，当$A(x)$到达最右边的寄存器时，商式$Q(x)$开始输出（也是高位在前）。经过$n+1$次移位，商式$Q(x)$全部输出，寄存器中的内容就是余式$r(x)$的系数（高位在前）。

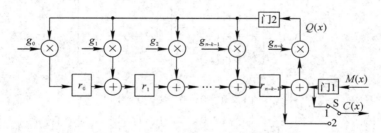

图 8-9　系统循环码编码电路

根据以上多项式除法电路的一般形式，不难得出(n, k)系统循环码的编码电路。这里，被除式是信息元多项式$M(x)$乘以x^{n-k}，即$x^{n-k}M(x)$，除式是生成多项式$g(x)$，$x^{n-k}M(x)$除以$g(x)$得到的余式$r(x)$是码字中$(n-k)$个监督码元对应的次数不大于$(n-k-1)$的监督码元多项式。设$(n-k)$次生成多项式为$g(x) = g_{n-k}x^{n-k} + g_{n-k-1}x^{n-k-1} + \cdots + g_1 x + g_0$，这里，$g_0 = 1$，$g_{n-k} = 1$，余式$r(x) = r_{n-k-1}x^{n-k-1} + r_{n-k-2}x^{n-k-2} + \cdots + r_1 x + r_0$，则系统循环码的编码电路一般形式如图8-9所示。图8-9编码电路的工作过程如下：

（1）所有寄存器清零。

（2）门1、门2打开，开关S接到"1"端，k位信息码元高位在前依次移入除法电路，同时送入通信信道。这里信息码元从除法电路的右端输入，等价于$x^{n-k}M(x)$。一旦k位信息码元全部移入电路，$(n-k)$个寄存器中的数据就构成了余式系数，它们就是监督码元。

（3）门1、门2关闭，开关S接到"2"端，将寄存器中的监督码元依次输出到信道，完成一个码字的输出。

例8.11　$(7, 4)$循环码的生成多项式为$g(x) = x^3 + x + 1$，试设计$(7, 4)$系统循环码的

编码电路,并说明工作过程。

解　按照 (n,k) 系统循环码的编码电路的一般形式,可得 $(7,4)$ 系统循环码的编码电路如图 8－10 所示。

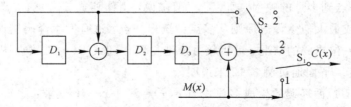

图 8－10　$(7,4)$ 系统循环码的编码电路

工作开始前,三个寄存器处于零状态。开关 S_1 和 S_2 置于"1"位置,前 1～4 节拍,信息序列 $M(x)$ 直接通过开关 S_1 输出,成为系统循环码的前 4 个码元。同时它们又依次进入除法电路,完成 $x^3 M(x)$ 除以 $g(x)$ 运算,运算结果暂存于寄存器中。后 5～7 节拍,开关 S_1 和 S_2 置于"2"位置,使寄存器中的各监督位依次输出,形成一个长为 7 的码字。

8.5.3　循环码的译码

设 (n,k) 循环码的发送码字的码多项式为 $C(x)=c_{n-1}x^{n-1}+c_{n-2}x^{n-2}+\cdots+c_1x+c_0$,相应的接收码字多项式为 $R(x)=r_{n-1}x^{n-1}+r_{n-2}x^{n-2}+\cdots+r_1x+r_0$,错误图样多项式为 $E(x)=e_{n-1}x^{n-1}+e_{n-2}x^{n-2}+\cdots+e_1x+e_0$,三者关系为

$$R(x)=C(x)+E(x) \tag{8-82}$$

定义伴随式多项式 $S(x)$ 是收码 $R(x)$ 除以生成多项式 $g(x)$ 的余式,即

$$S(x)=R(x)\bmod g(x) \tag{8-83}$$

这里,$S(x)=s_{n-k-1}x^{n-k-1}+s_{n-k-2}x^{n-k-2}+\cdots+s_1x+s_0$。将式(8-82)代入式(8-83)可得

$$S(x)=R(x)\bmod g(x)=[C(x)+E(x)]\bmod g(x)$$
$$=[M(x)g(x)+E(x)]\bmod g(x)$$
$$=E(x)\bmod g(x) \tag{8-84}$$

显然,若传输无错,$E(x)=0$,则必有 $S(x)=0$。

接收端的译码包括检错和纠错。达到检错目的的译码原理非常简单。将接收码字 $R(x)$ 除以生成多项式 $g(x)$,得到余式,即伴随式 $S(x)$,若 $S(x)=0$,则无错,否则,$S(x)\neq 0$,则有错。

如果需要纠错,则译码原理相对复杂。为了能够纠错,要求每个可纠正的错误图样必须与一个特定的余式(也就是伴随式 $S(x)$)一一对应,这样才可能从余式(伴随式 $S(x)$)唯一地确定其错误图样,从而纠正错码。如同线性分组码一样,(n,k) 循环码的纠错译码也可以分成以下三步进行:

(1) 用生成多项式 $g(x)$ 除接收码组 $R(x)$,得出伴随式 $S(x)$。

(2) 由伴随式 $S(x)$ 确定错误图样 $E(x)$。

(3) 利用关系式 $C(x)=R(x)-E(x)$,求得纠正错误后译出的码字。

上述第(1)步与检错译码相同,第(3)步也很简单,最关键和最困难的是第(2)步。由于伴随式 $S(x)$ 至多是 $(n-k-1)$ 次多项式,共有 2^{n-k} 种可能的组合,而 $E(x)$ 最高是 $(n-1)$ 次多项式,共有 2^n 种可能的组合,由 $S(x)$ 与 $E(x)$ 模 $g(x)$ 相等并不能唯一确定 $E(x)$,从 $S(x)$ 到 $E(x)$ 一般是一点到多点的映射。所以,一般来说,由伴随式 $E(x)$ 确定错误图样 $E(x)$ 需要根据最佳译码或最大似然译码原则从多点中选出一点,这有发生译码错误的可能。

对于只纠正一位错码的情况,可以较方便地得到伴随式 $S(x)$ 和错误图样 $E(x)$ 的对应关系,并完成纠错。下面通过例 8.12 来说明。

例 8.12 (7,4)循环码的生成多项式为 $g(x) = x^3 + x + 1$,试求:

(1) 伴随式与错码位置的对应关系;

(2) 若收码 $R(x) = x^4 + x^3 + x^2 + x$,判断有无错码,若有错,则进行纠错;

(3) 画出计算伴随式的电路图。

解 (1)伴随式数目共有 $2^3 = 8$ 种,可用于纠正一位错码。设收码 $\boldsymbol{r} = (r_6 r_5 r_4 r_3 r_2 r_1 r_0)$,伴随式 $\boldsymbol{s} = (s_2 s_1 s_0)$,分 8 种情况计算如下:

若无错,$E(x) = 0$,$S(x) = 0$;

若 r_0 位有错,$E(x) = 1$,$S(x) = E(x) \bmod g(x) = 1$;

若 r_1 位有错,$E(x) = x$,$S(x) = E(x) \bmod g(x) = x$;

若 r_2 位有错,$E(x) = x^2$,$S(x) = E(x) \bmod g(x) = x^2$;

若 r_3 位有错,$E(x) = x^3$,$S(x) = E(x) \bmod g(x) = x+1$;

若 r_4 位有错,$E(x) = x^4$,$S(x) = E(x) \bmod g(x) = x^2 + x$;

若 r_5 位有错,$E(x) = x^5$,$S(x) = E(x) \bmod g(x) = x^2 + x + 1$;

若 r_6 位有错,$E(x) = x^6$,$S(x) = E(x) \bmod g(x) = x^2 + 1$。

根据以上计算结果,可以列出伴随式 $S(x)$ 与错误图样 $E(x)$ 的对应关系如表 8-6 所示。

表 8-6　(7,4)循环码纠错表

$S(x)$	$E(x)$	错码位置	$S(x)$	$E(x)$	错码位置
0	0	无错	$x+1$	x^3	r_3
1	1	r_0	$x^2 + x$	x^4	r_4
x	x	r_1	$x^2 + x + 1$	x^5	r_5
x^2	x^2	r_2	$x^2 + 1$	x^6	r_6

(2) 当收码多项式 $R(x) = x^4 + x^3 + x^2 + x$,对应收码矢量为 $\boldsymbol{r} = (0011110)$ 时,可得伴随式 $S(x) = R(x) \bmod g(x) = x + 1$。查表可得 r_3 有错,纠正后可得发码为 $\boldsymbol{c} = (0010110)$,因此利用表 8-6 可以纠正一位错误。

(3) 根据除法电路的一般形式,可得(7,4)循环码伴随式计算电路图如图 8-11 所示。按照除法电路的运算过程,工作开始时,所有寄存器处于零状态,当收码 $R(x)$ 全部送入除法电路后,D_1、D_2 和 D_3 寄存器的内容分别为 s_0、s_1 和 s_2,从而得到伴随式 $R(x) = s_2 x^2 +$

$s_1x + s_0$。利用得到的伴随式，通过查表就可以进行检错和纠错译码。

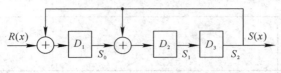

图 8 - 11　(7, 4)循环码伴随式计算电路图

8.6　线性分组码的仿真实例

8.6.1　汉明码的 SystemView 仿真实例

1. 仿真目的

(1) 根据(7, 4)汉明码的编译码原理，通过 SystemView 平台构建(7, 4)汉明码编译码的仿真模型。

(2) 根据仿真结果，观察编码前码组波形与编码后码组波形，以及与译码后码组波形的关系。

2. (7, 4)汉明码的仿真模型

汉明码是线性分组码的一个子类型，利用监督码与信息码之间的线性关系，可以完成汉明码的编码。汉明码的译码可以先计算校正子，然后按校正图样加以纠正。其 System-View 仿真模型如图 8 - 12 所示。

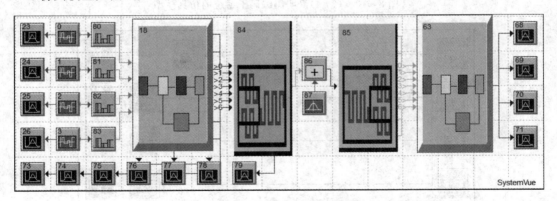

图 8 - 12　(7, 4)汉明码的仿真模型

图 8 - 12 中，图符 0~3 代表要传送的信息，采用 4 个速率为 10 波特的 PN 码表示。图符 80~83 实现抽样/保持功能，对传送的信息重新采样。图符 18 为汉明码编码子系统，完成汉明码的编码功能，其仿真模型如图 8 - 13 所示。图符 84 完成并/串变换功能，图符 86、87 构成高斯噪声信道，图符 85 实现串/并变换功能。图符 63 为汉明码译码子系统，完成汉明码的译码功能，其仿真模型如图 8 - 14 所示。图符 23~26、68~71、73~79 为分析接收器，观察对应码组的波形。其图符设置如表 8 - 7 所示。

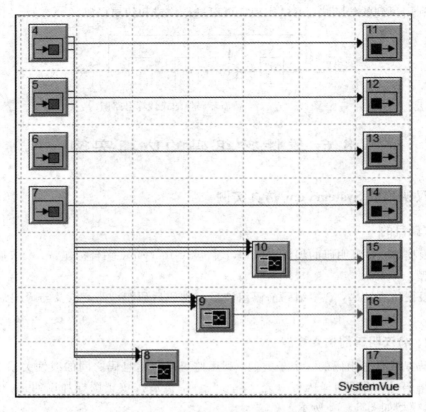

图 8-13 (7,4)汉明码编码子系统的仿真模型

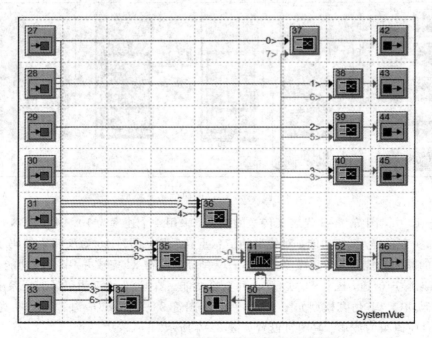

图 8-14 (7,4)汉明码译码子系统的仿真模型

表 8 - 7　基于 SystemView 平台的(7，4)汉明码系统图符设置

图符编号	库/图符名称	参　　数
0～3	Source：PN Seq	Amp＝1 V, Offset＝0 V, Rate＝10 Hz, Levels＝2, Phase＝0 deg
18	(7，4)汉明码编码子系统，见图 8 - 13	
4～7，11～17	Meta I/O：Meta In	
8～10	Logic：XOR	Gate Delay＝0 sec, Threshold＝0 V, True Output＝1 V, False Output＝−1 V, Rise Time＝0 sec, Fall Time＝0 sec
84	Comm：TD Mux	No. Inputs＝7, Time per Input＝100e−3 sec, Time Slot 0＝t11 Output 0, Time Slot 1＝t12 Output 0, Time Slot 2＝t13 Output 0, Time Slot 3＝t14 Output0, Time Slot 4＝t15 Output 0, Time Slot 5＝t16 Output 0, Time Slot 6＝t17 Output 0, RTDA Aware＝Full, Max Rate＝70 Hz
85	Comm：TD DeMux	No. Inputs＝7, Time per Input＝100e−3 sec, Time Slot 0＝t27 Output 0, Time Slot 1＝t28 Output 0, Time Slot 2＝t29 Output 0, Time Slot 3＝t30 Output0, Time Slot 4＝t31 Output 0, Time Slot 5＝t32 Output 0, Time Slot 6＝t33 Output 0, RTDA Aware＝Full, Max Rate＝70 Hz
86	Adder	
87	Source：Gauss Noise	Std Dev＝1 V, Mean＝0 V
63	(7，4)汉明码译码子系统，见图 8 - 14	
27～33，42～46	Meta I/O：Meta In	
34～40	Logic：XOR	Gate Delay＝0 sec, Threshold＝0 V, True Output＝1 V, False Output＝−1 V, Rise Time＝0 sec, Fall Time＝0 sec
41	Logic：dMux−D−8	Gate Delay＝0 sec, Threshold＝500e−3 V, True Output＝−1 V, False Output＝1 V, Rese Time＝0 sec, Fall Time＝0 sec, A−0＝t36 Output 0, A−1＝t35 Output 0, A−2＝t34 Output 0, Enable E−1 *＝t50 Output 0, Enable E−2 *＝t50 Output 0, Enable E−3＝t51 Output 0
50	Source：Step Fct	Amp＝1 V, Start＝0 sec, Offset＝0 V
51	Logic：Invert	Gate delay＝0 sec, Threshold＝500e−3 V, True Output＝1 V, False Output＝−1 V, Rise Time＝0 sec, Fall Time＝0 sec
52	Logic：OR	Gate delay＝0 sec, Threshold＝500e−3 V, True Output＝0 V, False Output＝1 V, Rise Time＝0 sec, Fall Time＝0 sec
23～26，68～71，73～79	Sink：Analysis	

3. 仿真参数

输入信号的码元速率：10 Baud；

采样频率：1000 Hz；

仿真点数：1500 个；

仿真时间：0~1.499 s；

采样间隔：1e^{-3} s。

4. 仿真结果与分析

运行系统仿真后，分析接收器 Sink23、Sink24、Sink25、Sink26 得到的波形为信息码组（编码前）的波形，运用接收计算器的瀑布图功能后，其仿真波形如图 8-15 所示。图中，最上面的波形为信息码的最高位 a_6，最下面的波形为信息码的最低位 a_3，从上到下依次为 a_6、a_5、a_4、a_3。分析接收器 Sink73、Sink74、Sink75、Sink76、Sink77、Sink78、Sink79 得到的波形为汉明码系统编码后的波形，运用接收计算器的瀑布图功能后，其仿真波形如图 8-16 所。图中，最上面的波形为编码后输出信息码最高位 a_6 的波形，最下面的波形为编码后输出信息码最低位 a_0 的波形，从上到下依次为 a_6、a_5、a_4、a_3、a_2、a_1、a_0。图 8-16 中，观察编码前后码组的逻辑关系，可以得出监督码与信息码之间的线性关系如下：

$$\begin{cases} a_2 = a_6 \oplus a_5 \oplus a_4 \\ a_1 = a_5 \oplus a_4 \oplus a_3 \\ a_0 = a_6 \oplus a_5 \oplus a_3 \end{cases} \tag{8-85}$$

式中 (a_6, a_5, a_4, a_3) 为信息码组，(a_2, a_1, a_0) 为监督码组。

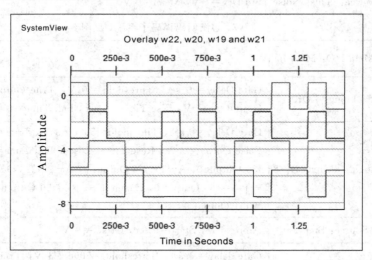

图 8-15 信息码组（编码前）的波形

分析接收器 Sink68、Sink69、Sink70、Sink71 得到的波形为汉明码系统译码后的波形，运用接收计算器的瀑布图功能后，其仿真波形如图 8-17 所示，图中，最上面的波形为恢复信息码的最高位 a_6'，最下面的波形为恢复信息码的最低位 a_3'，从上到下依次为 a_6'、a_5'、a_4'、a_3'。比较图 8-17 与图 8-15 所示波形，结果发现，a_6' 与 a_6 波形一样，a_5' 与 a_5 波形一样，a_4' 与 a_4 波形一样，a_3' 与 a_3 波形一样，说明汉明码编译码仿真模型（图 8-12）可以正确地进行汉明码编码与译码。

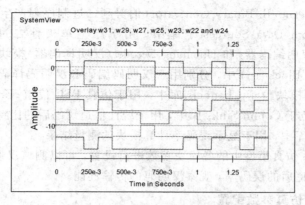

图 8-16　编码后码组的波形

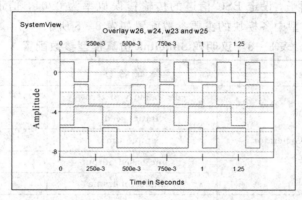

图 8-17　译码后恢复码组的波形

8.6.2　汉明码的 Matlab/Simulink 仿真实例

1. 仿真目的

（1）对于 BSC 信道，建立测试汉明码传输性能的 Simulink 仿真模型。

（2）设定汉明码、信道误码率和仿真参数，根据仿真结果，观察采用汉明码后接收端的误码率，并与信道误码率进行对比。

2. 汉明码传输性能的 Simulink 仿真模型

根据仿真要求，可建立测试汉明码传输性能的 Simulink 仿真模型如图 8-18 所示。

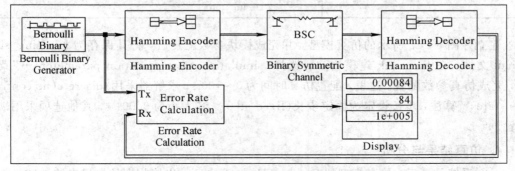

图 8-18　汉明码传输性能的 Simulink 仿真模型 1

图 8 - 18 中, Bernoulli Binary Generator(伯努利二进制序列产生器)模块位于 Comm Sources 库的 Random Data Sources 子库中,用于产生单极性二进制随机信源序列; Hamming Encoder(汉明编码器)和 Hamming Decoder(汉明译码器)模块位于 Error Detection and Correction 库的 Block 子库中,分别用于汉明码编码和汉明码译码;Binary Symmetric Channel(BSC 信道)模块位于 Channels 库中,用于仿真 BSC 信道;Error Rate Calculation (误码率计算)模块位于 Comm Sinks 库中,用于统计信道译码后的比特误码率;Display(显示)模块位于 Sinks 库中,用于显示误码率计算模块的测量结果。

通过对图 8 - 18 仿真模型中的各模块参数进行设置,可以测试汉明码通过某指定传输错误概率的 BSC 信道后的误码率,观察汉明码的传输性能。

3. 模块参数和仿真参数配置

作为一个仿真例子,设定 BSC 信道的传输错误概率为 0.01,信道码采用(7,4)汉明码,Simulink 仿真模型中各模块的主要参数配置如表 8 - 8 所示。

表 8 - 8　汉明码 Simulink 仿真模型参数配置 1

模 块 名 称	参 数 名 称	参 数 值
Bernoulli Binary Generator	Probability of zero	0.5
	Initial seed	61
	Sample time	1
	Frame-based output	Checked
	Samples of frame	4
Hamming Encoder；Hamming Decoder	Codeword length N	7
	Message length K	4
Binary Symmetric Channel	Error probability	0.01
	Initial seed	71
Error Rate Calculation	Receive delay	0
	Computation delay	0
	Computation mode	Entire frame
	Output data	Port
Display	Format	Short
	Decimation	3

建立好图 8 - 18 所示的仿真模型,并完成模块参数配置后,将其保存为 hanming_sim_1.mdl 文件。在 Simulink 建模窗口,选择"simulation→configuration parameters…"菜单项,完成仿真参数配置。这里,配置仿真时间为 0~100 s;求解器采用"discrete(no continuous states)"算法,步长设定为固定步长(fixed-step),其大小为 0.001 s,其他选项采用缺省设置。

4. 仿真结果与分析

运行系统仿真后,仿真模型的 Display(显示)模块显示出接收端的误码率统计结果如图

8-18 所示。由图 8-18 可知，当信道的传输错误概率（信道误码率）为 0.01 时，经汉明编译码后，接收端的误码率为 0.00084。可以看出，经汉明编译码后，传输差错率显著下降。通信系统的性能有明显改善。

5．不同误码率信道的传输性能仿真

图 8-18 所示仿真模型只能测量指定信道误码率的传输性能，如果希望得到系统误码率与信道误码率之间的关系曲线，可将系统仿真模型改为图 8-19。

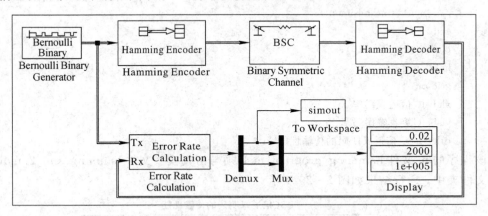

图 8-19　汉明码传输性能的 Simulink 仿真模型 2

与图 8-18 相比，图 8-19 仿真模型增加了 Demux（分接器）、Mux（复用器）和 To Workspace（到工作区）三个新模块，同时，Binary Symmetric Channel 模块的设置也需要做出相应改变，其他模块的设置不变。新增模块及需要变更设置的模块的参数配置如表 8-9 所示。

表 8-9　汉明码 Simulink 仿真模型参数配置 2

模 块 名 称	参 数 名 称	参 数 值
Binary Symmetric Channel	Error probability	errB
	Initial seed	71
To Workspace	Variable name	simout
	Limit data point to last	inf
	Decimation	1
	Sample time	−1
	Save format	array
Demux	Number of outputs	3
	Display option	bar
Mux	Number of inputs	3
	Display option	bar

建立好图 8-19 所示的仿真模型，并完成模块参数配置后，将其保存为 hanming_sim_2.mdl 文件。运行以下 Matlab 程序（文件名为 hamming_program.m）就可以得到系统误码

率与信道误码率之间的关系曲线。

```
clear;
er＝0：0.005：0.05;
S＝er;
for n＝1：length(er)
    errB＝er(n);
    sim('hanming_sim_2');
    S(n)＝mean(simout);
end
plot(er, S, 'b－＊');
hold on;
grid on;
xlabel('信道误码率');
ylabel('接收端误码率');
title('BSC 信道汉明码的传输性能');
```

该程序的 m 文件 hamming_program. m 必须与仿真模型文件 hanming_sim_2. mdl 位于同一文件夹中。运行结果如图 8－20 所示。

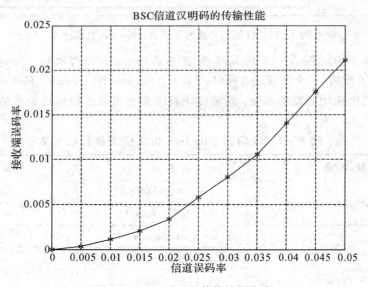

图 8－20　汉明码的传输性能曲线

图 8－20 给出了信道误码率从 0 至 0.05 变化时，通信系统接收端误码率的变化情况。从图 8－20 中可以看出，对于实际信道的各种误码率变化情况，接收端误码率均比信道误码率显著减少，从而提高了通信系统的可靠性，改善了通信系统的性能。仿真图 8－19 的 Display(显示)模块显示出信道误码率取最后一个值(0.05)时的接收端误码率统计结果。

将以上程序中的语句 er＝0：0.005：0.05 改成 er＝0：0.005：1，其他语句不变，重新运行程序，就可得到信道误码率从 0 至 1 变化时，通信系统接收端误码率的变化曲线。这一工作留给读者自己完成，这里不再详述。

8.7　实　战　训　练

8.7.1　循环码的 SystemView 仿真训练

1. 实训目的

(1) 掌握循环码的基本性质、循环矩阵和监督矩阵的运算、循环码的编码译码原理；

(2) 掌握基于 SystemView 软件平台的循环码编译码系统建模方法；

(3) 掌握基于 SystemView 软件平台的循环码编译码系统仿真。

2. 实训内容和要求

采用 SystemView 软件平台，完成循环码编译码系统的建模、仿真以及结果分析。要求：构建(7，4)循环码编译码电路，其生成多项式为 $g(x)=x^3+x+1$。

(1) 观察在无噪声信道环境下，(7，4)循环码编码的输出信号波形和译码信号波形，两者的关系如何？

(2) 观察在高斯白噪声信道环境下，(7，4)循环码编码的输出信号波形和译码信号波形，两者的关系如何？

(3) 分析循环码的译码原理。

3. 实训报告要求

(1) 画出 SystemView 仿真模型图；

(2) 给出仿真模型中各个图符的参数设置；

(3) 给出仿真模型图中各点的波形，并给出分析结果；

(4) 写出心得体会。

8.7.2　循环码的 Matlab/Simulink 仿真训练

1. 实训目的

(1) 掌握循环码的编码与译码原理；

(2) 掌握基于 Matlab/Simulink 软件平台的循环码编译码系统的建模方法；

(3) 观察高斯白噪声信道中循环码的传输性能。

2. 实训内容和要求

采用 Matlab/Simulink 软件平台，构建测量循环码通过高斯白噪声信道传输特性的仿真模型。信道采用高斯白噪声信道，调制/解调器采用 BPSK 基带调制/解调模块，信道码采用(7，4)循环码，其生成多项式为 $g(x)=x^3+x+1$。

(1) 设定高斯白噪声信道的信噪比为 4 dB，统计接收端的误码率，并与无信道编码情况的系统误码率进行对比；

(2) 改变高斯白噪声信道的信噪比，观察接收端误码率的变化情况；

(3) 绘制接收端误码率与高斯白噪声信道信噪比的关系曲线。

3. 实训报告要求

(1) 画出 Simulink 仿真模型图；

(2) 绘制接收端误码率与高斯白噪声信道信噪比的关系曲线图；

(3) 记录仿真结果，并进行分析和讨论；

(4) 写出心得体会。

习　　题

8-1　信道编码的目的是什么？

8-2　什么叫差错控制？常用的差错控制方式有哪几种？

8-3　什么叫分组码？什么叫线性码？什么叫线性分组码？

8-4　什么叫系统线性分组码？其码字如何构成？

8-5　信道编码的常用译码方法有哪几种？

8-6　(n,k)二元分组码的许用码字有多少个？禁用码字有多少个？

8-7　什么叫最小码距？分组码的最小码距与其检、纠错能力有何关系？

8-8　什么是奇偶监督码？并说明其检错能力。

8-9　线性分组码的生成矩阵和监督矩阵有何关系？

8-10　如何由线性分组码的标准生成矩阵得到标准监督矩阵？

8-11　什么叫汉明码？汉明码的码长、信息位与校验位之间有何关系？

8-12　什么叫循环码？循环码的码字循环是否仅有一个？

8-13　(n,k)循环码的生成多项式 $g(x)$ 有何性质？

8-14　如何由循环码的生成多项式得到其生成矩阵？

8-15　已知(n,k)循环码的生成多项式 $g(x)$，如何生成系统循环码？

8-16　写出二元$(5,1)$重复码的全部许用码字，计算其最小码距。该码若用于检错，能够检测几位错码？若用于纠错，能够纠正几位错码？

8-17　已知某线性分组码的全部 8 个码字为 (000000)、(001110)、(010101)、(011011)、(100011)、(101101)、(110110)、(111000)，求该码的最小码距。若该码用于检错，能够检测几位错码？若该码用于纠错，能够纠正几位错码？若该码同时用于检错与纠错，则纠错、检错的性能如何？

8-18　已知某(n,k)线性分组码的监督矩阵为

$$\boldsymbol{H}=\begin{bmatrix}1&1&1&0&1&0&0\\1&1&0&1&0&1&0\\1&0&1&1&0&0&1\end{bmatrix}$$

(1) 确定 n、k 值；

(2) 写出生成矩阵 $\boldsymbol{G}$；

(3) 写出该码的全部许用码字；

(4) 确定最小码距 $d_{\min}$。

8-19　已知某$(8,4)$线性分组码的码字为 $\boldsymbol{c}=(m_3m_2m_1m_0c_3c_2c_1c_0)$，这里，$m_0$、$m_1$、

m_2、m_3 是信息位，c_0、c_1、c_2、c_3 为检验位。其校验方程为

$$\begin{cases} c_3 = m_0 + m_2 + m_3 \\ c_2 = m_0 + m_1 + m_3 \\ c_1 = m_0 + m_1 + m_2 \\ c_0 = m_1 + m_2 + m_3 \end{cases}$$

(1) 写出其监督矩阵 H 和生成矩阵 G；

(2) 确定最小码距 d_{min}。

8-20 已知某二进制 (n, k) 线性分组码的码集里的全部码字为 (00000)、(01101)、(10111)、(11010)。

(1) 确定 n、k 值以及编码效率 R；

(2) 能否说此码是系统码？应如何进行编码才能说该码是系统码？

(3) 算出此码的最小码距 d_{min}；

(4) 求出此系统码的生成矩阵 G 和校验矩阵 H；

(5) 当接收序列为 00101 时，判断有无错码，若采用最小汉明距离译码准则，求出该收码被译成的发码码字。

8-21 已知 (7, 4) 系统线性分组码的生成矩阵为

$$G = \begin{bmatrix} 1 & 0 & 0 & 0 & 1 & 1 & 1 \\ 0 & 1 & 0 & 0 & 1 & 0 & 1 \\ 0 & 0 & 1 & 0 & 0 & 1 & 1 \\ 0 & 0 & 0 & 1 & 1 & 1 & 0 \end{bmatrix}$$

(1) 写出该码的全部许用码字；

(2) 写出监督矩阵 H；

(3) 若接收码字为 1001100，试计算伴随式，并进行译码。

8-22 一个码长 $n=8$ 的二元线性分组码，若要纠正小于等于 2 个随机错误，需要多少个不同的伴随式？至少需要多少位监督码元？

8-23 一码长 $n=15$ 的汉明码，监督位 r 应为多少？编码效率为多少？试写出其标准监督矩阵和标准生成矩阵。

8-24 已知 $x^7 + 1 = (x+1)(x^3+x^2+1)(x^3+x+1)$，试分析码长 $n=7$ 的循环码共有哪几种，写出它们的生成多项式。

8-25 已知 (7, 3) 循环码的全部码字为 (0000000)、(0011101)、(0111010)、(1110100)、(1101001)、(1010011)、(0100111)、(1001110)。试写出该循环码的生成多项式 $g(x)$ 和生成矩阵 $G(x)$，并将 $G(x)$ 转换为标准生成矩阵。

8-26 已知 (7, 4) 循环码的生成多项式为 $g(x) = x^3 + x + 1$，当接收到码字为 (0010111) 和 (1000101) 时，试计算对应的伴随式，并判断有无错码，如有错码则进行纠正。

8-27 已知某 (7, 3) 系统循环码的生成多项式为 $g(x) = x^4 + x^3 + x^2 + 1$，试写出其生成矩阵与监督矩阵。

8-28 已知某 (7, 3) 系统循环码的生成多项式为 $g(x) = x^4 + x^3 + x^2 + 1$，当输入信息为 $m = (110)$ 时，求编码后的码字 c。

附录一 常用术语中英文对照表

英　　文	中　　文
Auto correlation	自相关
Average	均值
AMI(Alternative Mark Inversion)	传号交替反转码
ASK(Amplitude Shift Keying)	幅移键控
AM(Amplitude Modulation)	幅度调制
APK(Amplitude Phase Keying)	幅相键控
AWGN Gauss Channel	加性高斯白噪声
BPF(Band Pass Filter)	带通滤波器
Band-limited White Noise	带限白噪声
Base-band Transmission	基带传输
Band Pass Transmission	带通传输
Complex Amplitude	复振幅
Complex Conjugate	复数共轭
Coherent	相干
Cross-correlation	互相关
Correlation Function	相关函数
Co-variance Function	协方差函数
CMI(Coded Mark Inversion)	传号反转码
CPFSK(Continuous Phase FSK)	连续相位频移键控
Deterministic Signal	确定信号
Discrete Spectrum	离散谱
Distribution Function	分布函数
Digital Modulation	数字调制
DSB(Double Side Band)	双边带
DSB-AM(Double Side Band Amplitude Modulation)	双边带调幅
Energy Signal	能量信号
Ergodicity	遍历性
Energy Spectrum Density	能量谱密度

续表一

英　文	中　文
Frequency Domain	频域
Frequency Spectrum	频谱
Fourier Series	傅里叶级数
Frequency Spectrum Density	频谱密度
Fourier Transform	傅里叶变换
FM (Frequency Modulation)	频率调制
FEC (Forward Error Correction)	前向纠错
FDMA (Frequency Division Multiplexing Access)	频分多址
FSK (Frequency Shift Keying)	频移相控
Gaussian Process	高斯随机过程
HDB$_3$	三阶高密度双极性码
Information	信息
Message	消息
ISI (Inter Symbol Interference)	符号间干扰
Manchester Code	曼彻斯特码
Multipath Delay	多径时延
Multipath Diversity	多径分集
Multipath Propagation	多径传播
Miller	密勒码
Noise Power	噪声功率
Non Periodical Signal	非周期信号
Normalized	归一化
Nyquist	奈奎斯特
Multipath Propagation Function	多径传播函数
Nyquist Rate	奈奎斯特速率
Noise Suppression	噪声抑制
Open-loop Control	开环控制
Open-loop Gain	开环增益
Power Signal	功率信号
Periodic Signal	周期信号

英　文	中　文
Power Spectrum Density	功率谱密度
PM（Phase Modulation）	相位调制
Probability Density	概率密度
PSK（Phase Shift Keying）	相移键控
PWM（Pulse Width Modulation）	脉冲宽度调制
Parity Bit	奇偶效验位
Parity Check Code	奇偶效验码
Path Diversity	路径分集
Phase Discriminator	鉴相器
Propagation Delay	传播时延
QAM（Quadrature Amplitude Modulation）	正交幅度调制
Random Process	随机过程
SNR（Signal Noise Ratio）	信号噪声比
SSB（Single Side Band）	单边带
Space Diversity	空间分集
Sampling Theorem	采样定理
Sampling Period	采样周期
Stationary Random Process	平稳随机过程
Sample Function	抽样函数
Time Domain	时域
TDM（Time Division Multiplexing）	频分复用
TDMA（Time Division Multiplexing Access）	频分多址
Unit Impulse Function	单位冲激函数
Uniform Encoding	均匀编码
Uniform Quantizing	均匀量化
Variance	方差
VCO（Voltage Controlled Oscillator）	压控振荡器
VSB（Vestigial Side Band）	残留边带
VSB – AM（Vestigial Side Band Amplitude Modulation）	残留边带调幅
White Gaussian Noise	高斯白噪声

附录二　误差函数与互补误差函数表

　　误差函数 erf(x) 的定义式为 erf(x)=$(2/\sqrt{\pi})\int_0^x \exp(-z^2)\mathrm{d}z$，（互）补误差函数 erfc($x$)

的定义式为 erfc(x)=$(2/\sqrt{\pi})\int_x^\infty \exp(-z^2)\mathrm{d}z$，二者存在关系式 erfc($x$)+erf($x$)=1。Q 函

数定义式为 $Q(x)=(1/\sqrt{2\pi})\int_x^\infty \exp(-z^2/2)\mathrm{d}z$，它与互补误差函数之间存在关系 $Q(x)=$

$0.5\mathrm{erfc}(\sqrt{2}x/2)$。这些积分的值无法用闭合形式（解析形式）计算。Matlab 软件提供了计算

误差函数、（互）补误差函数和 Q 函数积分值的专用函数，对应函数名分别为 erf、erfc 和

qfunc，需要时可以在 Matlab 环境中直接调用这些函数进行计算。

　　这里通过编写 Matlab 程序，计算出当 x=0.00～2.65，间隔 Δx=0.05 时，对应误差

函数 erf(x) 和（互）补误差函数 erfc(x) 的值（见附表 B-1），以方便读者使用。

附表 B-1　误差函数和互补误差函数表

x	erf(x)	erfc(x)	x	erf(x)	erfc(x)
0.00	0.00000	1.00000	0.70	0.67780	0.32220
0.05	0.05637	0.94363	0.75	0.71115	0.28285
0.10	0.11246	0.88745	0.80	0.74210	0.25790
0.15	0.16799	0.83201	0.85	0.77066	0.22934
0.20	0.22270	0.77730	0.90	0.79691	0.20309
0.25	0.27632	0.72368	0.95	0.82089	0.17911
0.30	0.32862	0.67138	1.00	0.84270	0.15730
0.35	0.37938	0.62062	1.05	0.86244	0.13756
0.40	0.42839	0.57163	1.10	0.88020	0.11980
0.45	0.47548	0.52452	1.15	0.89912	0.10388
0.50	0.52050	0.47950	1.20	0.91031	0.08969
0.55	0.56332	0.43668	1.25	0.92290	0.07710
0.60	0.60385	0.39615	1.30	0.93401	0.06599
0.65	0.64203	0.35797	1.35	0.94376	0.05624

续表

x	erf(x)	erfc(x)	x	erf(x)	erfc(x)
1.40	0.95228	0.04772	2.05	0.99626	0.00374
1.45	0.95969	0.04031	2.10	0.99702	0.00298
1.50	0.96610	0.03390	2.15	0.99763	0.00237
1.55	0.97162	0.02838	2.20	0.99814	0.00186
1.60	0.97635	0.02365	2.25	0.99854	0.00146
1.65	0.98037	0.01963	2.30	0.99886	0.00114
1.70	0.98379	0.01621	2.35	0.99911	8.9×10^{-4}
1.75	0.98667	0.01333	2.40	0.99931	6.9×10^{-4}
1.80	0.98909	0.01091	2.45	0.99947	5.3×10^{-4}
1.85	0.99111	0.00889	2.50	0.99959	4.1×10^{-4}
1.90	0.99279	0.00721	2.55	0.99969	3.1×10^{-4}
1.95	0.99418	0.00582	2.60	0.99976	2.4×10^{-4}
2.00	0.99532	0.00468	2.65	0.99982	1.8×10^{-4}

附录三　课程实验指导

本附录提供了 6 个课程实验,包括 AMI 码型变换实验、HDB3 码型变换实验、ASK 调制解调实验、眼图观测实验、FSK 调制解调实验和 PCM 编译码实验。这些实验均是基于通信原理综合实验箱进行实验的(实验箱型号为 LTE-TX-03A)。该实验箱是学生进行学习和开发的对象,采用了"通信积木"式的模块化的架构,从通信系统的角度出发,将各知识点分割至各个独立的模块。各模块均有标准的结构、信号输入输出接口和时钟总线、通信总线接口,在设计上采用了当今通信设备中较为流行的"软核硬架构"的开放式设计方式,不仅可以让学生对模块功能进行灵活配置,而且可以按照自己的构思,用这些标准的模块"积木"搭建出自己想要的通信系统;让学生在创新之前,利用这些模块"积木"对各知识点和各种通信系统进行深入的学习。

实验一　AMI 码型变换实验

一、实验目的

(1) 了解几种常用的数字基带信号的特征和作用。

(2) 掌握 AMI 码的编译规则。

(3) 了解滤波法位同步在码变换过程中的作用。

二、实验器材

本实验所用器材包括主控与信号源,2 号、8 号、13 号模块,双踪示波器,连接线。

三、实验原理

AMI 编码规则是遇到 0 输出 0,遇到 1 则交替输出 +1 和 −1。实验框图中编码过程是将信号源经程序处理后,得到 AMI-A1 和 AMI-B1 两路信号,再通过电平转换电路进行变换,从而得到 AMI 编码波形。

AMI 译码只需将所有的 ±1 变为 1,0 变为 0 即可。附图 1-1 所示为 AMI 码型变换原理框图,图中译码过程是将 AMI 码信号送入电平逆变换电路,再通过译码处理,得到原始码元。

四、实验步骤

1. AMI 编译码(归零码实验)

本实验目的是通过选择不同的数字信源,分别观测编码输入及时钟、译码输出及时钟,观察编译码延时以及验证 AMI 编译码规则。

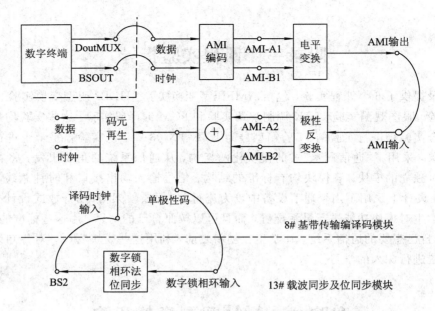

附图 1-1　AMI 码型变换原理框图

1）连线与开电

（1）关电，按如下表格所示进行连线：

源端口	目标端口	连线说明
信号源：PN	模块 8：TH3（编码输入—数据）	基带信号输入
信号源：CLK	模块 8：TH4（编码输入—时钟）	提供编码位时钟
模块 8：TH11（AMI 编码输出）	模块 8：TH2（AMI 译码输入）	将数据送入译码模块
模块 8：TH5（单极性码）	模块 13：TH7（数字锁相环输入）	数字锁相环位同步提取
模块 13：TH5（BS2）	模块 8：TH9（译码时钟输入）	提供译码位时钟

（2）开电，设置主控菜单，选择【主菜单】→【通信原理】→【AMI 编译码】→【归零码实验】。将模块 13 的开关 S3 分频设置为 0011，即提取 512 kHz 同步时钟。

此时系统初始状态为：编码输入信号为 256 kHz 的 PN 序列。

2）实验操作及波形观测

（1）用示波器分别观测编码输入的数据 TH3 和编码输出的数据 TH11（AMI 输出），观察记录波形，有数字示波器的可以观测编码输出信号频谱，验证 AMI 编码规则。

（2）保持示波器测量编码输入数据 TH3 的通道不变，另一通道测量中间测试点 TP5（AMI-A1），观察基带码元的奇数位的变换波形。

（3）保持示波器测量编码输入数据 TH3 的通道不变，另一通道测量中间测试点 TP6（AMI-B1），观察基带码元的偶数位的变换波形。

（4）用示波器分别观测模块 8 的 TP5（AMI-A1）和 TP6（AMI-B1），可从频域角度观察信号所含 256 kHz 频谱分量情况；或用示波器减法功能观察 AMI-A1 与 AMI-B1 相减后的波形情况，并与 AMI 编码输出波形相比较。

（5）用示波器对比观测编码输入的数据和译码输出的数据，观察记录 AMI 译码波形与输入信号波形。

（6）用示波器分别观测 TP9（AMI-A2）和 TP11（AMI-B2），从时域或频域角度了解 AMI 码经电平变换后的波形情况。

（7）用示波器分别观测模块 8 的 TH2（AMI 输入）和 TH6（单极性码），从频域角度观测双极性码和单极性码的 256 kHz 频谱分量情况。

（8）用示波器分别观测编码输入的时钟和译码输出的时钟，观察比较恢复出的位时钟波形与原始位时钟信号的波形。

2．AMI 编译码（非归零码实验）

本实验目的是通过观测 AMI 非归零码编译码相关测试点，了解 AMI 编译码规则。

1）连线与开电

（1）保持上述实验 1 的连线不变。

（2）开电，设置主控菜单，选择【主菜单】→【通信原理】→【AMI 编译码】→【非归零码实验】。将模块 13 的开关 S3 分频设置为 0100，即提取 256 kHz 同步时钟。

此时系统初始状态为：编码输入信号为 256 kHz 的 PN 序列。

2）实验操作及波形观测

参照上述 256 kHz 归零码实验的步骤进行相关测试。

3．AMI 码对连 0 信号的编码、直流分量以及时钟信号提取的观测

本实验目的是通过设置和改变输入信号的码型，观测 AMI 归零码编码输出信号中对长连 0 码信号的编码、含有的直流分量变化以及时钟信号提取情况，进一步了解 AMI 码的特性。

1）连线与开电

（1）关电，按如下表格所示进行连线：

源端口	目标端口	连线说明
模块 2：DoutMUX	模块 8：TH3（编码输入—数据）	基带信号输入
模块 2：BSOUT	模块 8：TH4（编码输入—时钟）	提供编码位时钟
模块 8：TH11（AMI 编码输出）	模块 8：TH2（AMI 译码输入）	将数据送入译码模块
模块 8：TH5（单极性码）	模块 13：TH7（数字锁相环输入）	数字锁相环位同步提取
模块 13：TH5（BS2）	模块 8：TH9（译码时钟输入）	提供译码位时钟

（2）开电，设置主控菜单，选择【主菜单】→【通信原理】→【AMI 编译码】→【归零码实验】。将模块 13 的开关 S3 分频设置为 0011，即提取 512 kHz 同步时钟。将模块 2 的开关 S1、S2、S3、S4 全部置为 11110000，使 DoutMUX 输出码型中含有连 4 个 0 的码型状态。（或自行设置其他码值）

此时系统初始状态为：编码输入信号为 256 kHz 的 32 位拨码信号。

2）实验操作及波形观测

（1）观察含有长连 0 信号的 AMI 编码波形。用示波器观测模块 8 的 TH3（编码输入—

数据)和 TH11(AMI 编码输出),观察信号中出现长连 0 时的波形变化情况。

(2)观察 AMI 编码信号中是否含有直流分量。将模块 2 的开关 S1、S2、S3、S4 拨为 00000000 00000000 00000000 00000011,用示波器分别观测编码输入数据和编码输出数据、编码输入时钟和译码输出时钟,调节示波器,将信号耦合状况置为交流,观察记录波形。保持连线,拨码开关由 0 到 1 逐位拨起,直到模块 2 的拨动开关置为 00111111 11111111 11111111 11111111,观察拨码过程中编码输入数据和编码输出数据波形的变化情况。

(3)观察 AMI 编码信号所含时钟频谱分量。将模块 2 的开关 S1、S2、S3、S4 全部置 0,用示波器先分别观测编码输入数据和编码输出数据,再分别观测编码输入时钟和译码输出时钟,观察记录波形。再将模块 2 的开关 S1、S2、S3、S4 全部置 1,观察记录波形。

实验二　HDB3 码型变换实验

一、实验目的

(1)了解几种常用的数字基带信号的特征和作用。

(2)掌握 HDB3 码的编译规则。

(3)了解滤波法位同步在码变换过程中的作用。

二、实验器材

本实验所用器材包括主控与信号源,2 号、8 号、13 号模块,双踪示波器,连接线。

三、实验原理

HDB3 编译码实验原理框图如附图 2-1 所示。

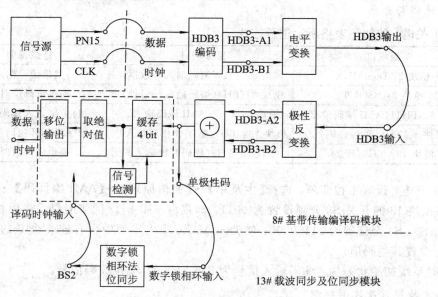

附图 2-1　附 HDB3 编译码实验原理框图

AMI 编码规则是遇到 0 输出 0，遇到 1 则交替输出 +1 和 −1。而 HDB3 编码由于需要插入破坏位 B，因此在编码时需要缓存 3bit 的数据。当没有连续 4 个连 0 时与 AMI 编码规则相同；当有 4 个连 0 时最后一个 0 变为传号 A，其极性与前一个 A 的极性相反。若该传号与前一个 1 的极性不同，则还要将这 4 个连 0 的第一个 0 变为 B，B 的极性与 A 相同。实验框图中编码过程是将信号源经程序处理后，得到 HDB3−A1 和 HDB3−B1 两路信号，再通过电平转换电路进行变换，从而得到 HDB3 编码波形。

同样 AMI 译码只需将所有的 ±1 变为 1，0 变为 0 即可。而 HDB3 译码只需找到传号 A，将传号和传号前 3 个数都清 0 即可。传号 A 的识别方法是：该符号的极性与前一符号极性相同，该符号即为传号。实验框图中译码过程是将 HDB3 码信号送入电平逆变换电路，再通过译码处理，得到原始码元。

四、实验步骤

1. HDB3 编译码（256 kHz 归零码实验）

本实验目的为通过选择不同的数字信源，分别观测编码输入及时钟、译码输出及时钟，观察编译码延时以及验证 HDB3 编译码规则。

1）连线与开电

（1）关电，按如下表格所示进行连线：

源端口	目的端口	连线说明
信号源：PN	模块 8：TH3（编码输入—数据）	基带信号输入
信号源：CLK	模块 8：TH4（编码输入—时钟）	提供编码位时钟
模块 8：TH1（HDB3 输出）	模块 8：TH7（HDB3 输入）	将数据送入译码模块
模块 8：TH5（单极性码）	模块 13：TH7（数字锁相环输入）	数字锁相环位同步提取
模块 13：TH5（BS2）	模块 8：TH9（译码时钟输入）	提供译码位时钟

（2）开电，设置主控菜单，选择【主菜单】→【通信原理】→【HDB3 编译码】→【归零码实验】。将模块 13 的开关 S3 分频设置为 0011，即提取 512 kHz 同步时钟。

此时系统初始状态为：编码输入信号为 256 kHz 的 PN 序列。

2）实验操作及波形观测

（1）用示波器分别观测编码输入的数据 TH3 和编码输出的数据 TH1（HDB3 输出），观察记录波形，有数字示波器的可以观测编码输出信号频谱，验证 HDB3 编码规则。

（2）保持示波器测量编码输入数据 TH3 的通道不变，另一通道测量中间测试点 TP2（HDB3-A1），观察基带码元的奇数位的变换波形。

（3）保持示波器测量编码输入数据 TH3 的通道不变，另一通道测量中间测试点 TP3（HDB3-B1），观察基带码元的偶数位的变换波形。

（4）用示波器分别观测模块 8 的 TP2（HDB3-A1）和 TP3（HDB3-B1），可从频域角度观察信号所含 256 kHz 频谱分量情况；或用示波器减法功能观察 HDB3-A1 与 HDB3-B1 相减后的波形情况，并与 HDB3 编码输出波形相比较。

（5）用示波器对比观测编码输入的数据和译码输出的数据，观察记录 HDB3 译码波形与输入信号波形。

（6）用示波器分别观测 TP4（HDB3-A2）和 TP8（HDB3-B2），从时域或频域角度了解 HDB3 码经电平变换后的波形情况。

（7）用示波器分别观测模块 8 的 TH7（HDB3 输入）和 TH6（单极性码），从频域角度观测双极性码和单极性码的 256 kHz 频谱分量情况。

（8）用示波器分别观测编码输入的时钟和译码输出的时钟，观察比较恢复出的位时钟波形与原始位时钟信号的波形。

2. HDB3 编译码（256 kHz 非归零码实验）

本实验目的为通过观测 HDB3 非归零码编译码相关测试点，了解 HDB3 编译码规则。

1）连线与开电

（1）保持上面实验 1 归零码实验的连线不变。

（2）开电，设置主控菜单，选择【主菜单】→【通信原理】→【HDB3 编译码】→【非归零码实验】。将模块 13 的开关 S3 分频设置为 0100，即提取 256 kHz 同步时钟。

此时系统初始状态为：编码输入信号为 256 kHz 的 PN 序列。

2）实验操作及波形观测

参照前面的 256 kHz 归零码实验步骤进行相关测试。

3. HDB3 码对连 0 信号的编码、直流分量以及时钟信号提取的观测

本实验目的是通过设置和改变输入信号的码型，观测 HDB3 归零码编码输出信号中对长连 0 码信号的编码、含有的直流分量变化以及时钟信号提取情况，进一步了解 HDB3 码的特性。

1）连线与开电

（1）关电，按如下表格所示进行连线：

源端口	目的端口	连线说明
模块 2：DoutMUX	模块 8：TH3（编码输入—数据）	基带信号输入
模块 2：BSOUT	模块 8：TH4（编码输入—时钟）	提供编码位时钟
模块 8：TH1（HDB3 输出）	模块 8：TH7（HDB3 输入）	将数据送入译码模块
模块 8：TH5（单极性码）	模块 13：TH7（数字锁相环输入）	数字锁相环位同步提取
模块 13：TH5（BS2）	模块 8：TH9（译码时钟输入）	提供译码位时钟

（2）开电，设置主控菜单，选择【主菜单】→【通信原理】→【HDB3 编译码】→【归零码实验】。将模块 13 的开关 S3 分频设置为 0011，即提取 512 kHz 同步时钟。将模块 2 的开关 S1、S2、S3、S4 全部置为 11110000，使 DoutMUX 输出码型中含有连 4 个 0 的码型状态（或自行设置其他码值）。

此时系统初始状态为：编码输入信号为 256 kHz 的 32 位拨码信号。

2）实验操作及波形观测

（1）观察含有长连 0 信号的 HDB3 编码波形。用示波器观测模块 8 的 TH3（编码输入—数据)和 TH1(HDB3 输出),观察信号中出现长连 0 时的波形变化情况。(注:观察时注意码元的对应位置。)

(2)观察 HDB3 编码信号中是否含有直流分量。将模块 2 的开关 S1、S2、S3、S4 拨为 00000000 00000000 00000000 00000011,用示波器分别观测编码输入数据和编码输出数据、编码输入时钟和译码输出时钟,调节示波器,将信号耦合状况置为交流,观察记录波形。保持连线,拨码开关由 0 到 1 逐位拨起,直到模块 2 的拨动开关置为 00111111 11111111 11111111 11111111,观察拨码过程中编码输入数据和编码输出数据波形的变化情况。

(3)观察 HDB3 编码信号所含时钟频谱分量。将模块 2 的开关 S1、S2、S3、S4 全部置 0,用示波器先分别观测编码输入数据和编码输出数据,再分别观测编码输入时钟和译码输出时钟,观察记录波形。再将模块 2 的开关 S1、S2、S3、S4 全部置 1,观察记录波形。

实验三　　ASK 调制解调实验

一、实验目的

(1)掌握用键控法产生 ASK 信号的方法。
(2)掌握 ASK 非相干解调的原理。

二、实验器材

本实验所用器材包括主控与信号源、9 号模块、双踪示波器、连接线。

三、实验原理

ASK 调制及解调实验原理框图如附图 3-1 所示。

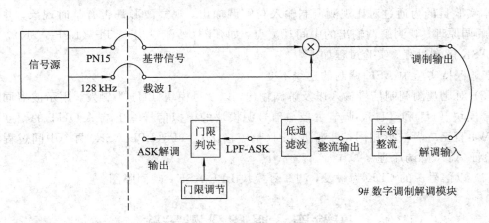

附图 3-1　ASK 调制及解调实验原理框图

ASK 调制是将基带信号和载波直接相乘。已调信号经过半波整流、低通滤波后,通过门限判决电路解调出原始基带信号。

四、实验步骤

1. ASK 调制

ASK 调制实验中，ASK（振幅键控）载波幅度是随着基带信号的变化而变化的。本实验目的为通过调节输入 PN 序列频率或者载波频率，对比观测基带信号波形与调制输出波形，观测每个码元对应的载波波形，验证 ASK 调制原理。

1）连线与开电

（1）关电，按如下表格所示进行连线：

源端口	目的端口	连线说明
信号源：PN	模块 9：TH1（基带信号）	调制信号输入
信号源：128 kHz	模块 9：TH14（载波 1）	载波输入
模块 9：TH4（调制输出）	模块 9：TH7（解调输入）	解调信号输入

（2）开电，设置主控菜单，选择【主菜单】→【通信原理】→【ASK 数字调制解调】。将 9 号模块的 S1 拨为 0000。

此时系统初始状态为：PN 序列输出频率为 32 kHz，调节 128 kHz 载波信号峰峰值为 3 V。

2）实验操作及波形观测

（1）分别观测调制输入和调制输出信号，以 9 号模块 TH1 为触发，用示波器同时观测 9 号模块 TH1 和 TH4，验证 ASK 调制原理。

（2）将 PN 序列输出频率改为 64 kHz，观察载波个数是否发生变化。

2. ASK 解调

本实验目的为通过对比观测调制输入与解调输出，观察波形是否有延时现象，并验证 ASK 解调原理。观测解调输出的中间观测点，如 TP4（整流输出）、TP5（LPF-ASK），深入理解 ASK 解调过程。实验过程如下：

（1）保持实验中 ASK 调制的连线不变。

（2）对比观测调制信号输入以及解调输出，以 9 号模块 TH1 为触发，用示波器同时观测 9 号模块 TH1 和 TH6，调节主控与信号源模块的模拟信号输出端 A-OUT 的幅度调节旋钮 W1 直至二者波形相同；再观测 TP4（整流输出）、TP5（LPF-ASK）两个中间过程测试点，验证 ASK 解调原理。

（3）以信号源的 CLK 为触发，测 9 号模块 LPF-ASK，观测眼图。

实验四 眼图观测实验

一、实验目的

（1）了解和掌握眼图的形成过程和意义。

（2）掌握通信系统中的眼图观测方法。

（3）掌握用眼图来定性评价传输系统性能的方法。

二、实验器材

本实验所用器材包括主控与信号源、9号模块、双踪示波器、连接线。

三、实验原理

眼图观测实验原理框图如附图 4 - 1 所示。

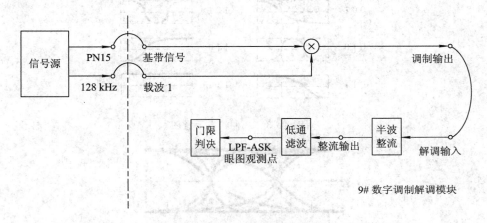

附图 4 - 1　眼图观测实验原理框图

所谓眼图，是一系列数字信号在示波器上累积而显示的图形。通过示波器观察接收端的基带信号波形，可以估计和调整系统性能。它眼图包含了丰富的信息，反映的是系统链路上传输的所有数字信号的整体特征。利用眼图可以观察出码间串扰和噪声的影响，分析眼图是衡量数字通信系统传输特性的简单且有效的方法。

本实验是以数字信号调制解调传输系统为例，进行数字调制解调过程中的眼图观测实验。如眼图观测实验原理框图所示，系统主要由信号源、模拟相乘器、半波整流器以及低通滤波器组成；信号源提供的数字信号和模拟载波信号直接相乘，已调信号经过半波整流器传输后，再送入低通滤波器；通过示波器测试设备，以数字信号的同步位时钟为触发源，观测 LPF-ASK(TP5)测试点的波形，即眼图。

1. 被测系统的眼图观测方法

如附图 4 - 2 所示，以数字序列的同步时钟为触发源，用示波器 YT 模式测量系统输出端，调节示波器至水平扫描周期与接收码元的周期同步，则在屏幕中显示的即为眼图。

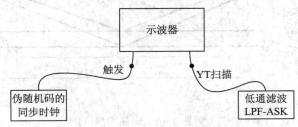

附图 4 - 2　眼图测试方法框图

2. 眼图的形成示意图

一个完整的眼图应该包含从"000"到"111"的所有状态组，且每个状态组发送的时间要尽量一致，否则有些信息将无法呈现在示波器屏幕上。眼图的八种状态如附图 4-3 所示。眼图合成示意图如附图 4-4 所示。

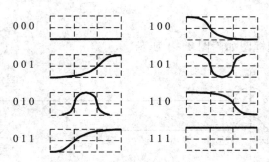

附图 4-3　八种状态示意图

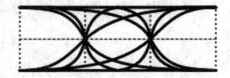

附图 4-4　眼图合成示意图

一般在无串扰等影响情况下从示波器上观测到的眼图与理论分析得到的眼图大致接近。

3. 眼图参数及系统性能

附图 4-5 给出眼图模型。眼图的垂直张开度表示系统的抗噪声能力，水平张开度反映过门限失真量的大小。眼图的张开度受噪声和码间干扰的影响，当光收端机输出端信噪比很大时眼图的张开度主要受码间干扰的影响，因此观察眼图的张开度就可以估算出光收端机码间干扰的大小。

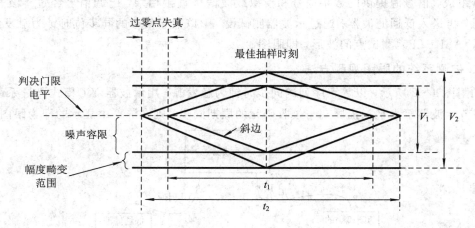

附图 4-5　眼图模型

其中，垂直张开度 $E_0 = V_1/V_2$；水平张开度 $E_1 = t_1/t_2$。

从眼图中我们可以得到以下信息：

（1）最佳抽样时刻是"眼睛"张开最大的时刻。

（2）眼图斜边的斜率表示了定时误差灵敏度。斜率越大，对位定时误差越敏感。

（3）在抽样时刻上，眼图上下两分支阴影区的垂直高度表示最大信号畸变。

（4）眼图中央的横轴位置应对应于判决门限电平。

（5）在抽样时刻上，眼图上下两阴影区的间隔距离的一半为噪声容限，若噪声瞬时值超过它就会出现错判。

（6）眼图倾斜分支与横轴相交的区域的大小，即过零点失真的变动范围；它对利用信号零交点的平均位置来提取定时信息的接收系统来说将会影响定时信息的提取。

四、实验步骤

1. 眼图的波形观测

1）连续与开电

（1）模块关电，按如下表格所示进行连线：

源端口	目的端口	连线说明
信号源：PN	模块 9：TH1（基带信号）	调制信号输入
信号源：128 kHz	模块 9：TH14（载波 1）	载波输入
模块 9：TH4（调制输出）	模块 9：TH7（解调输入）	解调信号输入

（2）模块开电，设置主控菜单，选择【主菜单】→【通信原理】→【ASK 数字调制解调】，将 9 号模块的 S1 拨为 0000。

此时系统初始状态为：PN 序列输出频率为 32 kHz，调节 128 kHz 载波信号峰峰值为 3 V。

2）实验操作及波形观测

（1）分别观测调制输入和调制输出信号：以 9 号模块 TH1 为触发，用示波器同时观测 9 号模块 TH1 和 TH6，微调 ASK 解调端的判决门限调节旋钮 W1，使解调数据 TH6 恢复正常，建立起无误码环境的 ASK 传输系统。

（2）眼图观测：CH1 通道观测主控模块（产生 PN 码）的同步时钟信号 CLK，CH2 通道观测 9 号模块的眼图输出点 LPF-ASK，为了观测到清晰完整的眼图信号，建议数字示波器做以下设置：触发源设置为 CH1，示波器的波形持续设置为开启（部分示波器可根据眼图效果，自由设置持续时间为 2 s、5 s 或无限），此时可以通过 CH2 通道观测眼图信号。

基于以上设置，如果还是无法观察到完整的眼图，可以选择主控模块【功能 1】按键，将 PN 码设置为 PN127，码速率为 32 kb/s。

2. 眼图的定性分析

保持上面实验 1 波形观测的所有实验连线及设置不变，结合眼图模型定性理解概念：最佳抽样时刻，定时误差灵敏度，最大信号畸变，判决门限电平，噪声容限，过零点失真。

3. 眼图的形成

保持上面实验 1 波形观测的所有实验连线及设置不变,观测基带数据的码型对眼图形成的影响。

1) PN 码

选择主控模块【功能 1】按键,将 PN 码设置为 PN15 或者 PN127,结合实验原理部分眼图合成的相关内容,对比这两种伪随机码型对眼图形成的影响。

2) 自定义数据

(1) 模块关电,按如下表格所示进行连线:

源端口	目的端口	连线说明
模块 2:TH1(DoutMUX)	模块 9:TH1(基带信号)	调制信号输入
信号源:128 kHz	模块 9:TH14(载波 1)	载波输入
模块 9:TH4(调制输出)	模块 9:TH7(解调输入)	

(2) 模块开电,设置主控菜单,选择【主菜单】→【模块设置】→【数字终端 & 时分多址】。将速率设置为 32 kb/s,即此时 2 号模块的数据速率为 32 kb/s,数据码型由本模块的 S1~S4 四个拨码开关决定(ON 位置为 1 码)。9 号模块的 S1 拨为 0000。

(3) 从 CH1 通道观测 2 号模块的时钟信号 TH9(BSOUT),从 CH2 通道观测 9 号模块的眼图输出点 LPF-ASK,结合实验原理部分眼图合成的相关内容,当设置 TH1(DoutMUX)输出不同码型时,观测对眼图形成的影响。

实验五　FSK 调制解调实验

一、实验目的

(1) 掌握用键控法产生 FSK 信号的方法。
(2) 掌握 FSK 非相干解调的原理。

二、实验器材

本实验所用器材包括主控与信号源、9 号模块、双踪示波器、连接线。

三、实验原理

基带信号与一路载波相乘得到 1 电平的 ASK 调制信号,基带信号取反后再与二路载波相乘得到 0 电平的 ASK 调制信号,然后相加合成 FSK 调制输出;已调信号经过过零检测来识别信号中载波频率的变化情况,通过上、下沿单稳触发电路再相加输出,最后经过低通滤波和门限判决得到原始基带信号。FSK 调制及解调实验原理框图如附图 5-1 所示。

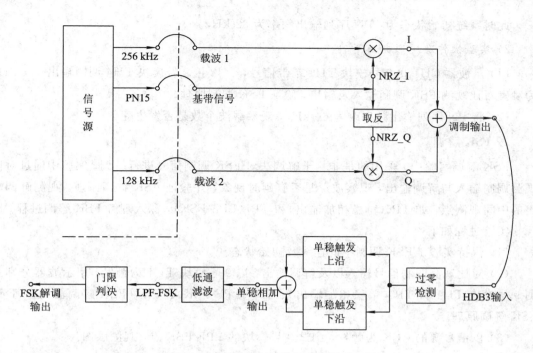

附图 5-1　FSK 调制及解调实验原理框图

四、实验步骤

1. FSK 调制

FSK 调制实验中，信号是用载波频率的变化来表征被传信息的状态的。本项目中，通过调节输入 PN 序列频率，对比观测基带信号波形与调制输出波形来验证 FSK 调制原理。

1）连线与开电

（1）关电，按如下表格所示进行连线：

源端口	目的端口	连线说明
信号源：PN	模块 9：TH1（基带信号）	调制信号输入
信号源：256 kHz（载波）	模块 9：TH14（载波 1）	载波 1 输入
信号源：128 kHz（载波）	模块 9：TH3（载波 2）	载波 2 输入
模块 9：TH4（调制输出）	模块 9：TH7（解调输入）	解调信号输入

（2）开电，设置主控菜单，选择【主菜单】→【通信原理】→【FSK 数字调制解调】。将 9 号模块的 S1 拨为 0000。调节主控与信号源模块的 128 kHz 正弦载波输出幅度调节旋钮 W2 使 128 kHz 载波信号的峰峰值为 3 V，调节 256 kHz 正弦载波输出幅度调节旋钮 W3 使 256 kHz 载波信号的峰峰值也为 3 V。

此时系统初始状态为：PN 序列输出频率为 32 kHz。

2）实验操作及波形观测

（1）示波器 CH1 接 9 号模块 TH1 基带信号，CH2 接 9 号模块 TH4 调制输出，以 CH1 为触发对比观测 FSK 调制输入及输出，验证 FSK 调制原理。

（2）将 PN 序列输出频率改为 64 kHz，观察载波个数是否发生变化。

2. FSK 解调

FSK 解调实验中，采用的是非相干解调法对 FSK 调制信号进行解调。实验中通过对比观测调制输入与解调输出，观察波形是否有延时现象，并验证 FSK 解调原理。观测解调输出的中间观测点，如 TP6（单稳相加输出）和 TP7（LPF-FSK），深入理解 FSK 解调过程。

实验过程如下：

（1）保持实验 1 FSK 调制中的连线及初始状态。

（2）对比观测调制信号输入以及解调输出：以 9 号模块 TH1 为触发，用示波器分别观测 9 号模块 TH1 和 TP6（单稳相加输出）、TP7（LPF-FSK）、TH8（FSK 解调输出），验证 FSK 解调原理。

（3）以信号源的 CLK 为触发，测试 9 号模块的 LPF-FSK 点，观测眼图。

实验六　PCM 编译码实验

一、实验目的

（1）掌握脉冲编码调制与解调的原理。

（2）掌握脉冲编码调制与解调系统的动态范围和频率特性的定义及测量方法。

（3）了解脉冲编码调制信号的频谱特性。

（4）熟悉 W681512 芯片。

二、实验器材

本实验所用器材包括主控与信号源模块、3 号模块、21 号模块、双踪示波器、连接线。

三、实验原理

21 号模块 W681512 芯片的 PCM 编译码原理实验框图如附图 6-1 所示，3 号模块的 PCM 编译码实验原理框图如附图 6-2 所示，A/μ 律编码转换实验原理框图如附图 6-3 所示。

附图 6-1 中描述的是信号源经过芯片 W681512 进行 PCM 编码和译码处理的原理。W681512 的芯片工作主时钟为 2048 kHz，根据芯片功能可选择不同编码时钟进行编译码。在下面介绍的本实验的 1. 测试 W681512 的幅频特性中以编码时钟取 64 kHz 为基础进行芯片的幅频特性测试实验。

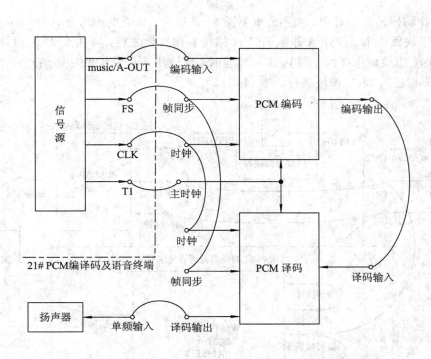

附图 6-1　21 号模块 W681512 芯片的 PCM 编译码实验原理

　　附图 6-2 中描述的是采用软件方式实现 PCM 编译码的原理，并展示了中间变换的过程。PCM 编码过程是将音乐信号或正弦波信号，经过抗混叠滤波后再经 A/D 转换，然后做 PCM 编码，之后由于 G.711 协议规定 A 律的奇数位取反，μ 律的所有位都取反，因此，PCM 编码后的数据需要经 G.711 协议的变换输出。PCM 译码过程是 PCM 编码的逆向过程，此处不再赘述。

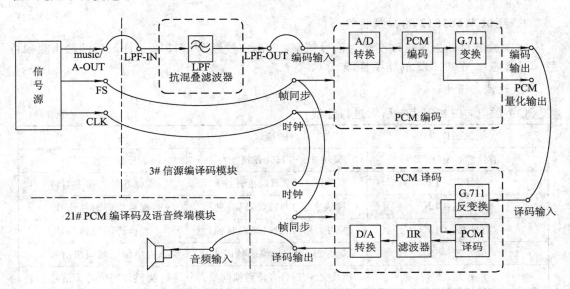

附图 6-2　3 号模块的 PCM 编译码实验原理

A/μ律编码转换实验中，如实验框附图 6-3 所示，当菜单选择为 A 律转 μ 律实验时，使用 3 号模块做 A 律编码，A 律编码经 A 律转 μ 律转换之后，再送至 21 号模块进行 μ 律译码。同理，当菜单选择为 μ 律转 A 律实验时，则使用 3 号模块做 μ 律编码，经 μ 律转 A 律变换后，再送入 21 号模块进行 A 律译码。

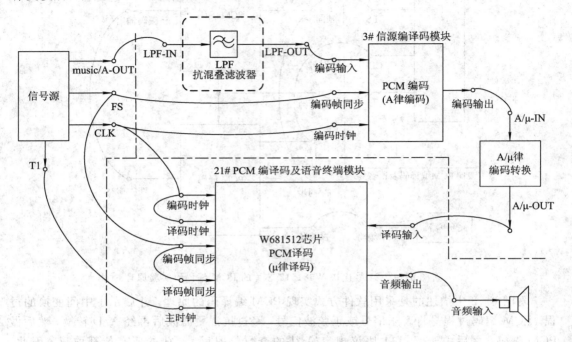

附图 6-3　A/μ 律编码转换实验原理

四、实验步骤

1. 测试 W681512 的幅频特性

本实验的目的为通过改变输入信号频率，观测信号经 W681512 编译码后的输出幅频特性，了解芯片 W681512 的相关性能。

1）连线与开电

（1）关电，按如下表格所示进行连线：

源端口	目的端口	连线说明
信号源：A-OUT	模块 21：TH5（音频接口）	提供音频信号
信号源：T1	模块 21：TH1（主时钟）	提供芯片工作主时钟
信号源：CLK	模块 21：TH11（编码时钟）	提供编码时钟信号
信号源：CLK	模块 21：TH18（译码时钟）	提供译码时钟信号
信号源：FS	模块 21：TH9（编码帧同步）	提供编码帧同步信号
信号源：FS	模块 21：TH10（译码帧同步）	提供译码帧同步信号
模块 21：TH8（PCM 编码输出）	模块 21：TH7（PCM 译码输入）	接入译码输入信号

（2）开电，设置主控菜单，选择【主菜单】→【通信原理】→【PCM 编码】→【A 律编码观测实验】。调节主控与信号源模块的模拟信号输出端 A-OUT 的幅度调节旋钮 W1 主控与信号源使信号 A-OUT 输出峰峰值为 3V 左右。将模块 21 的开关 S1 拨至"A-Law"，即完成 A律 PCM 编译码。

此时实验系统初始状态为：设置音频输入信号为峰峰值 3 V、频率是 1 kHz 的正弦波；PCM 编码及译码时钟 CLK 为 64 kHz 的方波；编码及译码帧同步信号 FS 为 8 kHz。

2）实验操作及波形观测

（1）调节模拟信号源输出波形为正弦波，输出频率为 50 Hz，用示波器观测 A-OUT，设置 A-OUT 峰峰值为 3 。

（2）将信号源频率从 50 Hz 增加到 4000 Hz，用示波器接模块 21 的音频输出，观测信号的幅频特性。

2. PCM 编码规则验证

本实验的目的为通过改变输入信号幅度或编码时钟，对比观测 A 律 PCM 编译码和 μ律 PCM 编译码输入输出波形，从而了解 PCM 编码规则。

1）连线与开电

（1）关电，按如下表格所示进行连线：

源端口	目的端口	连线说明
信号源：A-OUT	模块 3：TH5(LPF-IN)	信号送入前置滤波器
模块 3：TH6(LPF-OUT)	模块 3：TH13(编码—编码输入)	提供音频信号
信号源：CLK	模块 3：TH9(编码—时钟)	提供编码时钟信号
信号源：FS	模块 3：TH10(编码—帧同步)	提供编码帧同步信号
模块 3：TH14(编码—编码输出)	模块 3：TH19(译码—输入)	接入译码输入信号
信号源：CLK	模块 3：TH15(译码—时钟)	提供译码时钟信号
信号源：FS	模块 3：TH16(译码—帧同步)	提供译码帧同步信号

（2）开电，设置主控菜单，选择【主菜单】→【通信原理】→【PCM 编码】→【A 律编码观测实验】。调节主控与信号源模块的模拟信号输出端 A-OUT 的幅度调节旋钮 W1 使信号 A-OUT 输出峰峰值为 3 V 左右。

此时实验系统初始状态为：设置音频输入信号为峰峰值是 3 V、频率是 1 kHz 正弦波；PCM 编码及译码时钟 CLK 为 64 kHz；编码及译码帧同步信号 FS 为 8 kHz。

2）实验操作及波形观测

（1）以 FS 端口为触发端，观测编码输入波形。示波器的 DIV(扫描时间)挡调节为 100 μs。将正弦波幅度最大处调节到示波器的正中间，记录波形。

注意：记录波形后不要调节示波器，因为正弦波的位置需要和编码输出的位置对应。

（2）在保持示波器设置不变的情况下，以 FS 为触发观察 PCM 量化输出，记录波形。

(3) 再以 FS 端口为触发端,观察并记录 PCM 编码的 A 律编码输出波形,填入下表中。整个过程中保持示波器设置不变。

(4) 再通过主控中的模块设置,把 3 号模块设置为【PCM 编译码】→【μ 律编码观测实验】,重复上述步骤(1)(2)(3),记录 μ 律编码相关波形,填入下表中。

	A 律波形	μ 律波形
帧同步信号		
编码输入信号		
PCM 量化输出信号		
PCM 编码输出信号		

(5) 对比观测编码输入信号和译码输出信号。

3. PCM 编码时序观测

本实验目的为从时序角度观测 PCM 编码输出波形。实验过程如下:

(1) 连线和主菜单设置,同实验 2。

(2) 用示波器观测 FS 信号与编码输出信号,并记录二者对应的波形。

4. PCM 编码 A/μ 律转换实验

1) 连线与开电

(1) 关电,按如下表格所示进行连线:

源端口	目的端口	连线说明
信号源:A-OUT	模块 3:TH5(LPF-IN)	信号送入前置滤波器
模块 3:TH6(LPF-OUT)	模块 3:TH13(编码—编码输入)	送入 PCM 编码
信号源:CLK	模块 3:编码—时钟	提供编码时钟信号
信号源:FS	模块 3:编码—帧同步	提供编码帧同步信号
模块 3:编码输出	模块 3:A/μ 律-IN	接入编码输出信号
模块 3:A/μ-OUT	模块 21:PCM 译码输入	将转换后的信号送入译码单元
信号源:CLK	模块 21:译码时钟	提供译码时钟信号
信号源:FS	模块 21:译码帧同步	提供译码帧同步信号
信号源:CLK	模块 21:编码时钟	提供 W681512 芯片
信号源:FS	模块 21:编码帧同步	PCM 编译码功能
信号源:T1	模块 21:主时钟	所需的其他工作时钟

(2) 开电,设置主控菜单,选择【主菜单】→【通信原理】→【PCM 编码】→【A 转 μ 律转换实验】。调节主控与信号源模块的模拟信号输出端 A-OUT 的幅度调节旋钮 W1 主控与信号源使信号 A-OUT 输出峰峰值为 3V 左右。将 21 号模块的开关 S1 拨至 μ-LAW,完成 μ

律译码。

此时实验系统初始状态为：设置音频输入信号为峰峰值是 3 V、频率是 1 kHz 正弦波；PCM 编码及译码时钟 CLK 为 64 kHz；编码及译码帧同步信号 FS 为 8 kHz。

2）实验操作及波形观测

（1）用示波器对比观测编码输出信号与 A/μ 律转换之后的信号，观察两者的区别，加以总结。再对比观测原始信号和恢复信号。

（2）设置主控菜单，选择【μ 转 A 律转换实验】，并将 21 号模块对应设置成 A 律译码。然后按上述步骤观测实验波形情况。

参 考 文 献

[1]　樊昌信. 通信原理[M]. 5 版. 北京：国防工业出版社，2001.

[2]　马海武. 通信原理[M]. 北京：北京邮电大学出版社，2004.

[3]　沈越泓，高媛媛，等. 通信原理[M]. 北京：机械工业出版社，2004.

[4]　陈树新，苏一栋. 现代通信系统仿真教程[M]. 2 版. 北京：清华大学出版社，2007.

[5]　李晓峰，周宁. 通信原理[M]. 北京：清华大学出版社，2008.

[6]　易立强，张海燕. 通信原理及 SystemView 仿真测试[M]. 西安：西安电子科技大学出版社，2012.

[7]　蒋青，于秀兰. 通信原理[M]. 2 版. 北京：人民邮电出版社，2008.

[8]　张宗橙. 纠错编码原理和应用[M]. 北京：电子工业出版社，2003.

[9]　王新梅，肖国镇. 纠错编码：原理与方法[M]. 西安：西安电子科技大学出版社，2001.

[10]　曹雪虹，张宗橙. 信息论与编码[M]. 北京：清华大学出版社，2010.

[11]　罗新民，薛少丽，等. 现代通信原理[M]. 北京：高等教育出版社，2008.

[12]　赵晓群. 现代编码理论[M]. 武汉：华中科技大学出版社，2008.

[13]　解相吾. 通信原理[M]. 北京：电子工业出版社，2012.

[14]　张化光，孙秋野，等. MATLAB/SIMULINK 实用教程[M]. 北京：人民邮电出版社，2009.

[15]　孙屹，戴妍峰. SystemView 通信仿真开发手册[M]. 北京：国防工业出版社，2004.

[16]　邬春明. 通信原理实验与课程设计[M]. 北京：北京大学出版社，2013.

[17]　曹雪虹，杨洁，童莹. MATLAB/SystemView 通信原理实验与系统仿真[M]. 北京：清华大学出版社，2015.

[18]　徐明远，邵玉斌. MATLAB 仿真在现代通信中的应用[M]. 西安：西安电子科技大学出版社，2011.